“十三五”职业教育国家规划教材

机械CAD/CAM

（Mastercam）（第三版） JIXIE CAD/CAM

主　编　赵国增　王建军

副主编　张小丽

新形态
教材

高等教育出版社·北京

内容提要

本书是"十三五"职业教育国家规划教材。

本书分为两篇,共 12 章。第一篇 CAD/CAM 概论部分:介绍了 CAD/CAM 技术的发展,CAD/CAM 系统及工作环境,CAD/CAM 系统常用技术,现代机械设计与制造技术;第二篇常用 CAD/CAM 软件——Mastercam 2020 应用部分:介绍了 Mastercam 基础,Mastercam 二维几何造型,Mastercam 三维几何造型,几何对象分析,Mastercam 系统加工基础,Mastercam 铣床二维加工,Mastercam 三维加工,Mastercam 多轴加工。

本书为新形态一体化教材,配套了丰富的数字化教学资源,助学助教。

本书可作为高等职业院校工程技术类相关专业的教材,也可作为机械行业技术人员、操作人员的岗位培训教材、自学参考用书。

图书在版编目(CIP)数据

机械 CAD/CAM(Mastercam)/赵国增,王建军主编
. —3 版. —北京:高等教育出版社,2021.8
ISBN 978-7-04-056546-1

Ⅰ.①机… Ⅱ.①赵… ②王… Ⅲ.①机械设计-计算机辅助设计-高等职业教育-教材②机械制造-计算机辅助制造-高等职业教育-教材 Ⅳ.①TH122②TH164

中国版本图书馆 CIP 数据核字(2021)第 147219 号

| 策划编辑 | 张尕琳 | 责任编辑 | 张尕琳 | 班天允 | 封面设计 | 张文豪 | 责任印制 | 高忠富 |

出版发行	高等教育出版社	网　　址　http://www.hep.edu.cn
社　　址	北京市西城区德外大街 4 号	http://www.hep.com.cn
邮政编码	100120	http://www.hep.com.cn/shanghai
印　　刷	江苏德埔印务有限公司	网上订购　http://www.hepmall.com.cn
开　　本	787mm×1092mm　1/16	http://www.hepmall.com
印　　张	18.25	http://www.hepmall.cn
字　　数	467 千字	版　　次　2015 年 8 月第 1 版
		2021 年 8 月第 3 版
购书热线	010-58581118	印　　次　2021 年 8 月第 1 次印刷
咨询电话	400-810-0598	定　　价　42.00 元

配套学习资源及教学服务指南

 二维码链接资源

本教材配套视频、文本 等学习资源，在书中以二维码链接形式呈现。手机扫描书中的二维码进行查看，随时随地获取学习内容，享受学习新体验。

打开书中附有二维码的页面　　　　**扫描二维码**　　　　**查看相应资源**

 教师教学资源索取

本教材配有课程相关的教学资源，例如，教学课件、习题及参考答案、应用案例等。选用教材的教师，可扫描下方二维码，关注微信公众号"高职智能制造教学研究"；或联系教学服务人员（021-56961310/56718921，800078148@b.qq.com）索取相关资源。

本书二维码资源列表

前　言

本书是"十三五"职业教育国家规划教材。

目前,在我国机械制造企业中 CAD/CAM 技术应用十分普及。掌握 CAD/CAM 技术已成为从事产品开发和制造的技术人员和操作人员必备的能力之一,因此各高等职业院校工程技术类专业普遍开设机械 CAD/CAM 技术课程。机械 CAD/CAM 技术课程的教学内容既包括理论知识又包括技能训练。本书的编写注重适应产业升级和结构调整对技术技能型人才的新要求,以培养学生技能为目标,注重课程内容、职业标准与教学实施的有机统一,注重理论知识与实践应用的有机结合,体现高等职业教育课程改革的新成果,满足高等职业院校"项目教学、任务(案例)驱动"等教学模式的推广应用。本书的编写特色主要有:

1. 突出先进性和实用性

本书在取材上,充分体现了新知识、新技术、新工艺和新方法,注重培养学生的实践技能、创新能力、创业精神和职业素养。在理论方面,本书充分体现当今最新的 CAD/CAM 技术,选用 Mastercam 2020 版本,同时考虑到高等职业教育的特点,以够用实用为度,精选章节,重点介绍理论的特点和适用场合,做到重点突出、通俗易懂。

2. "理实一体化"易教易学

本书以应用非常广泛的 Mastercam 系统为平台,介绍 CAD/CAM 技术在产品设计加工中的应用,并精选部分竞赛试题、技能鉴定题目及企业典型零件的实例,通过学习理论、掌握实际操作技能,达到能力培养的目的。本书融"教、学、做"于一体,便于实施"理实一体化"教学方式和实行"双导师"授课制,可大大提高教学质量和效果。

3. 推行职业资格证书

职业资格证书是技术技能型人才能力和素质的体现和证明,因此本书在编写中参考了 CETTIC 数控工艺员培训、全国计算机信息高新技术职业资格认证以及教育部 CAD/CAM——Mastercam 职业资格考试等要求和标准,学完本课程后学生可参加三维建模师资格认证考试、数控工艺员认证考试等职业资格认证考试。

全书分两篇,共 12 章。第一篇 CAD/CAM 概论部分:介绍了 CAD/CAM 技术的发展、CAD/CAM 系统及工作环境、CAD/CAM 系统常用技术、现代机械设计与制造技术;第二篇常用 CAD/CAM 系统软件——Mastercam 2020 应用部分:介绍了 Mastercam 基础、Mastercam 二维几何造型、Mastercam 三维几何造型、几何对象分析、Mastercam 系统加工基础、Mastercam 铣床二维加工、Mastercam 三维加工、Mastercam 多轴加工。

建议理论教学和实践教学相结合。在理论教学中,可使用多媒体课件。采用案例教学法、分组教学法等;在理实一体化教室和实训中心中进行,充分体现课程的职业性、实践性及开放性。可根据专业要求及学生培养需求,灵活掌控教学内容及教学进度。本书教学参考学时数为 64,具体分配如下。

篇　章	内　容	学　时　数	
		理　论	实　践
第一篇　CAD/CAM 概论	第 1 章	1	0
	第 2 章	3	1
	第 3 章	1	1
	第 4 章	2	1
第二篇　常用 CAD/CAM 软件——Mastercam 2020 应用	第 5 章	2	2
	第 6 章	4	6
	第 7 章	4	6
	第 8 章	2	2
	第 9 章	2	2
	第 10 章	4	6
	第 11 章	4	6
	第 12 章	1	1
		30	34

　　本书由河北机电职业技术学院赵国增、王建军担任主编,张小丽担任副主编。具体编写分工如下:赵国增编写了第 1 章～第 4 章,王建军编写了第 5 章～第 8 章,张小丽编写了第 9 章～第 12 章。

　　在编写过程中,编者参阅了国内外有关教材和资料,得到了相关作者及所在单位领导和同行的有益指导,在此一并表示衷心感谢!

　　由于编者水平有限,CAD/CAM 技术处于不断发展、完善的阶段,其内涵和外延还在不断变化,因此,书中不妥之处在所难免,恳请读者批评指正。

编　者
2021 年 6 月

目　　录

第一篇　CAD／CAM 概论

第二篇　常用 CAD／CAM 软件
——Mastercam 2020 应用

第一篇
CAD/CAM 概论

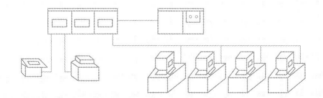

目前在制造业中,以 CAD/CAM 技术为核心技术的现代制造技术得到了广泛应用,它成为当代最杰出的工程技术成就之一。CAD/CAM 技术从根本上改变了传统的产品设计、生产、组织模式。本篇从理论上展示当今最新的 CAD/CAM 技术,重点介绍了系统的构成、关键技术应用以及技术发展趋势等。

第1章　CAD/CAM技术的发展

随着全球经济一体化的发展,在机械制造领域中,对各类产品的质量、产品更新换代的速度以及产品从设计制造到投放市场的周期都提出了越来越高的要求。在当今高效益、高效率、技术竞争的时代,要适应瞬息万变的市场需求,提高产品质量,缩短生产周期,就必须采用先进的设计制造技术。计算机技术与机械设计制造技术相互结合与渗透,产生了计算机辅助设计与制造(Computer Aided Design and Manufacturing, CAD/CAM)技术。它以计算机作为主要技术手段,帮助人们处理各种信息,进行产品的设计与制造;它能将传统的设计与制造中相对独立的工作作为一个整体来考虑,实现信息处理的高度集成化。

计算机辅助设计可以帮助设计人员完成大量的设计工作,如数值计算、产品性能分析、实验数据处理、计算机辅助绘图、仿真及动态模拟等,改变了传统的经验设计方法,由静态和线性分析向动态和非线性分析、可行性设计向优化设计过渡,极大地提高了生产效率。

计算机辅助制造是指使用计算机系统进行规划、管理和控制产品制造的全过程,既包括与加工过程直接关联的计算机监测与控制,又包括使用计算机来辅助进行生产经营、生产活动控制等。

由于制造过程中所需的信息和数据大多来自设计阶段,因此对设计和制造来说这些数据和信息是共享的。实践证明,将计算机辅助设计和制造作为一个整体来规划和开发,可以取得更明显的效益,这就是所谓的"CAD/CAM一体化技术",即"CAD/CAM集成化技术"。随着计算机技术的飞速发展以及全球经济一体化进程的驱动,CAD/CAM技术成为当今世界发展最快的技术之一,已达到了无缝集成,这不仅促使了制造业转变生产模式,同时也促进了市场的发展。

CAD/CAM技术是一门综合性的应用技术,它具有高智力、知识密集、综合性强、效益高等特点,是当前世界上科技领域的前沿课题。

1.1　CAD/CAM技术发展历史

从CAD/CAM技术的产生到现在,无论是硬件技术、软件技术还是应用领域都发生了巨大的变化。CAD/CAM技术的发展大致经历了三个阶段。

演示文稿

1. 单元技术的发展和应用阶段

在这一阶段,分别针对一些特殊的应用领域,开展了计算机辅助设计、分析、工艺、制造等单一功能系统的开发及应用。这些系统的通用性差,系统之间数据结构不统一,系统之间难以进行数据交换,因此,在工程中的应用受到了极大的限制。

CAD/CAM概述

计算机辅助设计(CAD)是在20世纪60年代初期发展起来的,当时的CAD技术特点主要是交互式二维绘图和三维线框模型。利用解析几何的方法定义有关图素(如点、线、圆等),并用来绘制或显示直线、圆弧组成的图形。这种初期的线框模型系统只能表达图

3

形的基本信息，不能有效地表达几何数据间的拓扑关系和表面信息。因此，无法实现计算机辅助工程(Computer Aided Engineering，CAE)和计算机辅助制造(Computer Aided Manufacturing，CAM)。

计算机辅助工程(CAE)是从 20 世纪 80 年代发展起来的。CAE 的确切定义尚无统一的论述，但目前大多认为 CAE 是 CAD/CAM 向纵深发展的必然结果。它是有关产品设计、制造、工程分析、仿真、实验等信息处理，以及包括相应数据库和数据库管理系统在内的计算机辅助设计和生产的综合系统。CAE 技术的功能主要是指产品几何形状的模型化和工程分析与仿真。

作为 CAE 技术的核心内容，工程优化设计是在 20 世纪 50 年代末期发展起来的，在 20 世纪 70 年代已得到广泛的普及及应用。

计算机辅助工艺过程设计(Computer Aided Process Planning，CAPP)，是对计算机给定一些规则，以便产出工艺规程。工艺规程是根据一个产品的设计信息和企业的生产能力，确定产品生产加工的具体过程和加工指令以便制造产品。一个理想的工艺规程应保证工厂以最低的成本最有效地制造出已设计好的产品。它是在 20 世纪 50 年代中期发展起来的。

计算机辅助制造(CAM)是在 20 世纪 50 年代初期发展起来的，当时首先研制成功了数控加工机床，通过不同的数控程序就可以实现不同零件的加工，此时的 CAM 主要侧重于数控加工自动编程。

2. CAD/CAM 集成阶段

随着一些专业系统的应用及普及，出现了通用的 CAD、CAM 系统，而且系统的功能迅速增强，另外，CAD 系统从二维绘图和三维线框模型迅速发展为曲面造型、实体造型、参数化技术和变量化技术，CAD、CAE、CAPP、CAM 系统实现集成化或数据交换标准化，CAD/CAM 进入了广泛普及及应用阶段。

20 世纪 60 年代中期至 20 世纪 70 年代，是 CAD/CAM 技术发展趋于成熟阶段，此时，CAD 的主要技术特征是自由曲线曲面生成算法和表面造型理论，实现了曲面加工的 CAD/CAM 一体化。随着计算机硬件技术的迅速发展及成本的大幅度降低，以小型机、超小型机为主的 CAD 系统进入市场，针对某个特定问题的 CAD 成套系统蓬勃发展，出现了将软硬件放在一起的成套提供给用户的系统，即所谓交钥匙系统(Turnkey System，TS)。与此同时，为了适应设计和加工的要求，三维几何处理软件也发展起来，出现了面向各中小企业的 CAD/CAM 商品化系统。1967 年，英国莫林公司建造了一条由计算机集中控制的自动化制造系统，它包括 6 台加工中心和 1 条由计算机控制的自动运输线，可进行 24 小时连续加工，并用计算机编制 NC 程序和作业计划、系统报表。虽然表面造型技术可以解决 CAM 表面加工问题，但不能表达形体的质量、重心等特征，不利于实施 CAE。

20 世纪 80 年代是 CAD/CAM 技术迅速发展的时期。超大规模集成电路的出现，使计算机硬件成本大幅度下降，计算机外围设备(彩色高分辨率图形显示器、大型数字化仪、自动绘图机等品种齐全的输入/输出设备)已成系列产品，为推进 CAD/CAM 技术向高水平方向发展提供了必要的条件。此时，CAD 的主要技术特征是实体造型理论和几何建模方法，它能够精确表达零件的全部属性。同时，相应的软件技术，如数据库技术、有限元分析、优化设计等技术也迅速发展和提高，这些商品化软件的出现，促进了 CAD/CAM 技术的推广及应用，使其从大型企业向小型企业发展，从发达国家向发展中国家发展，从用于产品设计发展到用于工程设计。在此期间，还相应促进了一些与制造过程相关的计算机辅助技术的发展，例如 CAPP、CAE 等。

自 20 世纪 90 年代以来,CAD/CAM 技术已不停留在单一模式、单一功能、单一领域的水平,而向着标准化、集成化、智能化方向发展。此时,CAD 的主要技术特征是参数化技术和变量技术。参数化实体造型方法的特点是基于特征、全尺寸约束、全数据相关、尺寸驱动设计修改。变量技术是对参数化技术的改进,它克服了参数约束的不足,同时还保持了参数技术原有的优点,为 CAD 技术提供了更大的发展空间。为了实现系统的集成,实现资源共享和产品生产与组织的高度自动化,提高产品的竞争能力,就需要在企业、集团内的 CAD/CAM 系统之间或各个子系统之间进行统一的数据交换,为此,一些工业发达的国家和国际标准化组织都在进行标准接口的开发工作。与此同时,面向对象技术、并行工程思想、分布式环境技术及人工智能技术的研究,都有利于 CAD/CAM 技术向更高水平发展。从这一时期开始,CAD/CAM 系统的集成度不断增加,特征造型技术的成熟应用,为从根本上解决 CAD/CAM 的数据流无缝传递奠定了基础,使 CAD/CAM 系统在 CAD、CAE、CAPP、CAM 一体化方面达到了真正的集成,并一直在沿着这一技术方向发展。

3. 新技术推广应用阶段

计算机除了在设计、制造等领域获得深入应用外,同时在企业生产、管理、经营的各个领域都获得了广泛的应用。由于企业的产品开发、制造活动与企业的其他经营活动是密切相关的,因此,CAD/CAM 技术可利用计算机辅助完成产品设计和产品制造。

① 产品设计,完成对产品进行方案构思、总体设计、几何建模、工程分析、模拟仿真、工程绘图和技术文档整理等设计活动。

② 产品制造,完成从生产准备工作到产品制造过程中的直接和间接的各种活动,包括工艺准备、生产作业计划、物流过程的运行控制、生产控制、质量控制等主要方面。其中工艺准备包括计算机辅助工艺过程设计、计算机辅助工装设计与制造、NC 编程、计算机辅助工时定额和材料定额的编制等内容;物流过程的运行控制包括物料的加工、装配、检验、输送、存储等生产活动。

由此,要求 CAD/CAM 等计算机辅助系统与计算机管理信息系统进行信息交流,在恰当的时刻,将正确的信息送到正确的地方,这是更高层次上企业内的信息集成,就是所谓的计算机集成制造系统(Computer Integrated Manufacturing System,CIMS)。

自 20 世纪 50 年代以来,随着计算机的迅速发展,计算机应用的许多新技术被应用到制造业,以解决制造业所面临的一系列难题,这些新技术主要有:数控(Numerical Control,NC)、分布式数控(Distributed Numerical Control,DNC)、计算机数控(Computerized Numerical Control,CNC)、原材料需求计划(Material Requirement Planning,MRP)、制造资源计划(Manufacture Resourse Plan,MRP-Ⅱ)、计算机辅助设计(CAD)、计算机辅助制造(CAM)、计算机辅助工程(CAE)、计算机辅助工艺过程设计(CAPP)、机械制造中的成组技术(Group Technology,GT)及机器人等。但这些新技术的应用并没有带来人们曾经预测的巨大效益,原因是它们离散地分布在制造业的各个子系统中,只能局部达到自动控制和最优化,不能使整个生产过程长期在最优化状态下运行。为了解决这个问题,人们逐步发展了计算机集成制造(Computer Integrated Manufacturing,CIM)这一技术思想。

目前,大多数人认为 CIM 不是纯粹的技术,而应理解成一种技术思想,一种新型的生产模式。CIM 的目标是寻找一条使企业达到预定战略目标的有效途径。即从系统工程的角度,将信息技术、生产技术有效结合,对生产过程中涉及的各个局部系统进行有效的集成,以达到全局性的优化目的。CIM 强调:把企业经营目标与方法放在第一位,而把技术手段放在第二位,也就是说技术手段是为经营目标服务的;此外,把考虑问题和解决问题的着眼点放在企业的全局,而不是发生问题的局部点。可见,CIM 是一种总技术,是企业进行组织和管理生产的一种哲理、思想和方法,而 CIMS 则是 CIM 思想的具体体现,即贯彻 CIM 思想,具有明确的企业经营目标的具体的生产系统。

由于 CIMS 技术属于多种学科和多种专业技术的高度集成,技术复杂、难度大、对人力资源的要求非常高,资金投资巨大,因此目前尽管各国非常重视发展 CIMS 技术,发展也较快,但成熟的、实用的系统仍不多,CIMS 技术仍是今后各国高度重视的高端技术。

1.2 CAD/CAM 技术发展方向

演示文稿

CAD / CAM 技术发展方向

目前世界各国无不大力发展 CAD/CAM 技术。CAD/CAM 技术具有高智力、知识密集、更新速度快、综合性强、效益高、初始投入大等特点。CAD/CAM 技术又是一个不断发展的概念,它的含义在不断地扩展和延伸。它不但可以实现计算机辅助设计中的各个过程或者若干过程的集成,而且可以把全生产过程集成在一起,使无图样制造成为可能。此外,随着快速成型技术的发展,快速模具制造技术也已诞生。人工智能技术也正在引入 CAD/CAM 系统,CAD/CAM 技术的未来发展将集中在如下几个方面。

1. 集成化

为了适应设计与制造自动化的要求,CAD/CAM 正在向计算机集成制造(CIM)技术方向发展。CIM 的最终目标是以企业为对象,借助于计算机和信息技术,使生产中各部分从经营决策、产品开发、生产准备集成到生产实施及销售过程中,有关人、技术、经营管理三要素及其形成的信息流、物流和价值流有机集成,从而达到产品上市快、质量高、消耗低、服务好,使企业赢得市场竞争的目的。CIMS 是一种基于 CIM 思想构成的计算机化、信息化、智能化、集成化的制造系统。它适应于多品种、小批量要求的市场,可有效地缩短生产周期,强化人、生产和经营管理联系,减少在制品,压缩流动资金,提高企业的整体效益。

CIMS 是未来工厂自动化发展的方向。然而 CIMS 是投资大、技术含量高、建设周期长的项目,因此,不能求全、求大,应总体规划、分步实施。分步实施的第一步是 CAD/CAM 集成的实现。

2. 智能化

智能制造技术是将专家系统、模糊推理、人工神经网络等人工智能技术应用于制造中,解决多种复杂的决策问题,提高制造系统的水平和实用性。它在制造业的各个环节中以一种高度柔性与高度集成的方式,通过计算机模拟人类专家的智能活动,如分析、推理、判断、构思和决策等,取代或延伸制造环境中人的部分脑力劳动,同时对人类专家的制造智能进行收集、存储、完善、共享、继承和发展。智能制造技术是通过集成传统的制造技术、计算机技术、自动化及人工智能等科学发展起来的一种新型制造技术。

在集成的 CAD/CAM 系统中,不仅处理数值型的工作,如计算、分析与绘图,而且还处理另一类推理性工作,包括方案构思与拟订、最佳方案选择、结构设计、评价、决策以及参数选择等。这些工作需要知识、经验和推理,将人工智能技术与 CAD/CAM 技术结合起来,形成智能化的 CAD/CAM 系统是 CAD/CAM 发展的必然趋势。

智能 CAD/CAM 系统是具有巨大潜在意义的发展方向,它可以在更高的创造性思维活动层次上,给予设计人员有效的辅助。另外,智能化和集成化之间存在着密切联系。为了能自动生成制造过程中所需的信息,必须理解设计师的意图和构思。从这个意义上讲,为实现集成,智能化是不可缺少的研究方向。

3. 网络化

自 20 世纪 90 年代以来,计算机网络已成为计算机发展进入新时代的标志。所谓计算机网络,就是用通信线路和通信设备将分散在不同地点的计算机,按一定的网络拓扑结构连接起来。这些功能使独立的计算机按照网络协议进行通信,实现信息交换、资源共享,即构成一个计算机网络系统。它是实现 CAD/CAM 集成的基础。随着 CAD/CAM/CAPP 集成化技术日趋成熟,可应用于越来越大的项目。这类项目往往不是一个人、一个企业能够完成的,而是多个人、多个企业在多台计算机上协同完成的,分布式网络计算机系统非常适合于CAD/CAM/CAPP 的作业方式。同时,随着互联网的发展,可针对某一特定的产品,将分散在不同地区的智力资源和生产设备资源迅速结合起来,建立动态联盟制造体系。

4. 并行化

并行工程(Concurrent Engineering, CE)是随着 CAD、CIMS 技术的发展提出的一种新哲理、新的系统工程方法。这种方法的思路,就是并行地、集成地设计产品及其开发过程。它要求产品开发人员在设计的阶段就考虑产品整个生命周期的所有要求,包括质量、成本、进度、用户要求等,以便更大限度地提高产品开发效率及一次成功率。并行工程的关键是用并行设计方法代替串行设计方法,串、并行两种方法示意图,如图 1-1 所示。

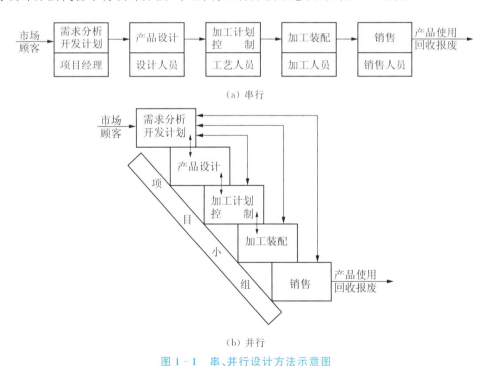

图 1-1　串、并行设计方法示意图

串行设计方法中,信息流是单向的;在并行法中,信息流是双向的。

在并行工程运行模式下,每个设计人员可以像在传统的 CAD 工作站上一样进行自己的设计工作。借助于适当的通信工具,在公共数据库、知识库的支持下,设计者之间可以相互进行通信,根据目标要求,既可随时应其他设计人员要求修改自己的设计,也可要求其他设计人员响应自己的要求。通过协调机制,设计小组的多种设计工作可以并行、协调地进行。

随着市场竞争的日益激烈,并行工程必将引起越来越多的重视,但其实现并非一朝一夕的事情,目前应为并行工程的实现创造条件和环境。其中,与 CAD/CAM 密切相关的有如下几个方面。

① 研究特征建模技术,发展新的设计理论和方法。

② 开展制造仿真软件及虚拟制造技术的研究,提供支持并行工程运行的工具和条件。

③ 探索新的工艺过程设计方法,适应可制造设计的要求。

④ 借助网络及数据库管理系统(DBMS)技术,建立并行工程中的数据共享环境。

⑤ 提供多学科开发小组的协同工作环境,充分发挥人在并行工程中的作用。

以上几个方面将极大地促进 CAD/CAM/CAPP 技术的变革及发展,即 CAD/CAM 系统向着并行化方向发展。

5. 虚拟化

虚拟现实(Virtual Reality,VR)技术是一种高度逼真地模拟人在自然环境中视觉、听觉、动感等行为的人机界面技术。

基于 VR 技术的 CAD/CAM 系统是将 CAD/CAM 技术与虚拟现实技术的有机结合,通过数据手套、数据头盔、三维鼠标及语音设备等触觉、视觉、听觉传感设备,使操作者自然而直观地与虚拟设计环境进行交互。在这种虚拟设计环境下,设计人员可快速地完成产品的概念设计和结构设计。在虚拟环境下对设计产品进行拆装,可以检查设计产品部件之间以及与拆装工具之间所存在的干涉。在虚拟环境下能够快速显示设计内容和设计产品的性能特征,显示设计产品与周围环境的关系。设计者可通过与虚拟设计环境的自然交互,方便灵活地对设计对象进行修改,大大提高设计效率和设计质量。

虚拟制造技术是在计算机上模拟产品的制造和装配全过程的技术,它以仿真技术、信息技术、虚拟现实技术为支撑,对产品设计、工艺规划、加工制造等生产过程进行统一建模,并通过虚拟现实技术从虚拟空间的内部向外部观察,用户可以"沉浸"到虚拟空间中,甚至可以把用户暂时与外部环境隔离开来,以优化产品生产组织和制造全过程中的各个环节。

CAD/CAM 系统虚拟化涉及环境建模技术、立体显示技术、三维虚拟声音实现技术、自然交互与传感技术、实时碰撞检测技术等多学科多门类知识和技术,目前在 CAD/CAM 系统中的实用化还需要大量的研究和实践。

6. 标准化

为了满足 CAD/CAM 集成的需要,提高数据交换的速度,保证数据传输的完整、可靠和有效,必须使用通用的数据交换标准。目前已制定出不少标准体系,它是开发应用 CAD/CAM 的基础,也是促进 CAD/CAM 技术普及及应用的约束手段。例如,面向图形设备的标准 CGI、面向用户的图形标准 GKS 和 PHIGS,面向不同 CAD/CAM 系统的数据交换标准 IGES 和 STEP,此外还有窗口标准等。基于这些标准的软件将是 CAD/CAM 软件市场的主流。更为重要的是有些标准还指明了 CAD/CAM 技术的进一步发展方向,例如 STEP 既是标准也是方法学,深刻地影响着产品建模、数据管理及外部接口等。标准化的发展方向如下:

① 研究开发符合国际标准化组织颁布的产品数据模型,促进 CAD/CAM 技术与国际交流、合作。

② 研究制定网络多媒体环境下的不同层次、不同类型数据信息的表示和传输标准,支持异地协同设计与制造。

③ 建立图文并茂、参数化的标件库,替代现行的各种形式的标准化手册,促进企业掌握标准,减少重复劳动。

思 考 题

1. CAD/CAM 技术的含义是什么?

2. CAD/CAM 技术的发展经历了哪些阶段?

3. CIMS 的含义是什么?

4. CAD/CAM 技术将向哪些方向发展?

第2章 CAD/CAM 系统及工作环境

2.1 CAD/CAM 系统的一般结构

2.1.1 CAD/CAM 系统的组成

CAD/CAM 系统是由若干相互作用和相互依赖的部分集合而成的、具有特定功能的有机整体,而且一个系统又属于另一个更大的系统。一般认为,CAD/CAM 系统是由硬件系统、软件系统和人才系统组成的人机一体化系统。其中,硬件是 CAD/CAM 系统运行的基础,硬件主要指计算机及各种配套设备,如绘图机及网络通信设备等,从广义上讲,硬件还应包括用于数控加工的各种生产设备等。软件系统是 CAD/CAM 的核心,包括系统软件、支撑软件和应用软件等。软件系统在 CAD/CAM 系统中占据越来越重要的地位,软件配置的档次和水平决定了 CAD/CAM 系统性能的优劣,软件的成本已远远超过了硬件设备。软件的发展需要更高性能的硬件系统,而高性能的硬件系统又为开发更好的 CAD/CAM 系统奠定了物质基础。人才系统主要是掌握 CAD/CAM 技术的基本知识和具有 CAD/CAM 技术应用的丰富实践经验的技术人员。人才系统在 CAD/CAM 系统中起着关键的作用。

演示文稿
CAD/CAM 系统

由此可见,硬件系统提供了 CAD/CAM 系统的潜在能力,软件系统是开发、利用 CAD/CAM 系统能力的钥匙,人才系统是 CAD/CAM 系统价值的体现。CAD/CAM 系统的组成如图 2-1 所示。

图 2-1 CAD/CAM 系统的组成

1. 硬件系统

硬件是组成 CAD/CAM 系统的基础的物质设备。它包括计算机系统和加工设备,是 CAD/CAM 系统的基本支持环境。典型的 CAD/CAM 硬件系统的组成如图 2-2 所示。它包括:

① 计算机(主机)。

② 显示终端。

③ 外存储器,如硬盘和光盘等。

④ 输入装置,如键盘、数字化仪、图形输入板和扫描仪等。

⑤ 输出装置,如打印机、绘图仪等。

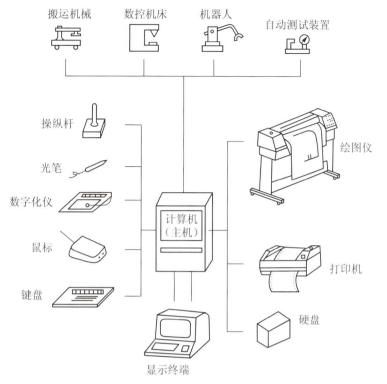

图 2 - 2　典型的 CAD/CAM 硬件系统的组成

⑥ 生产装置,如数控机床、机器人、搬运机械和自动测试装置等。

⑦ 网络,将以上各个硬件连接在一起,以实现一定程度的软硬件资源共享,并实现与上位机或其他计算机网络的通信。

2. 软件系统

CAD/CAM 系统的软件是指控制计算机运行,并使 CAD/CAM 系统发挥最大效能的计算机程序、相关数据以及各种文档。一般 CAD/CAM 软件系统的组成如图 2 - 3 所示。它包括:

① 系统软件,如各种操作系统和网络软件。

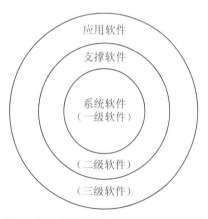

图 2 - 3　一般 CAD/CAM 软件系统的组成

② 支撑软件,如图形处理软件、几何造型软件、有限元分析软件、优化设计软件、动态模拟仿真软件、数控加工编程软件、检测与质量控制软件和数据库管理软件等。

③ 应用软件,它包括 CAD/CAM 技术应用的各种应用软件。

3. 人才系统

要实现 CAD/CAM 技术,除了硬件条件和软件条件外,还有一个重要的条件就是掌握这项技术并能使之正常运转、发挥效益的开发应用人才。这是世界各国在发展 CAD/CAM 技术中所面临的共同问题。这些人才至少包括硬件维护人员、软件管理人员、数据库管理员,尤其是那些熟悉设计制造专业业务,又能熟练操作计算机硬件和软件的系统维护者。开发 CAD/CAM 技术需要若干人的合作,并要求操作者有多方面的知识。面对一个先进的、高效的软硬件 CAD/CAM 系统,人才是关键因素,它决定 CAD/CAM 系统的价值体现,是实施 CAD/CAM 技术的重要条件。CAD/CAM 技术对人才的要求主要包括下列几个方面：

① 理论知识。必须具备计算机的基本理论知识，主要包括系统软件和硬件的基本原理和应用基础等；专业理论知识，主要包括机械制图、机械设计与制造、电路设计、数控编程和加工能力等；外语，应具有阅读外文资料，并进行交流的外语能力。

② 实践经验。必须有工程实践经验，必须不断进行 CAD/CAM 技术的应用实践，在实践中加深对先进技术的掌握，并不断丰富实践经验。另外，还应具备 CAD/CAM 技术软硬件维护、维修的基本能力。

③ 不断学习和培训。CAD/CAM 技术是一项飞速发展的先进技术，并且其内涵在不断丰富中，因此要及时更新知识，始终掌握最前沿的软件和技术，才能充分发挥 CAD/CAM 技术的作用。

2.1.2 CAD／CAM 系统的主要功能

CAD/CAM 系统需要对产品设计、制造全过程的信息进行处理，包括设计、制造过程中的数值计算、设计分析、绘图、工程数据库、工艺设计、加工仿真等各个方面。

1. 工程绘图

采用计算机进行平面图形的绘制，以取代传统的手工绘图。在传统手工设计中，产品设计的结果往往是以机械图样的形式来表达的，需要绘制大量的二维工程图样，这是一件非常繁琐的工作，而且容易出差错，效率很低。CAD/CAM 技术是从取代手工绘图开始的。CAD/CAM 中某些中间结果也是通过图形来表达的。CAD/CAM 系统一方面应具备从几何造型的三维图形直接向二维图形转变的功能；另一方面，还需具有处理二维图形的能力，保证生成出既合乎生产要求又符合国家标准的机械图样。

2. 几何造型

产品几何造型（几何建模）是利用计算机构造三维产品的几何模型，利用计算机来记录产品的三维模型数据，并在计算机屏幕上显示出真实的三维图形结果。即在产品设计构思阶段，系统能够描述基本几何实体及实体间的关系，能够提供基本体素，为用户提供所设计产品的几何形状、大小，进行零件的结构设计以及零部件的装配。系统还能动态地显示三维图形，解决三维几何建模中复杂的空间布局问题。同时，还能进行消隐、色彩渲染处理等。利用几何建模功能，用户不仅能够构造各种产品的几何模型，还能够随时观察、修改模型或检验零部件装配的结果。几何建模技术是 CAD/CAM 系统的核心，它为产品的设计、制造提供基本的数据，同时，也为其他模块提供原始的信息。产品几何建模包括：零件建模，即在计算机中构造每个零件的三维几何结构模型；装配建模，即在计算机中构造部件的三维几何结构模型。常用的建模方法：线框模型，即用零件边框线来表示零件的三维结构；曲面模型，即用零件的表面来表示零件的三维结构；实体造型，即全面记录零件边框、表面以及由曲面所组成的实体的信息，并记录材料属性以及其他加工属性。

3. 工程分析

在产品几何建模基础上，可以开展各种产品性能分析。借助于计算机工具，CAD/CAM 软件系统在分析计算处理之后可采用各种可视化技术手段把计算结果显示出来，非常直观、形象，发现问题可及时进行修改。通过这种方法可取代传统手工时所进行的大量模型实验，缩短了设计周期，降低了设计成本，可获取更多更全面的实验结果。

(1) 计算分析

CAD/CAM 系统构造了产品的形状模型之后，能够根据产品几何形状，计算出相应的体积、表面积、质量、重心位置、转动惯量等几何特性和物理特性,为系统进行工程分析和数值计算提供必要的基本参数。另一方面,CAD/CAM 系统中的结构分析需进行应力、温度、位移等计算,图形处理中变换矩阵的运算,体素之间的交、并、差计算等,在工艺规程设计中的工艺参数的计算。因此,要求 CAD/CAM 系统对各类计算分析的算法正确、全面,而且数据计算量大、还有较高的计算精度等要求。

(2) 结构分析

CAD/CAM 系统结构分析常用的方法是有限元法,这是一种数值近似解方法,用来解决结构形状比较复杂的零件的静态、动态特性;强度、振动、热变形、磁场、温度场、应力分布状态等计算分析。在进行静态、动态特性分析之前,系统根据产品结构特点,划分网格、标出单元号、节点号,并将划分的结果显示屏幕上,进行分析计算之后,将计算结果以图形、文件的形式输出,如应力分布图、温度场分布图、位移变形图等,使用户方便、直观地看到分析结果。

(3) 优化设计

CAD/CAM 系统应具有优化求解的功能,即在某些条件的限制下,使产品或工程设计中的预定指标达到最优。优化包括总体方案的优化、产品零件结构的优化、工艺参数的优化等。优化设计是现代设计方法学中一个重要的组成部分。

(4) 装配及干涉分析

在设计零部件时,在计算机中分析和评价产品的可装配性,可避免真实装配中的种种问题。对运动机构,也要分析运动机构内部零部件之间以及与机构周围环境之间是否有干涉碰撞现象,要及时发现并纠正各种可能存在的干涉碰撞问题。

(5) 可制造性分析

在设计零部件时,用计算机分析和评价产品的可制造性,应该避免一切不合理的设计,这些不合理的设计将导致后续制造的困难,或增加制造的成本。

4. 计算机辅助工艺过程设计(CAPP)

产品设计的目的是为了加工制造出该产品,而工艺过程设计是为产品的加工制造提供指导性的文件。因此,CAPP 是 CAD 与 CAM 的中间环节。CAPP 系统应当根据建模后生成的产品信息及制造要求,自动设计、编制出加工该产品所采用的加工方法、加工步骤、加工设备及参数。CAPP 的设计结果一方面能被生产实际所用,生成工艺卡片文件;另一方面能直接输出一些信息,为 CAM 中的 NC 自动编程系统接收、识别,直接转换为刀位文件,以控制生产设备运行。

5. NC 自动编程

根据 CAD 所建立的几何模型以及 CAPP 所制订的加工工艺规程,选择所需要的刀具和工艺参数,确定走刀方式,自动生成刀具轨迹,经后置处理,生成特定机床的 NC 加工指令。当前,CAD/CAM 系统具备了 3 轴~5 轴联动加工的自动数控编程能力。

6. 模拟仿真

在 CAD/CAM 系统内部,建立一个工程设计的实际模型,通过运行仿真软件,代替、模拟真实系统的运行,用以预测产品的性能、制造过程和可制造性。如数控加工仿真系统,从软件上实现零件试切的加工模拟,避免了现场调试带来的人力、物力的投入以及加工设备损坏的风险,减少了制造费用,缩短了产品研发设计周期。通常有加工轨迹仿真,机构运动学模拟、机器人仿真、工件、刀具、机床的碰撞、干涉检验等。

7. 工程数据库管理

由于 CAD/CAM 系统中数据量大、种类繁多,既有几何图形数据又有属性语义数据,既有产品定义数据又有生产控制数据,既有静态标准数据又有动态过程数据,结构还相当复杂,因此,CAD/CAM 系统应能提供有效的管理手段,支持工程设计制造全过程信息的流动与交换。通常,CAD/CAM 系统采用工程数据库系统作为统一的数据环境,实现各种工程数据的管理。

8. 特征造型

随着计算机技术的发展,传统的几何造型方法暴露出它的一些不足之处:它只有零件的几何尺寸,没有加工、制造、管理所需要的信息,给计算机辅助制造带来了不便。

特征兼有形状(特征元素)和功能(特征属性),具有特定的几何形状、拓扑关系、典型功能、绘图表示方法、制造技术和公差要求等。基本的特征属性包括尺寸属性、精度属性、装配属性、工艺属性和管理属性。这种面向设计和制造过程的特征造型系统,不仅含有产品的几何形状信息,而且也将公差、表面粗糙度、孔、槽等工艺信息建在特征模型中,有利于 CAD/CAPP 集成。

2.2 CAD/CAM 系统的选型原则和方法

由于 CAD/CAM 系统投资相对较大,如何科学、合理地选择适合本企业的系统,必须经过详细的考察与分析。一般要考虑以下几个方面:根据本企业的特点、规模、追求目标及发展趋势等因素,确定应具有的系统功能;从整个产品设计周期中各个进程的工作要求出发,考核拟选用的系统功能,包括其开放性和集成性等特点;然后,根据性能及价格比选择合适的硬件环境和软件环境;最后要考虑如何使用、管理该系统,使其发挥应有的作用,真正为企业创造良好的效益。

2.2.1 CAD／CAM 一体化集成系统的总体规划

1. CAD/CAM 一体化系统集成的实施步骤

CAD/CAM 一体化系统的建立是一项耗资大、涉及面广、技术含量高、难度大的系统工程,应按照实际应用情况,根据系统工程方法仔细制订分步实施的步骤。CAD/CAM 一体化系统集成的步骤如图 2-4 所示。

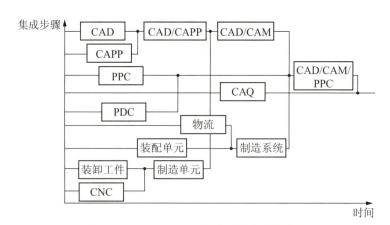

图 2-4 CAD/CAM 一体化系统集成的步骤

图 2-4 中表示了各系统模块的集成关系和大致实施的时间先后次序。集成步骤大致如下:

14

①　各单项计算机应用项目的开发,如 CAD、CAPP、PPC(生产计划与控制)、自动化加工装配单元等。

②　CAD 与 CAPP 的集成应用,PPC 与 PDC(生产数据与控制)的集成应用。这两项集成可以并行进行或先后进行。

③　CAD/CAM 集成模块与自动化加工装配单元集成为狭义的 CAD/CAM 系统,即用计算机辅助编程,生成加工代码和代码仿真并用自动生产设备加工及装配;自动化加工装配单元与物料运输系统集成为自动化制造系统。这两项集成也可以同时进行或先后进行。

④　狭义的 CAD/CAM 系统、PPC/PDC 集成模块和自动化制造系统集成为广义的 CAD/CAM 系统,即用计算机进行制造信息处理全过程。

⑤　广义的 CAD/CAM 系统与 CAQ(计算机辅助质量控制)模块集成构成 CIMS 的重要部分。

2. CAD/CAM 一体化集成系统总体规划的内容

(1) CAD/CAM 一体化集成系统的目标

系统的目标应以企业生产的实际需要为依据,符合企业长远发展规划,根据设计、制造全过程所涉及的部门、层次的基本工作任务和活动,对系统的开发、管理、使用具有指导意义。系统的目标包括增强企业的竞争力、提高用户信任度、提高劳动生产率、降低成本、改善计划经营管理等。对上述目标尚需要进一步从"质"和"量"两方面进行细化,如系统的集成化程度、系统的规范化和标准程度、系统的可靠性、稳定性和可移植性等系统指标,系统的响应时间、生产率、用户数、效率等技术指标等。

(2) 功能模块的组成

这部分的规划内容是确定设计、制造过程的功能任务和各种处理内容的作业过程。制订这部分规划通常可采用层次结构的"功能模型"表示系统功能的构成和内容、各功能的联系、信息流等。功能模型的最高层是系统的整体功能,逐层分解,一直分解到基本功能为止。

(3) 信息模型

在 CAD/CAM 系统目标的指导下,对设计、制造系统的信息流程进行分析,归纳分析出信息流点,并建立系统的信息模型。信息模型描述了设计、制造过程需要的信息类型、内容、作用、功能、信息结构及其相互关系等。信息模型通常也是层次结构形式。

(4) 系统的总体结构

实现上述功能模型和信息模型的计算机系统模型就是系统的总体结构。计算机硬件在操作系统和网络软件支持下运行,数据库管理系统、图形系统、软件工具直接依赖于计算机的操作系统和网络软件,形成 CAD/CAM 软件系统的支撑环境。在上述支撑软件的支持下,建立数据库和档案库,形成集成的核心,把应用程序之间复杂的网状连接简化为以数据库为核心的并联关系。工程应用系统包括:计算机辅助设计(CAD)、计算机辅助工程(CAE)、计算机辅助制造(CAM)、计算机辅助计划管理(CAPM)等。执行控制程序通常采用菜单式屏幕进行操作,用户可以通过菜单实现数据的输入和输出,把相关的模块组织起来,按规定和运行方式,完成规定的作业,并协调它们之间的信息传输,提供统一的用户界面,进行故障处理等。

(5) 计算机硬、软件系统的配置方案

这是规划的最后一步,是指在规定的投资限额内,以满足系统目标和总体结构的要求、符合本单位乃至本行业的实际需求为前提,确定 CAD/CAM 硬、软件系统的性能价格比最佳的配置方案,并提出其分步实施的计划。

2.2.2　CAD／CAM 系统硬件选型的原则和方法

在选择 CAD/CAM 系统硬件时,一般应考虑以下几个主要方面。

1. 应用软件所需的系统环境

系统硬件用来协助完成特定的任务,因此,根据企业 CAD/CAM 系统的工作目标,在确定软件的基础上,即先确定应用方向,再配置硬件设备。在确定应用方向时,应依据具体产品的整个设计、制造作业流程的特点进行选择,配置不同档次的计算机。

要具体评价一台计算机的优劣并不是一件容易的事情,因为没有一个统一的标准。选购计算机时应考虑整体系统的性能价格比。

2. 系统的开放性和可移植性

系统的开放性是指:

① 独立于制造厂商并遵循国际标准的应用环境。

② 为各种应用软件、数据、信息提供交互操作和移植界面。

③ 新安装的系统应能与原安装的计算机环境进行交互操作。

系统的可移植性是指应用程序从一个平台移植到另一个平台上的方便程度。

3. 网络环境

要充分利用其网络功能,做好各个网络终端的数据通信与共享工作。同时,网络中各个终端应有明确的分工,根据其分工的不同,进行不同的配置。如负责建模的终端应配高档计算机和图形加速器,而负责绘图的终端只需较低档的计算机,这样可以减少投资。

4. 系统升级扩充能力

由于硬件发展、更新很快,为了保证长期投资的利益,系统的可扩充性是非常重要的。扩充性是多方面的,包括 CPU、内存、磁盘、总线、网络以及系统软件。因此,应注意 CAD/CAM 系统硬件的内在结构,是否具有随着应用规模的扩大而升级扩充的能力,能否向下兼容,能否在扩展系统中继续使用等。一般来说,系统的配置如果是基本型,则扩充能力有限,但价格便宜;反之,一个具有较大扩充能力的机种,价格就比较贵。

5. CAD/CAM 工作站配置计算机的台数

原则上应按一机双人以上的原则来配置计算机台数。一人一机的配置在实际操作中会造成浪费,无法获得最佳的投资效益。一般来说,每人每天使用计算机的时间为:工程师 4 小时,绘图员 6 小时,这样既保证最高的效率,又保护眼睛。计算机硬件技术发展日新月异,几乎每半年就有新品种推出,而老品种则大幅度降价。因此,工作站不要一次购置太多,尤其是初步开展 CAD/CAM 集成工作的企业,先购置 1～2 个图形工作站,然后随着工作的开展,分批引进,逐步扩充。

6. 可靠性、可维护性

所谓可靠性是指在给定的时间内系统运行不出错的概率。应注意了解欲购产品的平均年维修率、系统故障率等指标。

所谓可维护性是指排除系统故障以及满足新的要求的难易程度。

7. 技术支持与售后服务

选购系统硬件时应优先考虑选购大公司的产品。因为大公司一般有较强的技术开发能力,容易做到升级产品与老产品的兼容,或提供老产品升级的可能性,以保护老用户的投资。另外,大公司较重视信誉,有较好的售后服务,在各地设有维修站和备件库,能长期提供及时的维修服务,并能及时提供后续工程的支援与应用指导。

2.2.3　CAD/CAM 系统软件选型的原则和方法

CAD/CAM 系统是以实体模型数据结构为基础,统一的工程数据库为核心,将实体建模、有限元分析、机构运动学分析、优化设计等密切结合在一起的集成化软件系统,它能实现产品的建模、设计和绘图,较好地解决了设计与制造的集成化。有些 CAD/CAM 系统在设计初期阶段,即在样机试制和试验之前,能预测产品的性能,并能高效地分析比较多种设计方案,从而达到最佳设计。另外,CAD/CAM 系统还应为企业的生产管理模块提供必要的数据信息。

为满足上述要求,在选择 CAD/CAM 系统软件时,一般应考虑以下几个主要方面。

1. 系统分析工作

选购之前,要做好系统的分析工作。在系统分析的基础上得出选购的基本原则,明确 CAD/CAM 的具体目标和一次投入的资金数量。

2. 系统目标制订

系统目标越具体越好,最好落实到产品,甚至可落实到产品的关键零部件。因为不同的产品对 CAD/CAM 软件系统有不同的特殊要求。例如,重型机械其重点是结构有限元分析与优化;注塑产品则侧重于外形设计和塑料模具设计与分析;汽车、飞机等产品的运动学、动力学分析尤为重要。只有落实到产品上,才能有针对性地进行软件系统的选购,并选择技术支持、技术培训的合作伙伴。因为在购置 CAD/CAM 软件系统后,必然要在应用软件开发上投入大量的力量。目前,我国大多数企业依靠自己的力量能够高速度、高质量地完成上述任务。选购活动实际上是寻找合作伙伴,要求合作伙伴能结合企业提出的任务进行技术培训,能指导企业进行应用软件的开发。只有这样,选购的软件系统才能符合企业的实际需要,技术骨干才能得到良好的培训和实际锻炼,购置的系统才能很快地投入使用、创造效益。

3. 选择软件、硬件

在选购过程中,应先选择软件,后选择硬件。这是因为,决定应用软件开发环境的优劣主要取决于支撑软件,而每一种支撑软件只能在有限的几种工程工作平台上运行。如果先选定了硬件,往往会限制了支撑软件的选择。

4. 图形支撑软件的基本要求

① 以设计特征和约束进行建模,这些特征和约束随着设计过程逐步加到模型上,符合工程师原有的工作习惯,使设计师和工艺师可使用同一产品模型完成各自的专业工作。

② 真正统一的集成化数据库,结构合理,容量不受限制。

③ 强有力的二次开发工具,易学易用,用户可利用它进行深入的二次开发,以适应自身产品的设计需求。

④ 高层次的参数化、变量化设计技术,采用先进的几何约束驱动,在设计过程中可处理欠约束与过约束问题,可智能地模拟工程师的工作,在设计中随时提供反馈和帮助信息,并可对模型局部增加和修改约束要求。

⑤ 强有力的 CAE 功能,不仅可以解决多自由度和高难度复杂机构的三维运动学和动力学分析,还可以进行三维复杂机构的优化设计。有限元分析和机构运动学、动力学分析软件最好是有机集成在图形支撑软件中的,这样做数据集成高。

⑥ 提供与工厂管理信息系统(MIS)的数据接口,为制造业企业由 CAD/CAM 到 MRP Ⅱ 以及 CIMS 的发展奠定基础。

⑦ 在 CAM 方面,有优秀的 2 轴～5 轴数控编程软件,并彻底解决刀具干涉问题,可进

行高精度的复杂曲面加工,具有国内外各类数控系统和机床的后置处理程序。

⑧ 用户开发的应用软件可以较方便地移植到其他计算机平台上,从而向用户真正提供最佳性能价格比的方案,真正做到了保护用户的投资。

5. 确定功能模块

当选定支撑软件后,软件模块的选择显得尤为重要。因为支撑软件模块很多,功能不一,价格不同,且都有与其他模块相互依存的关系,所以,应仔细分析,合理配置,才能得到低投入高性能的系统。在网络环境下,还得考虑网络终端数目与各软件模块使用权限匹配的问题。如果软件模块购得少或者一个模块的用户使用权限不够,而网络终端太多,那么有些终端不能同时工作,会造成终端资源的浪费。因此,在多用户环境下,软件模块与终端的配置组合是系统设计的关键之一,也是提高投资效益的有效途径。

6. 软件商的综合能力

应选择具有较高信誉、经济实力雄厚、培训等技术支持能力强的软件商提供的软件。

2.3 CAD/CAM 系统的工作环境与作业流程

CAD/CAM 系统由软件、硬件和人三大部分组成。硬件设备是 CAD/CAM 系统运行环境的基础,软件系统是核心,人是关键。硬件系统的性能和 CAD/CAM 系统功能的实现必须通过软件实现,CAD/CAM 系统是在人的操纵下,以人机对话的方式工作的,只有高素质的技术人才才能充分发挥 CAD/CAM 系统的效益。

2.3.1 CAD / CAM 系统硬件的工作环境

硬件系统包括计算机系统和加工设备。采用先进的、自动化程度高的、精度高的加工设备,是现代制造水平高的主要特征,这部分投资巨大。加工设备包括各种类型的、专用的数

• 演示文稿 •

CAD / CAM 软件

控机床,各类由计算机控制的加工设备及各级控制机,以及各种靠模机床、电加工式和特种加工机床、测量机、光整加工设备等。机床大多采用 CNC、DNC 控制,一些由主机(加工中心、数控机床)、连线设备(包括工业机器人)、控制设备(计算机及外围设备、控制台等)及辅助设备所组成的柔性制造系统(FMS),在现代制造业中也广泛得到应用。计算机系统是 CAD/CAM 系统的核心,包括计算机及各种处理器系统、图形工作站、大容量的存储器、图形输入/输出设备,以及各种接口等。根据各个企业或工厂具体条件不同,目前 CAD/CAM 技术中所用的计算机系统类型有以大型或中型计算机为主的主机系统,小型成套系统,工作站系统和以微机为主的个人计算机工作站。CAD/CAM 系统硬件的工作布局宏观上可分为独立式和分布式两种基本类型。

1. 独立式系统

根据计算机类型不同,又分为以下 4 种类型:

(1) 主机系统

这类系统以一个主机为中心,可以支持多个终端运行,共享一个中央处理器(CPU),如图 2-5a、b 所示。

这种大型机终端系统又可分为直联式(集中型)与分散型两种。大型直联式系统的构成如图 2-5a 所示。其优点是:所有终端都直接与主机相连,通常可连接几十个终端。由于

主机能力强并使用大型数据库,除 CAD/CAM 作业外,还可兼做计算、管理等任务。其优点是:计算机本身通用性强,终端的设备较简单;其缺点是:多用户分享主机,终端响应不稳定、性能价格比不高。为克服大型直联式系统的缺点,又出现了功能分散型系统。该系统的构成是在终端和主机之间再设置一级小型机或微机,也有设置专用处理机的。这种改进不仅保留了大型机系统较大、通用性较好和较强的运算能力等优点,而且又能充分发挥终端小型机的基本处理能力,使上、下两级中央处理机的负荷大致平衡,从而使系统具有更高的处理速度和工作效率,功能分散型系统的构成,如图 2-5b 所示。

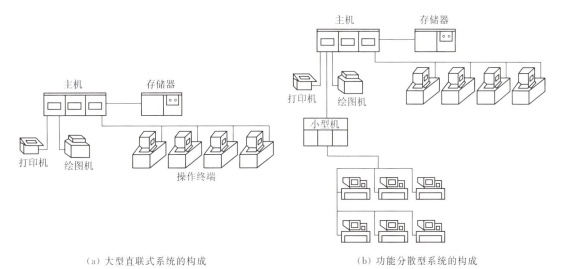

(a) 大型直联式系统的构成　　　　　　　(b) 功能分散型系统的构成

图 2-5　主机系统

在主机系统中,可配置较大的内存和外存,以及高精度、高速度、大幅面的图形输入/输出设备(如绘图机、打印机、纸带输入、输出机等);可以装备中心数据库,通过数据库管理系统集中管理和维护全部数据;可以运行规模较大的支撑软件和应用软件,将设计、计算、绘图、分析等工作结合起来,进行复杂作业。当增加新的用户,即增加终端时,投资相对较少。以大型和中型计算机为核心的主机系统,主要应用于一些大型企业和科研单位。

(2) 成套系统

这类系统是具有较强的针对性的软、硬件配套系统。供应商按用户需求提供,无须用户进行新的开发工作,所以这类系统又称为"交钥匙"系统,即"拿来即用"的意思。其特点是效率高,但与主机型系统和工作站系统相比,有分析能力弱、系统扩展能力差、移植性不好等缺点。该系统采用小型机多用户系统构成,如图 2-6 所示。

(3) 工作站系统

工作站是集计算、图形图像显示、多窗口、多进程管理为一体的计算机设备。它是介于个人计算机与小型机之间的一种计算机,通常具有较高的性能,具有友好的人机界面;同时,还可支持高技术指标的外围设备及网络环境。近年来,工作站的性能价格比不断提高,已成为当前 CAD/CAM 系统的主要硬件环境。

工作站系统的构成如图 2-7 所示。由于每个用户单机独立占用资源,处理速度快,性能效率高,而且价格适中,不必一次集中投资,具有良好的可扩充性,因此,大、中、小型单位均可使用工作站系统。目前已有的工作站系统具有三维曲线、曲面、实体造型,真实感图像,工程制图,机构动态分析,有限元分析,以及多坐标联动数控编辑等 CAD/CAM 系统所需的多种功能。

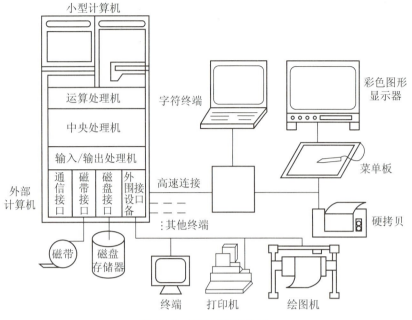

图 2-6 成套系统的构成

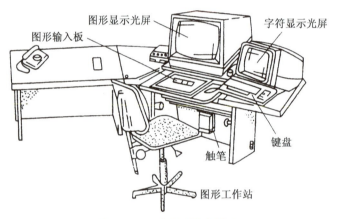

图 2-7 工作站系统的构成

(4) 微机系统(PC系统)

自从 20 世纪 80 年代 PC 机问世以来,由于其价格低廉,对运行环境要求较低,维修、服务方便,学习和使用容易,完全开放式的设计等优点,发展迅猛。随着微机的飞速发展,其性能已超过了 20 世纪 90 年代初期的小型机工作站的性能。目前已将很多原来在工作站、小型机、甚至大型机上运行成熟的 CAD/CAM 软件,裁剪、移植到微机上。另外还开发了较为成熟的微机上用的 CAD/CAM 软件。在微机上,已从单纯的简单计算、二维绘图发展为具有三维交互设计、实体造型、有限元分析、优化设计等功能的综合设计系统。它配有数据库、汉字系统及多种高级语言编译程序,可以完成 CAD/CAM 系统所需的多种业务。

2. 分布式系统

分布式系统利用计算机技术及通信技术将独立系统通过网络连接起来,即构成一个多处理机的分布式系统。对于工作站或微机系统来说,这种网络提供了多用户环境。网络上各工作节点(或站点)分布形式可以是星状分布、树状分布,也可以是环状分布。分布式系统的特点是系统的软、硬件资源分布在各个节点上,如图 2-8 所示。每个节点有自己的 CPU

和外围设备,使用速度不受网络上其他节点的影响。通过网络软件提供的通信功能,可以在各个节点间实现文件和数据的传送。这不仅弥补了本站资源的不足,还可享受其他处的资源,如文件库、资料库等大容量存储和打印机、绘图机等外围设备,而且还可以把不同厂家、不同型号的异种计算机连接在一起。这种将计算机技术和通信技术相结合的计算机网络系统,可以把一个办公楼、一个车间或一个工厂中分散的几十台、甚至上百台型号各异的计算机、外围设备、存储设备通过通信装置连接起来,组成局域网。局域网与远程网通过微波技术乃至卫星通信技术互连起来,形成全国及全球性的大型通信系统。这类系统的配置和开发投资可以从小到大进行,易于扩展,有利于逐步提高 CAD/CAM 系统的技术性能;有利于各专业同时进行那些复杂的、需要处理大量信息的工程工作。

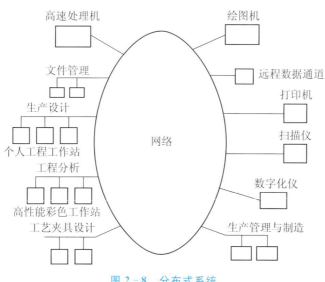

图 2-8　分布式系统

2.3.2　CAD/CAM 系统软件的工作环境

根据在 CAD/CAM 系统中执行的任务及服务对象不同,可将软件系统分系统软件、支撑软件、应用软件,CAD/CAM 系统软件组成如图 2-9 所示。

系统软件包括操作系统、高级语言编译系统等。在系统软件支持下,可以开发和运行一般的应用软件。要开发 CAD/CAM 应用软件,需要有特殊的支撑软件环境。支撑软件包括数据库管理系统、图形支撑软件和有限元分析软件等。系统软件和支撑软件是在建立 CAD/CAM 系统时一起构建的,形成了 CAD/CAM 系统二次开发环境,用户在此环境下移植或开发所需要的 CAD/CAM 应用软件,完成特定的设计和制造任务。CAD/CAM 系统的最终的效益反映在 CAD/CAM 应用软件水平上,而高水平的 CAD/CAM 应用软件又必须以高水平的开发环境为基础。

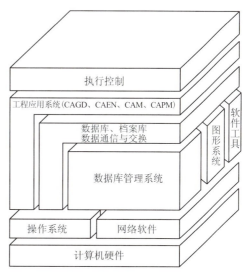

图 2-9　CAD/CAM 系统软件组成

1. 系统软件

系统软件是使用、管理、控制计算机运行的程序集合,是用户与计算机硬件连接的纽带。它包括负责全面管理计算机资源的操作系统和用户接口管理软件、各种高级语言的编译系统、汇编系统、监督系统、诊断系统、各种专用工具等。它是整个软件系统中最核心的部分,直接与计算机硬件相联系,包括 CPU 管理、存储管理、进程管理、文件管理、输入/输出管理和作业管理等操作。系统软件主要由三部分组成:管理和操作程序、维护程序和用户服务程序,如图 2 - 10 所示。

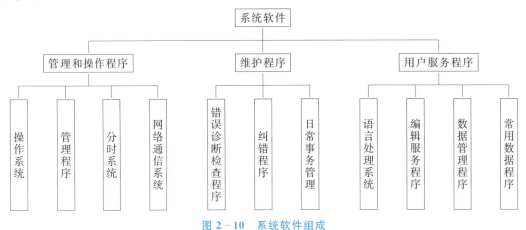

图 2 - 10　系统软件组成

(1) 计算机操作系统

计算机操作系统是核心软件,负责计算机系统内所有软硬件资源的监控和调度,使其协调一致、高效地运行,用户只有通过操作系统才能控制和操纵计算机。现代计算机操作系统的功能很多,但其最基本的功能有:

CPU 管理、内存管理、输入输出管理和文中管理。

(2) 计算机语言编译系统

计算机语言编译系统是将计算机高级语言编写的程序,翻译转换成计算机能够直接执行的机器指令的软件程序。

(3) 图形接口标准

为了在计算机硬件设备上进行图形的处理和输出,必须向计算机高级编程语言提供相应的图形接口,用于不同显示器的图形显示。

2. 支撑软件

支撑软件是建立在系统软件基础上,CAD/CAM 所需的基本软件,它是 CAD/CAM 系统的核心,它不针对具体使用对象,而是为用户提供工具或开发环境,不同的支撑软件依赖一定的操作系统。一般该类软件是从市场上购买的,但也有自行开发的支撑软件。支撑软件按功能分为:二维绘图软件、三维造型软件、分析及优化设计软件;一般也可分为功能集成型软件和功能独立型软件。集成型支撑软件一般提供设计、分析、造型、数控编程及加工控制等多种模块,功能比较齐全,是 CAD/CAM 技术应用的主要软件。

(1) 功能独立型支撑软件

功能独立型支撑软件一般支撑 CAD/CAM 系统的单一作业过程,如二维绘图、三维造型、工程分析计算、数据库管理等。这类软件任务单一、专业性处理能力很强,这是目前集成型支撑软件不能比拟的。

① 交互式绘图软件　以人机交互方式生成图形,并支持不同专业的应用图形软件的

开发。它具有基本图形元素的绘制、图形变换、编辑修改、存储图形、数据交换、显示控制、标注尺寸、拼装图形及输入、输出设备驱动等功能。这类软件系统绘图功能强、操作方便、价格便宜，在国内制造业中应用较为普及。目前，在国内市场上比较流行的交互式二维绘图软件有 CAXA 电子图板、开目 CAD、高华 CAD 等具有自主知识产权的软件，以及应用广泛的 AutoCAD 等国外的二维图形软件。

② 几何建模软件　为用户提供一个完整、准确地描述和显示三维几何形状的方法和工具。具有消隐、着色、渲染处理、实体参数计算、质量特性计算等功能。目前，使用得较多的有 MDT、SolidWorks、SolidEdge 等软件。它们基于微机平台，具有参数化特征造型，装配和干涉检查功能以及简单曲面造型功能，其价格适中，易于学习掌握，是理想的产品三维设计工具。

③ 有限元分析软件　利用有限元法进行结构分析的软件。可以进行静态、动态、热特性分析，通常包括前置处理（单元自动剖分、显示有限元网格等）、计算分析及后置处理（将计算结果形象化为变形图、应力应变色彩浓淡图及应力曲线等）三部分。目前，应用比较普遍的有限元分析软件有 SAP、ASKA、NASTRAN、ANSYS 等。

④ 优化设计软件　这是将优化技术用于工程设计，综合多种优化计算方法，为求解数学模型提供强有力的数学工具的软件，目的是选择最优方案、取得最优解，如专家系统。

⑤ 数据库管理系统软件　数据库在 CAD/CAM 系统中，占有重要地位，它是一种有效地存储、管理、使用数据的软件系统。在集成化的 CAC/CAM 系统中，数据库管理系统能够支持各子系统之间的数据交换与共享，如图 2-11 所示。应用于 CAD/CAM 系统和 CIMS 中的数据库称为工程数据库，它是 CAD/CAM 系统和 CIMS 的重要组成部分。它除了类似于传统的商用数据库管理系统的功能（如数据定义、数据操纵、数据查询和数据库维护等功能）外，还应具有对 CAD/CAM 系统和 CIMS 中的不同组成部分的数据的不同管理、交换与共享、实时交互处理、多层次安全保障、备份和恢复、零件的多种视图数据（即同一零件的不同数据，如在 CAD 方面关心零件的形状和尺寸数据，在 CAPP 方面关心加工特征、材料或公差方面的数据）、管理设计、工艺、制造、销售及服务等方面的数据等。研制一个完整的数据库管理系统，是当前尚在努力解决的重大课题。目前比较流行的数据库管理系统有 Oracle、Sybase、SQL Server、FoxBase 等。

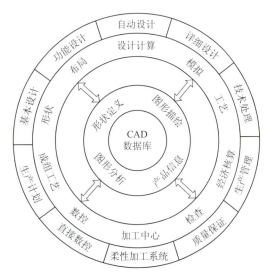

图 2-11　数据库管理系统支持各子系统之间的数据交换和共享

⑥ 模拟仿真软件　仿真技术是在计算机内建立一个真实系统的模型，并进行分析的技术。利用模型分析系统的行为而不建立实际系统，在设计产品时，实时、并行地模拟产品生产或各部分运行的全过程，以预测产品的性能、制造过程和可制造性。动力学模拟可以仿真分析计算机械系统在质量特性和力学特性作用下系统的运动和力的动态特性；运动学模拟可根据系统的机械运动关系来仿真计算系统的运动特性。这类软件在 CAD/CAM 技术领域得到了广泛的应用，如 ADAMS 机械系统动力学自动分析软件。

⑦ 计算机辅助工程软件　计算机辅助工程（CAE）软件是 CAD/CAM 向纵深发展的必然结果。它的主要功能如下：

a. 有限元法(Finite Element Method，FEM)网络自动生成。用有限元法对产品结构的静、动态特性、强度、振动、热变形、磁场强度、流场等进行分析和研究，以及自动生成有限元网格，从而为用户精确研究产品结构的受力，以及用深浅不同的颜色描述应力或磁力分布提供了分析技术。有限元网格，特别是复杂的三维模型有限元网格的自动划分能力是十分重要的。

b. 优化设计，用参数优化进行方案优选。这是 CAE 系统应具有的基本功能，是保证现代化产品设计具有高速度、高质量和良好的市场销售前景的主要技术手段之一。

c. 三维运动机构的分析和仿真，研究机构的运动学特性，即对运动机构(如凸轮连杆机构)的运动参数、运动轨迹、干涉检查进行研究，以及用仿真技术研究运动系统的某些性质。从而为人们设计运动机构时提供直观的、可仿真或交互技术。

因此，CAE 系统是集几何建模、三维绘图、有限元分析、产品装配、公差分析、机构运动学、NC 自动编程等功能分析系统于一体的集成软件系统。它是有关产品设计、制造、工程分析、仿真、实验等信息处理，以及包括相应数据库和数据库管理系统在内的计算机辅助设计和生产的综合系统。尽管这类软件价格比较昂贵，但其功能强大，并具有集成性、先进性，因而受到越来越普遍的关注和重视，将成为未来 CAD/CAM 实用软件的主流。CAE 系统的结构如图 2-12 所示。

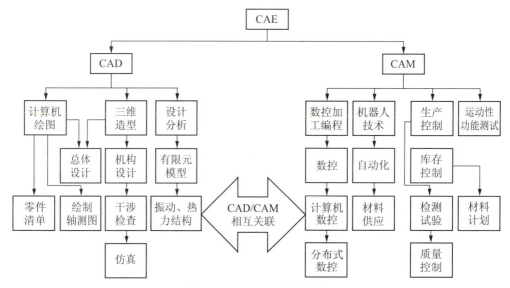

图 2-12 CAE 系统的结构

⑧ 数控编程系统 这类数控编辑软件具有刀具定义、工艺参数的设定、刀具轨迹的自动生成、后置处理和切削加工模拟等基本功能。这类软件对编程人员技术要求不高，易于操作使用，对于中小企业常规零件的数控加工非常实用。典型的数控编程软件有 Surfcam、Mastercam 等。

⑨ 网络管理软件 网络系统已成为 CAD/CAM 系统的主要使用环境。在网络环境中，网络系统软件是必不可少的，如 NetWare 就是专门为局域网产品设计的网络系统软件，它包括服务器操作系统、文件服务器软件、通信软件等。应用这些软件可以进行网络文件系统管理、存储器管理、任务管理、用户通信、软硬件资源共享等多项工作。计算机网络管理软件随微机局域网产品一起提供。

⑩ 虚拟现实软件工具 在基于虚拟现实技术的虚拟制造系统中涉及实时三维图形技术、

实时跟踪技术、宽视野立体显示技术、力/触觉显示反馈技术、语音处理等多种技术的综合,需要有强大的虚拟现实软件工具的支持。当前有代表性的虚拟现实软件工具有 Multigen Creator、Multigen Vega 和虚拟世界工具箱(World Tool Kit,WTK)。

（2）功能集成型支撑软件

功能集成型支撑软件功能比较完备,综合提供了三维造型、设计计算、工程分析、数控编程以及加工仿真等功能模块,其综合功能强、系统集成性较好。目前应用较普遍的软件有:UG、Creo、CATIA、CAXA 等。随着计算机技术的发展,这类综合集成型 CAD/CAM 软件系统不仅能在小型机和工作站硬件平台上使用,还能在微型计算机上工作。目前,这些软件技术已相当成熟,功能强大,在制造业中广泛应用。综合集成型 CAD/CAM 支撑软件一般由下列功能模块组成。

① CAD 模块　其主要功能包括:

a. 参数化特征造型,在基本三维线框模型、曲面模型和实体模型几何造型功能基础上,融合了参数造型、特征造型以及混合造型等先进技术。

b. 工程图的绘制,在友好的人机交互图形界面下完成单个零件或装配图的绘制和文档的编制,也可以通过三维造型所生成的产品三维数据模型,自动生成产品的二维工程图和局部剖视图。

c. 产品的装配,实现从零件到部件或产品总成三维装配,可自下而上进行产品的装配设计,也可根据产品的结构,实现由总装、部件到零件的自上而下进行的装配设计过程,可进行装配体的干涉检查,生成产品的装配树,建立完整的产品结构信息模型。

② CAE 模块　其主要功能包括:

a. 有限元分析,根据产品的几何模型,自动划分有限元网格,设置约束和载荷,运用各种解算器进行有限元计算分析,将计算分析结果以等值线图、色谱图、应力应变图等各种后置处理形式进行输出。

b. 运动机构仿真分析,根据机构的装配结构,求出各构件的重心、质量、惯性矩等物理特性,设定各构件的运动规律和参数,对各类运动机构进行仿真计算,并用三维真实感图形显示机构的运动状态,检查运动干涉现象。

c. 优化设计,通过改变技术要求或结构参数,完成优化过程,快速自动地进行优化设计,通过多次设计迭代得到最佳的设计结果。

③ CAM 模块　其主要功能包括:

a. 数控加工编程,可对车削、钻削、2～5 轴的铣削、电火花、等离子加工、加工中心等加工方法进行数控编程,设定加工刀具和工艺参数,计算切削时间,生成各种加工方法的刀具轨迹文件。

b. 数控加工后置处理,根据刀具轨迹文件生成特定数控机床的数控程序。

c. 切削加工检验,应用仿真技术检查分析加工刀具轨迹,检测欠切和过切现象,以及刀具与夹具和机床部件的干涉碰撞现象。

④ 用户开发工具　目前常见的 CAD/CAM 系统都为用户提供了二次开发编程语言和高级语言的开发接口,提供了良好的二次开发工具。利用这些开发工具可对 CAD/CAM 系统进行二次开发,提高 CAD/CAM 系统的个性化程度,以充分发挥 CAD/CAM 系统的功能,提高使用效率。

（3）应用软件

应用软件是在系统软件、支撑软件基础上,针对某一专门应用领域而开发的软件,是直接面向用户的软件。一般是由工厂、企业或研究单位根据实际生产条件进行的二次开发软件,如机械零件设计 CAD 软件、模具设计 CAD 软件、组合机床设计 CAD 软件、汽车车身设计 CAD 软件等。开发这类软件的宗旨是提高设计效率、缩短生产周期、提高产品质量、使软件更加符合工厂生产实际和便于技术人员使用。这些软件通常均设计成交互式,以便发挥人、机各自的特长。程序流程应符合设计人员习惯,使人机间具有友好界面,用户只需熟悉一些操作使用和输入参数,无须涉及程序内部的细节。企业引进 CAD/CAM 系统时,就应做好开发应用的软件的思想和技术准备。几乎没有一个商品化的软件不经过二次开发就能满足自身企业的实际生产要求。能否充分发挥已有的 CAD/CAM 系统硬件的效益,关键是应用软件的技术开发工作,它是 CAD/CAM 技术人员的主要任务。

实际上,应用软件和支撑软件之间并没有本质的界限,当某行业的某种 CAD/CAM 应用软件逐步成熟完善后,成为一个商业化的软件产品时,也可以将其称为支撑软件。

2.3.3 CAD／CAM 系统的作业流程

CAD/CAM 系统是产品设计、制造过程中信息处理系统,它以计算机硬件、软件为支撑环境,通过各个功能模块(分系统)实现对产品的描述、计算、分析、优化、绘图、工艺规程设计、仿真以及 NC(数控)加工。另外,从广义上讲,CAD/CAM 集成系统还包括生产规划、管理以及质量控制等方面内容。因此,它克服了传统人工操作的缺陷,充分利用计算机高速、准确、高效的计算功能,图形处理、文字处理功能,以及对大量的各类数据的存储、传递、加工功能。在运行过程中,结合人的经验、知识及创造性,形成一个人机交互、各尽所长、紧密配合的系统。它主要研究对象的描述、系统的分析、方案的优化、计算分析、图形处理、工艺规划、NC 编程以及仿真模拟等理论和工程方法,输入的是系统的产品设计要求,输出的是系统的产品制造加工信息,如图 2−13 所示。

CAD/CAM 系统的作业一般包括以下几个方面。

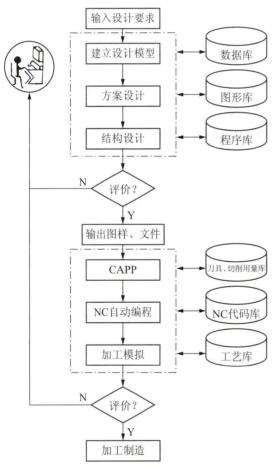

图 2−13 CAD/CAM 系统的作业流程

1. 输入产品设计要求

通过市场需求调查或根据用户对产品性能的要求,向 CAD/CAM 系统输入设计要求,利用几何建模功能,构造出产品的几何模型,计算机将此模型转换为内部的数据信息,存储在系统数据库中。

2. 确定产品设计方案及结构

调用系统数据库中的各种应用程序对产品模型进行详细设计计算及结构方案优化分析,以确定产品总体设计方案及零部件的结构、主要参数,同时,调用系统中的图形库,将设计的初步结果以图形的方式输出在显示器上。

3. 交互产品设计改进

根据屏幕显示的结果,对设计的初步结果作出判断;如果不满意,可以通过人机交互的方式进行修改,直到满意为止。修改后数据仍存储在系统的数据库中。

4. 制订产品加工工艺规程

系统从数据库中提取产品的设计制造信息,在分析其几何形状特点及有关技术要求后,对产品进行工艺规程设计,设计的结果存入系统的数据库,同时在屏幕上显示输出。

5. 交互产品工艺规程改进

用户可以对工艺规程设计的结果进行分析、判断,并允许以人机对话交互的方式进行修改。最终的结果可以是生产中需要的工艺卡片或以数据接口文件的形式存入数据库,以供后续模块读取。

6. 虚拟制造(模拟仿真)

虚拟制造(Virtual Manufacturing,VM)是在计算机环境下将现实制造系统映射为虚拟制造系统,借助三维可视的交互环境,对产品设计、制造到装配的全过程进行全面模拟仿真的技术,它不消耗物料资源和能量,也不生产现实世界的产品。应用虚拟制造技术可使所设计的产品在投入实际加工制造之前,模拟整个加工制造和装配工艺过程,以便事先发现产品设计开发中的问题,重新修改完善,保证产品设计和制造一次成功。

7. 生成产品加工指令

利用外围设备输出加工工艺卡片,生成车间生产加工的指导性文件;或利用计算机辅助制造系统从数据库中读取工艺规程文件,生成 NC 加工指令,用于在有关设备上进行加工制造。

8. 产品加工制造

在数控机床或加工中心上完成有关产品的制造。

CAD/CAM 系统的作业流程是从初始的产品设计要求、产品设计的中间结果,到最终的加工指令,都是信息不断产生、修改、交换存取的过程,系统应能保证用户随时观察、修改阶段数据,实时编辑处理,直到获得最佳结果。

从 CAD/CAM 系统的作业流程可以看出,现代产品设计与制造过程具有以下特征:

(1) 产品开发设计数字化

开发设计的产品在计算机中以数据形式保存,产品的各项开发活动是一个对存储在计算机内的产品数据进行操作、处理和转换的活动过程,而不再需要用图纸作为产品信息的传输媒介。

(2) 设计环境的网络化

产品的设计开发是一个群体的作业过程,通过计算机网络将不同地点的设计人员、不同的设计部门、不同的设计地点联系起来,做到每个设计活动的及时沟通和响应,快速准确,避免了信息的延误和错误传递。

(3) 设计过程的并行化

建立了上下游产品设计活动的关联和反馈机制,在上游设计活动中可以对下游活动预先进行分析,确保设计活动的整体正确性;在下游活动中,若上游活动存在缺陷,可以及时地对上游活动的结果进行修改,并重新设计下游的活动,使产品的设计不断得到完善和优化。

(4) 新型开发工具和手段的应用

在现代产品设计开发过程中,应用了快速原型技术、虚拟制造技术、动静态工程分析技术等多项先进制造技术,有力地保证了产品开发质量,缩短了产品开发周期,提高了产品开发的一次成功率。

 思 考 题

1. CAD/CAM 系统由哪几部分组成?

2. CAD/CAM 系统的基本功能是什么?

3. CAD/CAM 系统的主要任务是什么?

4. 简述 CAD/CAM 一体化集成系统的总体规划和内容。

5. CAD/CAM 系统硬件选型的原则和方法有哪些?

6. CAD/CAM 系统软件选型的原则和方法有哪些?

7. CAD/CAM 系统硬件的工作布局有哪两种基本类型?

8. CAD/CAM 系统由哪几种类型软件组成? 分别有什么功能?

9. 简述常用的 CAD/CAM 技术软件。

10. 简述 CAD/CAM 系统的一般作业流程。

第 3 章　CAD/CAM 系统常用技术

CAD/CAM 以计算机作为主要技术手段来处理各种信息，完成产品的设计与制造。它将传统的设计与制造过程中彼此相对独立的工作作为一个整体来考虑，实现信息的高度一体化。因此，在 CAD/CAM 系统中，要完成 CAD/CAM 任务，实现信息的处理与交换，需用到各种处理技术。下面介绍一些 CAD/CAM 系统的常用技术。

3.1　CAD/CAM 系统的数据处理

在产品的设计与制造过程中，需要查阅大量的手册、文献资料、设计计算公式，并且检索有关曲线和表格，以获得所需的各种数据。在传统的设计与制造过程中，这是十分费时、费事并易于出错的工作。而计算机具有大容量存储和检索的功能，如果将这些资料预先存入计算机中，便可在需要时灵活、方便地调用。要做到这些，必须对这些资料进行适当的加工处理，即将表格和曲线图转换为相互关联的数据结构，以便用数据库或数据文件进行存储和管理，供计算机运行时调用或查询检索。

数据资料的处理和存储有以下三种基本方法。

（1）程序化把数据直接编在应用程序中，在应用程序内部对这些数表及线图进行查询、处理或计算。具体的处理方法有两种：一种是将数表中的数据或线图存入一维、二维或多维数组，用查表、插值等方法检索所需要的数据；另一种是将数表或线图拟合成公式，编入程序计算出所需要的数据。

（2）建立数据文件把数据和应用程序分开，建立一个独立于程序的数据文件，把它存放在外存储器中。当程序运行到一定时候，便可以打开数据文件进行检索。

（3）建立数据库将数表及线图中的数据按数据库的规定进行结构化处理，并存放到数据库中。它独立于应用程序，便于数据的扩充与修改，并且可以被各种应用程序所共享。

3.1.1　数据结构

数据实际上是对客观对象、现实世界的性质和关系的一种描述。一个产品的数据基本上包括性能参数、结构尺寸、工艺过程、图样信息等，它们代表着该产品的性质及其与环境之间的关系。在 CAD/CAM 系统中，一个孤立的具体数据往往没有意义，而各种相关数据的集合就能描述任一复杂的事物。其中，数据之间的关系为数据赋予了丰富的涵义。因此，对于数据的研究与管理不应限于数据本身，更重要的在于数据之间的关系，也就是数据结构问题。

> 演示文稿
>
> 数据结构

数据结构指的是数据之间的结构关系。数据元素不是孤立的，而是彼此相互关联的。数据结构理论研究数据元素之间的抽象关系，并不涉及数据元素的具体内容。在某些情况下，多个数据元素之间的关系构成一个数据结构，而该结构可能又是另一个数据结构的

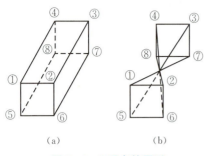

图 3－1 8顶点的图形

数据元素。

例如,在描述一个六面体时,若只给出 8 个顶点坐标的数据,而不给出各顶点所存在的边的对应关系,那么在计算机中并不能确定这就是六面体。因为,8 个顶点也可以表示为长方体、两个对顶四棱锥等多种图形,如图 3－1a、b 所示。

如果在输入六面体 8 个顶点数据的同时,还输入描述各顶点之间关系的数据,在计算机中就能确定要描述的六面体了,其数据结构如图 3－2 所示。

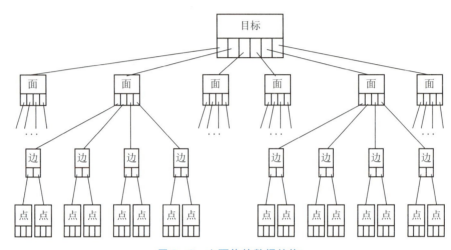

图 3－2 六面体的数据结构

数据结构包括数据的逻辑结构、数据的物理结构和数据的运算。

1. 数据的逻辑结构

数据的逻辑结构描述的是数据之间的逻辑关系,它从客观的角度组织和表达数据。通常可将逻辑结构归纳为两大类型:线性结构和非线性结构。

(1)线性结构,这种结构的数据可以用数表的形式表示。数据的关系很简单,只是顺序排列的位置关系,而且这种关系是线性的,因而又称这类数据结构为“线性表结构”。在这种结构中,每一个数据元素仅与它前面的一个和后面的一个数据元素相联系,因而仅能用于表达数据之间的简单顺序关系。

(2)非线性结构,这种结构的数据间逻辑关系比较复杂。例如,一个零件加工工艺方案图,如图 3－3 所示。在该图中,用圆圈表示的一组节点分别代表某道工序的起点或终点;连线表示具有一定工作内容和工序时间(或成本)的工序。从第一道工序到最后一道工序可以有几种不同的工艺过程方案。这种数据元素之间的关系是一种多元关系,即非线性关系,因此不能用简单的线性表来表示它们之间的逻辑关系。

2. 数据的物理结构

数据的物理结构是指数据在计算机内部的存储方式,它从物理存储的角度来描述数据以及数据间的关系。常用的物理结构有顺序存储结构与链接存储结构。

(1)顺序存储结构,即用一组连续的存储单元依次存放各数据元素。这种存储方式占用存储单元少,简单易行,结构紧凑。但数据结构缺乏柔性,若要增删数据,必须重新分配存储单元,重新存入全部数据,因而不适合需要频繁修改、补充、删除数据的场合。

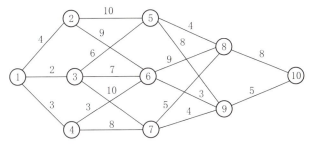

图 3 - 3　零件加工工艺方案图

（2）链接存储结构，即把数据的地址分散存放在其他有关的数据中，并按照存取路径进行链接。这样，在求得初始数据的地址后，检索出该地址存放的数据和下一个数据地址，一环扣一环，可逐次找到所需的数据。数据中存入的下一个数据的地址称为指针。通过指针，可构成不同的存取路径，以适应逻辑结构的需要。因而存储结构可独立于逻辑结构，它使存储的物理顺序不必与逻辑顺序一致而仍能按逻辑要求来存取数据。

3. 数据的运算

数据的运算是指对数据进行的各种操作。

3.1.2　数据文件

数据文件是数据管理的一种形式，它独立于应用程序单独存储。在 CAD/CAM 系统中，数据文件常常作为管理数据、交换数据的方法而被广泛采用。具体地说，数据文件是记录的集合。能够唯一地标识记录的数据项称为关键字。

1. 常用的文件组织方法

（1）顺序文件

顺序文件又称文本文件、正文文件或行文件，文件中的各个记录以其输入的先后次序按顺序存放。它的有效存储区域是连续的，结构紧凑、简单，但增删、检索不够方便。

（2）索引文件

带有一个包括关键字和存放地址索引的文件。当查找记录时，先按该记录的关键字值到索引表中查得相应地址，系统再按该地址查到记录，查找速率高，使用比较广泛。

（3）直接存取文件

又称随机文件，在写入一个数据项（称一个记录）的同时，还给这个数据项登记一个编号（记录号），以后就可以根据记录号去查找记录。该文件可以直接存取记录，检索方便，但要按最大记录项平均分配存储空间，故占用空间相对较大。

2. 文件的操作

文件操作主要表现在两个方面：一是查找；二是排序。

（1）查找

即寻找关键字为某值的记录，或从数组中寻找某个确定的数据。常用的查找方法有三种。

① 顺序查找法：从第一条记录开始，逐条查询，若找到所查的数值，则查找成功；否则，查找失败。这是一种最简单但效率较低的方法。

② 折半查找：又叫二分查找法。即先将文件记录按关键字大小顺序排列，再将查找范围中点处的关键字与待查记录的关键字比较，当中点处关键字大于待查关键字时，确定待查

记录在文件后半区域;当中点处关键字小于待查关键字时,确定待查记录在文件前半区域;当两者相等时,确定该记录恰为待查记录。

③ 分块查找法:与折半查找法类似,只是要先将按关键字排好序的文件划分成大于 2 的若干块;再将待查关键字依次与各块的最大关键字比较,确定查找范围;然后顺序查找。

（2）排序

对文件中记录的关键字(或数组元素值)按递增或递减的顺序重新排列。有多种排序方法,常用的排序方法如下。

① 选择排序:在所有记录中选出关键字值最小的记录,将它与第一个记录交换,然后,在第二个记录到最后一个记录中重复上述操作。

② 冒泡排序:其基本思路是顺序比较相邻记录的关键字值,若后者比前者小,则交换位置,否则,位置不变。经过数轮比较和交换,较小的数向前移动,较大的数向后移动,犹如水中气泡一点点冒出水面,故而得名。

③ 插入排序:思路是首先假定第一条记录的位置是合适的,然后取出第二条记录与第一条记录进行关键字比较。若小于,则插到前面,否则,位置不变;再取第三条记录与前面各记录进行关键字比较,将其插入到前面有序记录的合适位置上;以此类推,直到排序完成。这种排序法的关键是首先进行比较、查找,以确定该项记录应插入的位置,因此,是一个不断比较、插入的过程。

3.1.3 数值程序化

数值程序化就是将要使用的各个参数及其函数关系,用一种合理编制的程序存入计算机,以便运行使用。其方法要具体问题具体分析。

1. 用数组形式存储数据

如果要使用的数据是一组单一、严格、又无规律可循的数列,通常的方法是用数组形式存储数据,程序运行时,直接检索使用。

2. 用数学公式计算数据

如果要使用的数值是一组单一、严格、但能找到某种规律的数列,则不必定义数组逐项赋值,而将反映这种规律的数学公式编入程序,通过计算即可快速、准确地达到目的。

3.1.4 数表程序化

数表程序化就是用程序完整、准确地描述不同函数关系的数表,以便在运行过程中迅速、准确、有效地检索和使用数表中的数据。

1. 数表的分类

在产品设计与制造过程中,所用到数表是各种各样的,一般可根据表中各数据间有无函数关系和表格维数这两种方法进行分类。

（1）按数表中数据有无函数关系分类

① 简单数表。这种数表中记载的供设计用的一组数据,彼此之间没有一定的函数关系。

② 列表函数数表。数表中的数据之间存在某种函数关系。这种数表的来源可以分为两类:一类是本来就有精确的计算公式或经验公式,但是由于解析式太复杂,为了方便进行手工设计,将其制成表格供设计人员查用;另一类是本来没有公式,数表是以试验所得的离散数据作为依据制作的。对于第一类数表,能找到原始解析式的,要力求找到原来

理论计算公式或经验公式,编入程序进行计算,这种办法最简单,结果也很精确。对于一时难以找到原始解析式的数表,或原来就没有解析式的第二类数表,则应进行相应的程序化处理。

(2) 按数表的维数分类

按数表的维数可分为一维数表、二维数表和多维数表。

① 一维数表。所要检索的数据只与一个变量有关,这样的数表称为一维数表。

② 二维数表。所要检索的数据与两个变量有关,这样的数表称为二维数表。

③ 多维数表。所要检索的数据与两个以上变量有关,这样的数表称为多维数表。对于这样的数表,常常将其转换为一维数表或二维数表进行处理。

2. 数表的程序化

将数表程序化时,有多种方法,常用的方法如下。

(1) 屏幕直观输出法

在屏幕上,直观显示整个数表,让用户凭经验自行选择所需数值,这种处理方法有效而简便,只要设计人员稍加参与便可,避免用计算机进行一系列复杂、模糊的分析、判断。程序实现也很简单,只要输出整个数表即可。

(2) 数组存储法

可采用定义多个一维数组或二维数组的方法存储数据,程序运行时,通过判断选取。

(3) 公式计算法

采用公式来表示数表中的数据之间的关系,将数据间有某种联系或函数关系的数表应尽量进行公式化处理,充分利用计算机计算速度快的优点。另外,数表的存储和使用无疑会占用较多的计算机资源,占用较多的存储空间并增加检索时间,同时,由于数据的离散性和数量的有限,在相邻两数值点之间只能选取相近的数据,这无疑会给计算结果带来误差。公式化法克服了该缺点,提高了精度。

数表的公式化处理方法有以下两种。

① 函数插值。插值的基本方法是在插值点附近选取几个合适的节点,将选取的这些点构造出一个简单函数 $p(x)$,在此小段上用 $p(x)$ 代替原来列表函数 $f(x)$,这样插值点的函数值就用 $p(x)$ 的值来代替。因此插值的实值问题是如何构造一个既简单又具有足够精度的函数 $p(x)$。

a. 线性插值,即两点插值。已知插值点 P 的相邻两点:$y_1 = f(x_1)$,$y_2 = f(x_2)$,如图 3-4 所示。近似认为在此区间,函数呈线性变化,根据几何关系可求得插值点 P 对应于 x_3 的函数值 y_3。编程时,只要将表列数据和插值公式编制其中,就可在输入一个 x 值后,计算出相应的 y 值。

b. 非线性插值,即三点或多点插值。方法是在原函数上取三点或多点用曲线函数连接这些点,构成的曲线代替原函数上的点,显然其插值精度比线性插值精度要高。

c. 分段插值,有时增加插值点时,很难找出一个函数曲线能满足要求。因此,为了提高插值精度,可将插值范围划分成若干段,然后在每个段上采用可用函数表达的插值曲线,这种方法称为分段插值法。但分段插值法在两曲线连接处做不到平滑过渡。

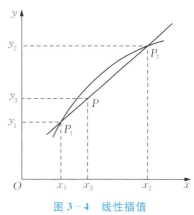

图 3-4 线性插值

d. 二元插值,根据上述一元列表函数的插值,同样可对二元列表函数进行插值,其基本方法与一元数表插值方法相似,不过因为二元函数有两个自变量,因此在求函数值时要分别对两个自变量进行插值计算。

② 数据曲线拟合。一般列表函数的数据是通过试验获得的,不可避免地带有误差,个别数据的误差还很大。采用插值公式必须严格通过各个节点,如图 3-5 所示的曲线 1,插值后的曲线必然保留了所有的误差,这是插值公式的主要缺点之一。另外,多点插值的公式表达十分困难,而分段插值难以保证各段曲线在连接点处的平滑过渡。因此,工程上常常采用数据的曲线拟合的方法。拟合曲线不要求严格通过所有节点,而是尽量反映数据的趋势,如图 3-5 所示的曲线 2。这种方法可以克服函数插值的一些缺点。

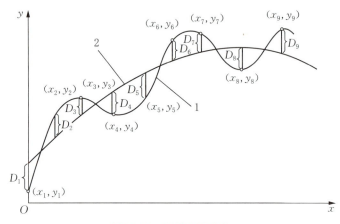

图 3-5　数据曲线拟合

3.1.5　线图的程序化

用线图来表示函数关系是一种常用的方法。它的特点是鲜明直观,并能表现出函数的变化趋势。因此,在设计资料中,有很多参数间的函数关系是用线图来表示的。这些线图在直角坐标系中大多是曲线。在传统的手工设计中,设计计算时根据线图用手工查找来获得相应的数据。而在 CAD/CAM 作业中,尚不能直接对线图进行编程,因此必须对它进行相应的处理,才能达到对线图的存储和自动检索的目的。线图程序化有以下三种处理方法。

① 将线图离散化成数据表,再按数据表的处理方法加以处理。

② 当线图是有原始公式时,就应找到线图的原始公式,将公式编入程序,这是最精确的程序化处理方法。

③ 有些线图是实验数据的图形化,此种情况就应用曲线拟合的方法求出线图的经验公式,然后再将公式编入程序。

3.2　CAD/CAM 系统工程分析技术

利用计算机辅助工程(CAE)分析的关键是在三维建模的基础上,从产品的方案设计阶段开始,按照实际使用的条件进行仿真和结构分析;按照性能要求进行设计和综合评价,以便从多个设计方案中选择最佳方案。因此,计算机辅助工程分析通常包括有限元分析、优化设计、仿真技术、试验模型分析等方面。当把设计对象描述为内部模型后，研究如何使产品达到要求的性能、进行产品技术指标的优化设计、性能预测、结构分析仿真的数值求解方法称为计算机辅助工程分析 CAE。CAE 已成为 CAD/CAM 集成系统中不可缺少的工程分析计算技术。

3.2.1　分析计算的主要内容和方法

1. 分析计算的内容

分析计算的内容随设计对象的类型和具体要求而定，并且受设计成本等条件的约束。在 CAD/CAM 作业中，分析计算的内容很多，一般可归纳为以下三个方面：

(1) 力学分析计算

产品一般都要承受一定载荷，要传递力或转矩，实现某些运动等，因此力学分析计算是产品设计中的基本内容。分析计算包括零部件乃至整机进行强度、刚度、磨损、振动、发热及热变形等分析计算，这类问题的数学模型、分析计算方法及其计算机分析计算技术已越来越完善和成熟，有些已编制成通用或专用的计算机程序，供设计人员选用。

(2) 设计方案的分析评价

从专业设计理论与设计方法学出发，对各种方案的技术指标进行综合分析评价。其中大多数涉及现代设计方法中的分析计算，如系统分析和系统设计、优化设计、可靠性设计、模拟仿真，以及采用人工智能和专家系统对设计方案进行分析评价等。

(3) 几何特征的分析计算

它包括产品的特殊曲线、曲面或形体的造型与分析，机构的运动分析、干涉检验等，其中大部分要涉及 CAD/CAM 中几何造型的基本技术和方法。

2. 基本分析的方法

工程上进行计算机分析的方法很多，大体上可分为解析法和数值解法两大类：

(1) 解析法

解析法是一种传统的计算方法，是应用数学分析工具，求解含少量未知数的简单数学模型，如通用机械零件的常规设计计算，但对于复杂的问题，往往很难求解。

(2) 数值解法

数值解法又可归纳为两大类。

① 在解析法的基础上进行近似计算，如对连续体力学问题建立基本微分方程，然后对基本微分方程进行近似的数值求解。

② 在力学模型基础上，将连续体简化为由有限个单元组成的离散化模型，然后对离散化模型求出数值解答，这类方法的代表是有限元法和边界元法。

3.2.2　有限元分析及其前、后置处理

1. 有限元分析的基本原理

有限元法是一种离散化方法，已成为结构分析中不可缺少的工具，它能够解决几乎所有工程领域中的结构分析问题，如弹性力学、弹塑性与黏弹性问题、疲劳与断裂分析、动力响应分析、液体力学、传热、电磁场等问题。

有限元法的基本思路是：在对整体结构进行结构分析和受力分析的基础上，对结构加以简化，利用离散化方法把简化后的连续结构剖分成有限个单元，且它们相互连接在有限个节点上，承受等效的节点载荷，根据平衡条件，先对每个单元进行分析，然后根据变形协调条

件把这些单元重新组合起来,构成一个组合体,引入边界条件,再综合分析求解。由于单元的个数是有限的,节点数目也是有限的,所以称为有限元法。有限元法进行结构分析的步骤是:结构和受力分析→离散化处理→单元分析→整体分析→引入边界条件求解。

有限元法分为三种基本解法:

① 位移法:以节点位移为基本未知量,求解方程。

② 力法:以节点力为基本未知量,求解方程。

③ 混合法:以一部分节点位移和一部分节点力为基本未知量,求解方程。

离散化方法,是将复杂的连续体结构,假想地分割成数量和尺寸上有限个单元,单元与单元之间,假设仅在单元的节点上连接,这样把由无限个质点构成的连续体转换成有限个单元集合体的过程称为离散化。将构件分割成有限单元,称之为网格化。根据构件的具体情况,各个单元可以是杆、梁、多边形(如三角形、四边形)、多面体等。

2. 有限元分析的前、后置处理

用有限元法进行结构分析时,需要输入大量的数据,如单元数、单元的几何特性、节点数、节点编号、节点的位置坐标等。如果人工输入这些数据,工作量大,繁琐枯燥且容易出错。当结构经过有限元分析后,亦会输出大量数据。对这些输出数据的观察和分析也是一项细致且难度较大的工作。因此,要求有限元计算程序应具备前置处理和后置处理的功能。

目前,有限元处理程序被广泛应用,大大提高了工作效率,大致可分为两种类型:一种是将几何建模系统与有限元分析系统有机结合在一起,如图 3-6 所示。在建模系统中将有限元的前后置处理作为线框建模、表面建模、实体建模的应用层,即把几何模型参数和拓扑关系等数据进行加工,自动剖分成有限元的网格,然后输入有限元分析需要的其他数据,生成不同有限元分析程序所需要的数据网格文件。另一种是单独为某一个有限元分析程序配置前后置处理功能程序,并把二者集成为一套完整的有限元分析系统,它同时具有批处理和图形编辑功能。

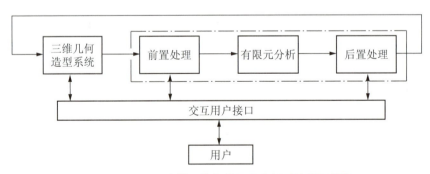

图 3-6 将几何建模系统与有限元分析系统有机结合

(1)前置处理

所谓前置处理是在用有限元法进行结构分析之前,按所使用的单元类型对结构进行剖分;根据要求对节点进行顺序编号;输入单元特性及节点坐标;生成网格图像并在屏幕上显示;为了确定它是否适用或者是否应当修改,显示图像应带有节点和单元标号以及边界条件等信息;为了便于观察,图像应能分块显示、放大或缩小;对于三维结构的网格图像,需要具备能使图像作三维旋转的功能,等等。以上内容一般称为前置处理,为实现这些要求而编制的程序称为前置处理程序。

前置处理程序通常具有如下基本功能：

① 生成节点坐标。可手工或交互输入节点坐标；绕任意轴旋转生成或沿任意矢量方向平移生成一系列节点坐标；在一系列节点之间生成有序节点坐标；生成典型面、体的节点坐标；合并坐标值相同的节点，并按顺序重新编号。

② 生成网格单元。可手工输入单元描述及其特性；可重复进行平移复制、旋转复制、对称平面复制已有的网格单元体。

③ 修改和控制网格单元。对已剖分的单元体进行局部网格密度调整，如重心平移、预置节点、平移、插入或删除网格单元；通过定位网格方向及指定节点编号来优化处理时间；合并剖分后的单元体以及单元体拼合。

④ 引入边界条件。约束一系列节点的总体位移和转角。

⑤ 单元物理几何属性编辑。定义材料特性，对弹性模量、惯性矩、质量密度以及厚度等物理几何参数进行修改、插入或删除。

⑥ 单元分布载荷编辑。可定义、修改、插入和删除节点的载荷、约束、质量、温度等信息。

⑦ 生成输入数据文件。通常一个通用的有限元前置处理模块应具有与多个有限元分析软件的接口程序，按选用的软件的输入格式要求，生成输入数据文件。

（2）后置处理

有限元分析结束后，输出的数据量非常大。若仅对打印出来的数据进行分析，不但繁琐费时，而且不直观，不能迅速得出分析结果，因此，在有限元分析后，需要作后置处理。

所谓后置处理，即将有限元计算分析结果进行加工处理并形象化为变形图、应力等值线图、应力应变浓淡图、应力应变曲线以及振动图等，以便对变形、应力等进行直观分析和研究。为了实现这些目的而编制的程序，称为后置处理程序。

后置处理程序应具有如下基本功能。

① 对计算结果的加工处理：有限元分析的计算结果是节点位移、单元应力等数据，后置处理程序应能对计算结果进行组织、编辑、筛选，从大量的数据中迅速提出关键的、设计者最关心的结果，按用户所要求的格式输出，并提供检索和查询功能等。

② 计算结果的图形表示：把有限元分析结果用图形表示出来，包括屏幕显示和打印机或绘图机绘图等，用于表示计算结果的图形表示形式主要有结构变形图、等值线图、主应力迹线图、等色图等。

3.2.3　优化设计

在工程设计中，设计方案往往不是唯一的。从多个可行方案中寻找"尽可能好"或"最佳化"方案的过程，称为优化设计（Optical Design）。优化设计是在计算机广泛应用的基础上发展起来的一项设计技术，以求在给定技术条件下获得最优的设计方案，保证产品具有优良性能。其原则是寻求最优设计；其手段是计算机和应用软件；其理论是数学规划。随着市场经济的发展，产品市场竞争日趋激烈，企业迫切期望提高产品性能，减少原材

●演示文稿

优化设计　●

料消耗，降低生产成本，增强产品的竞争力，这使得工程优化设计的应用范围愈来愈广，收到的效益也愈来愈显著。优化设计作为一种先进的现代设计方法，已成为 CAD/CAM 技术的一个重要组成部分。

优化设计要解决的关键问题：一是建立优化设计数学模型，即确定优化设计问题的目标函数、约束条件和设计变量；二是选择适用的优化方法。

1. 优化设计的数学模型

数学模型是研究对象的数学表达式。在选取设计变量、列出目标函数、给定约束条件后便可构造优化设计的数学模型。

（1）设计变量

设计中,可以用一组对设计性能指标有影响的基本参数来表示某个设计方案。设计问题的性质不同,则表示该设计的参数也不同。对一项具体的机械设计来说,有些基本参数可以根据工艺、安装和使用要求预先确定,而另一些则需要在设计过程中进行选择。那些需要在设计过程中选择的基本参数被称为设计变量。机械设计中常用的变量有:几何外形尺寸（如长、宽、高等）,材料性质、速度、加速度、效率、温度等。机械优化设计时,作为设计变量的基本参数,一般是一些相互独立的参数,它们的取值都是实数。根据设计要求,大多数设计变量被认为是有界连续变量,称为连续量。但在一些情况下,有的设计变量取值是跳跃式的量,即称为离散量。对于离散变量,在优化设计过程中常常先把它视为连续量,在求得连续量的优化结果后再进行圆整或标准化,以求得一个实用的最优方案。

（2）目标函数

优化设计是要在多种因素下针对某一特定目标寻求最满意、最适宜的一组设计参数。根据特定目标建立起来的、以设计变量为自变量的、一个可计算的函数称为目标函数,它是设计方案的评价标准。优化设计的过程实际上是寻求目标函数最小值或最大值的过程。

（3）约束条件

在设计过程中,设计变量的取值不是无限的,某些性能也有一定的限制。所谓的约束条件就是加给设计变量和产品性能的限制。约束条件一般表示为设计变量的等式约束函数和不等式约束函数。等式约束可表示为:

$$gi(X)=0 \quad i=1,2,\cdots q$$

不等式约束可表示为:

$$gi(X)\leqslant 0 \quad i=1,2,\cdots q$$

约束条件又可分为边界约束和性能约束两大类。边界约束一般限制设计变量的取值范围,性能约束是加给设计性能的约束条件。

2. 常用的优化设计方法

在优化设计算法中,大多数都是采用数值计算法,其基本思想是搜索、迭代和逼近。优化设计方法种类很多,根据讨论问题的不同方面,有不同的分类方法。如根据是否存在约束条件,可分为有约束优化和无约束优化,如图 3-7 所示;根据目标函数和约束条件的性质,可分为线性规划和非线性规划;根据优化目标的多少,可分为单目标优化和多目标优化等。

3.2.4 仿真技术

演示文稿

仿真技术

一种新产品的开发要经历反复设计、分析、计算修改的过程。即使如此,也不能保证被设计产品完全达到预期的要求。在传统的设计过程中,常常需要制造样机,以便进行试验,检测产品性能指标,确定产品设计方案的优劣。如果发现问题,则要修改设计方案或参数,重新制造样机,重新试验,致使新产品的开发耗资大、周期长。有的产品性能试验是十分危险的;有的产品根本无法进行样机的试验,如航天飞机、人造地球卫星等。因此,迫切需要一种方法和技术改变上述状况,仿真理论和技术应运而生。

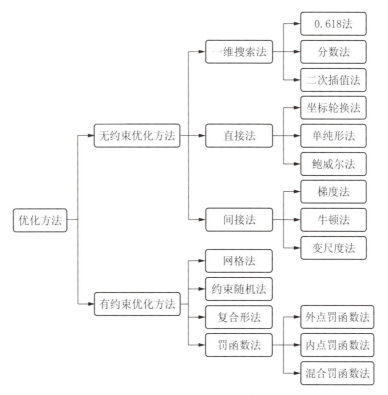

图 3－7　根据是否存在约束条件分类的常用优化设计方法

仿真（Simulation），顾名思义就是模仿真实系统，指通过对模拟系统的试验研究一个存在或设计中的系统。计算机仿真技术就是将系统的数学模型放到计算机中进行模型试验的一种技术。仿真技术是 CAD/CAM 系统的重要技术组成部分。

1. 仿真的类型

仿真的关键是建立从实际系统抽象出来的仿真模型。仿真是在模型上进行反复试验研究的过程。因为模型有物理模型与数学模型，因此仿真也有物理仿真和数学仿真。

（1）物理仿真

物理模型与实际系统之间具有相似的物理属性，所以，物理仿真能观测到难以用数学来描述的系统特性，但要花费较大的代价。一般物理模型多采用已试制出的样机或与实际近似等效的代用品。

根据仿真模型中物理模型占据的比例又分半物理仿真和全物理仿真。半物理仿真的模型，有一部分是数学模型，另一部分是已研制出来的产品部件或子系统，从而对产品整体性能和实际部件或子系统进行功能测试。全物理仿真的模型则全部是物理模型。

（2）数学仿真

数学仿真又称计算机仿真，即建立系统（或过程）的可以计算的数学模型（仿真模型），并据此编制成仿真程序以便使用计算机进行仿真试验，掌握实际系统（或过程）在各种内外因素变化下性能的变化规律。仿真模型的建立反映了系统模型和计算机之间的关系是以数学方程式的相似性为基础的。与物理仿真相比，数学仿真系统的通用性强，可作为各种不同物理本质的实际系统的模型，故其应用范围广泛，是目前研究的重点。

一般而言，计算机仿真比物理仿真在时间、费用、方便性方面有明显优点。而物理仿真具有较高的可信度，但费用昂贵且准备周期长。物理仿真由于有实物纳入仿真回路，因而又称为实时仿真。

　　仿真类型的选取策略按工程阶段分级选取，如图 3-8 所示。在产品的分析设计阶段，采用计算机仿真，边设计、边仿真、边修改，结合有限元分析和优化设计等现代设计方法，使设计在理论上尽量达到最优。进入研制阶段，为提高仿真可信度和实时性，将部分已试制的成品（部件等）纳入仿真模型。此时，采用半物理仿真。到了系统研制阶段，说明前两级仿真均证明设计满足要求，这一级只能采用全物理仿真才能最终说明问题，除非这种全物理仿真是不可实现的。

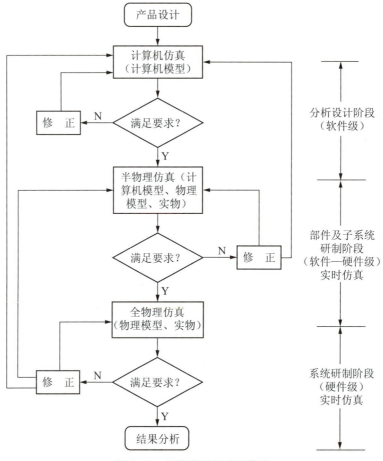

图 3-8　仿真类型的选取策略

2.计算机仿真的类型和意义

（1）计算机仿真的类型

计算机仿真的类型主要有以下两种。

① 系统分析和设计。例如柔性制造系统的仿真，在设计阶段，通过模型仿真来研究系统在不同物理配置情况下和不同运行策略控制下的特性，从而预先对系统进行分析、评价，以获得较好的配置和较优的控制策略；系统建成后，通过仿真，可以模拟系统在不同作业计划输入下的运行情况，用以择优实施作业计划，提高系统的运行效率。

② 制成训练用仿真器。例如飞行模拟器、船舶操纵训练器、汽车驾驶模拟器等。这些仿真器既可以保证受训人员的安全，也可以节省能源，缩短训练周期。

（2）计算机仿真的意义

计算机仿真的广泛应用具有十分重要的意义，主要体现在以下几个方面。

　　① 代替许多难以或无法实施的实验,例如地震灾害程度、地球气候变化、人口发展与控制、战争爆发与进程等。采用计算机仿真却可以在抽象的仿真模型上反复实验。

　　② 解决用一般方法难以求解的大型系统问题。例如,计算机集成制造系统、核电站的控制与运行、化工生产过程管理等,由于系统庞大复杂,理论分析或数学求解的方法常常显得无能为力。通过计算机仿真,却可以运行仿真模型,用实验方法来加以研究。

　　③ 降低投资风险、节省研究开发费用。计算机仿真研究实际系统的设计、规划,预测系统建成后的运行效果,从而提高决策的科学性,减少失误;并在系统的设计制造过程中提供了随时修正设计的依据,以免建成后因改动或重建造成的巨大浪费。这样就降低了投资风险,节省了人力和物力。

　　④ 避免实际实验对生命、财产的危害。例如,电力调度、汽车驾驶等技术培训,如果从开始就在真实系统上加以实施,则相当危险。然而,计算机仿真却可以较好地达到目的,避免对人员、财产的危害。

　　⑤ 缩短实验时间、不受时空限制。许多系统的实验需要耗时几十小时,甚至数月、数年,还有场地条件要求。而计算机仿真则不受客观时空限制,既可以缩短实验时间,还可以多次重复进行。

3. 计算机仿真的一般过程

　　计算机仿真的基本方法是将实际系统抽象描述为数学模型,再转换为计算机求解的仿真模型,然后编制程序,上机运行,进行仿真实验并显示结果。其一般过程,如图 3-9 所示。

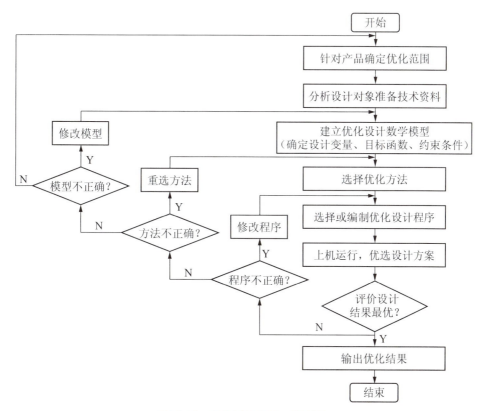

图 3-9　计算机仿真的一般过程

(1) 建立数学模型

　　系统的数学模型是系统本身固有的特性以及外界作用下动态响应的数学描述。应当注意,仿真所需建立的数学模型应与优化设计等其他设计方法中建立的数学模型相协调。

(2) 建立仿真模型

在建立数学模型的基础上,设计一种求解数学模型的算法,即选择仿真方法,建立仿真模型。如果仿真模型与假设条件偏离系统模型,或者仿真方法选择不当,则将降低仿真结果的价值和可信度。一般而言,仿真模型对实际系统描述得越细致,仿真结果就越真实可信,但同时,仿真实验输入的数据集就越大,仿真建模的复杂度和仿真时间都会增加。因此,需要认真权衡可信度、真实度和复杂度。

(3) 编制仿真程序

根据仿真模型,画出仿真流程图,再使用通用高级语言或专用仿真语言编制计算机程序。

(4) 进行仿真实验

选择并输入仿真所需要的全部数据,在计算机上运行仿真程序,进行仿真实验,以获得实验数据,并动态显示仿真结果。通常是以时间为序,按时间间隔计算出每个状态结果,在屏幕上轮流显示,以便直观形象地观察到实验全过程。

(5) 结果统计分析

对仿真实验结果数据进行统计分析,对照设计需求和预期目标,综合评价仿真对象。

(6) 仿真工作总结

对仿真模型的适用范围、可信度,仿真实验的运行状态、费用等进行总结。

4. 仿真技术在 CAD/CAM 系统中的应用

仿真技术是 CAD/CAM 系统中重要的技术之一,它在 CAD/CAM 系统中主要应用于以下几个方面。

(1) 产品形态仿真

例如产品的结构形状、外观、色彩等形象化的属性。

(2) 装配关系仿真

例如零件之间装配关系与干涉检查,车间布局与设备、管道安装,电力、供暖、供气、冷却系统与机械设备布局规划等方面。

(3) 运动学仿真

模拟机构的运动过程,包括自由度约束状况、运动轨迹、速度和加速度变化等。如加工中心机床的运动状态、规律,机器人各部分结构、关节的运动关系。

(4) 动力学仿真

分析、计算机械系统在质量特性和力学特性作用下系统的运动和力的动态特性。例如模拟机床工作过程中的振动和稳定性情况,机械产品在受到冲击载荷后的动态性能。

(5) 零件工艺过程几何仿真

根据加工工艺,模拟零件从毛坯到成品的金属去除过程,检验加工工艺的合理性、可行性、正确性。

(6) 加工过程仿真

例如数控加工自动编程后的刀具运动轨迹模拟,刀具与夹具、机床的碰撞干涉检查,模拟切削过程中的刀具磨损、切屑形成,工件表面的加工生成等。

(7) 生产过程仿真

例如产品制造过程仿真,模拟工件在系统中的流动过程,展示从上料、装夹、加工、换位、再加工……直到最后下料、成品放入仓库的全部过程。其中包括机床运行过程中的负荷情况、工作时间、空等时间;刀具负荷率、使用状况、刀库容量运输设备的运行状况,找出系统的薄弱环节或瓶颈工位,采取措施进行系统调整,再模拟调整后的生产过程运行状况。

随着计算机技术、CAD/CAM 技术的不断发展,仿真技术将会得到进一步的应用,在生产、科研、开发领域发挥越来越大的作用。

3.3　CAD/CAM 系统数控编程技术

数控技术是指用数字量发出指令并实现控制的技术,是一种可编程的自动控制方式。它所控制的量一般是位置、角度、速度等机械量,也有温度、压力、流量、颜色等物理量。这些量的大小不仅可用数字表示,而且是可测量的。

数控技术的发展依赖于计算机技术的发展。对于许多零件而言,没有计算机辅助零件编程而想要执行零件程序的功能是十分困难的。另外,通过一些交互图形和声控程序设计技术,用计算机可以精化和改进数控零件编程技术。

如果一台装置(切割机床、锻压机械、切割机等),实现其自动工作的命令是以数字形式来描述的,则称其为数控装置。

CAD/CAM 系统集成具有产品设计、制造及管理的功能。产品开发的整个过程是在计算机控制下,对产品设计、产品计划、加工制造的处理过程。而整个产品加工过程是由数控系统来控制并在数控机床上实现的。所以,数控技术是 CAD/CAM 重要技术之一。

3.3.1　数控编程与 CAD 系统的连接

CAD/CAM 系统集成是当前在机械工业中应用的一个重要的发展方向,而 CAD/CAM 系统集成中的重要内容之一就是数控编程与 CAD 系统的连接。

数控编程与 CAD 系统的连接有多种途径,如图 3-10 所示。

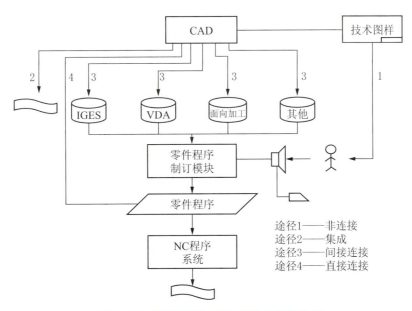

图 3-10　数控编程与 CAD 系统的连接途径

① 根据零件图样进行数控编程,中间的转换和连接是靠人工实现的。

② 集成数控编程,此时 NC 模块是作为 CAD 系统中的一个组成部分,因而可对零件设

计和加工中的信息进行集成处理,这种途径处于开发研究及初步应用阶段。

③ 将 CAD 的数据通过标准接口的方式传递给数控编程系统。目前,它在实际工作中应用最广泛。

④ 通过 CAD 系统直接产生一个特定数控语言的专用零件源程序。这种方法通用性较差。

3.3.2　CAD / CAM 一体化编程

随着计算机技术的飞速发展,CAD/CAM 一体化集成技术已从研究阶段不断走向成熟,达到实用化的阶段。近年来,国内外在微机或工作站上开发的 CAD/CAM 软件,不断完善了设计、编程的功能。这些软件具有较完善的三维 CAD 造型及数控编程的一体化,具有智能型后置处理环境,可以面向众多的数控机床和大多数数控系统。

自动编程只需根据零件图样工艺要求,使用规定的数控编程语言编写零件加工程序,并将其输入计算机(或编程机)自动进行处理,计算出刀具中心轨迹,输出零件数控代码。

按操作方式不同,可将自动编程方法分为 APT(Automatically Programmed Tool)语言编程和图形语言编程两种。

APT 语言编程是对工件、刀具的几何形状及刀具相对于工件的运动进行定义时所用的一种接近于英语的符号语言。把用该语言书写的零件程序输入计算机,经计算机的 APT 编程系统编译,产生数控加工程序。

图形语言编程的主要特点是以图形要素为输入方式,而不需要使用数控语言。从编程数据的来源,零件及刀具几何形状的输入、显示和修改,刀具相对于工件的运动方式的定义,走刀轨迹的生成,加工过程的动态仿真显示,刀位验证直到数控加工程序的产生等都是采用屏幕菜单和命令驱动在图形交互方式下得到的。图形语言编程具有形象、直观和效率高等优点。

将 CAD/CAM 一体化技术用于数控机床自动编程,无论是在工作站上,还是在微机上所开发的 CAD/CAM 一体化软件,应都能解决以下问题:

(1) 零件几何信息的描述

系统提供了各种几何图形的编辑功能,让用户输入零件的二维或三维几何信息,即首先建立零件的几何模型,这是所有 CAD/CAM 系统的基础。

(2) 加工工艺过程的生成

用户根据零件的机械加工工艺要求,通过 CAD/CAM 系统提供的用户界面,选择数控机床的加工工艺过程,如进给速度、主轴转速、刀具号、刀具偏移量、刀具进给量等。

(3) 刀具运动轨迹的自动生成

根据零件的几何信息及加工工艺信息,系统将自动进行刀具轨迹的计算,从而生成零件的轮廓数据文件、刀位的数据文件及工艺参数文件。这些文件是系统生成数控代码和走刀模拟的基础。

(4) 刀具轨迹编辑

对于复杂曲面零件的数控加工来说,刀具轨迹的计算完成之后,一般需要对刀具轨迹进行一定的编辑修改。这是因为对于很多复杂曲面零件来说,为了生成刀具轨迹,往往需要对待加工表面及约束面进行一定的延伸,并构造一些辅助曲面,这时生成的刀具轨迹一般超出加工表面的范围,需要进行适当的裁剪和编辑;另外,曲面造型所用的原始数据在很多情况下使生成的曲面并不是很光滑,这时生成的刀具轨迹可能在某些刀位点处有异常,比如,突然出现一个尖点或不连续等现象,需要对个别刀具位点进行修改;其次,在刀具轨迹的计算中,采用的走刀方式经刀位验证或实际加工检验不合理,需要改变走刀方式或走刀方向;再者,生成的刀具轨迹上刀位点可能过密或过疏,需要对刀具轨迹进行一定的匀化处理等。所有这些都要用到刀具轨迹的编辑功能。

一般情况下,刀具轨迹编辑系统包括以下几个方面的功能:

① 走刀轨迹索引和刀位数据列表。
② 走刀轨迹的快速图形显示。
③ 走刀轨迹的几何变换。
④ 走刀轨迹的删除与恢复。
⑤ 走刀轨迹的裁剪、分割、连接与恢复。
⑥ 走刀轨迹上刀位点的修改。
⑦ 走刀轨迹上刀位点的匀化。
⑧ 走刀轨迹的转置与反向。
⑨ 走刀轨迹的存盘与装入。
⑩ 走刀轨迹的编排。

当然,对于一个具体的图形数控编程系统来说,其刀具轨迹编辑系统可能只包含其中一部分功能。

(5) 自动编程的后置处理

数控机床的各种运动都是执行特定的数控指令的结果,完成一个零件的数控加工一般需要连续执行一系列的数控指令,即数控程序。后置处理(Postprocessing)就是把刀位文件转换成指定数控机床能执行的数控程序。

自动编程的后置处理过程如图 3-11 所示。根据刀位文件的格式,可将刀位文件分为两类:一类是符合 IGES 标准的标准格式刀位文件,如各种通用 APT 系统及商品化的数控图形编程系统输出的刀位文件;另一类是非标准刀位文件,如某些专用(非商品化的)数控编程系统输出的刀位文件。

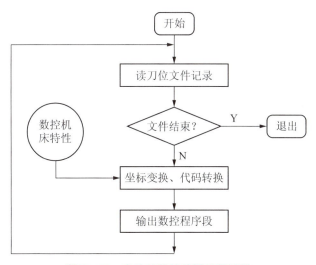

图 3-11　自动编程的后置处理过程

后置处理过程原则上是解释执行,即每读出刀位文件中一条完整的记录,便分析该记录的类型,根据记录类型确定是进行坐标变换还是进行文件代码转换,然后根据所选数控机床进行坐标变换或文件代码转换,生成一个完整的数控程序段,并写到数控程序文件中,直到刀位文件结束。其中,坐标变换与加工方式及所选数控机床类型密切相关。

目前,在微机上常用的三维造型和图形数控自动编程软件有北京北航海尔软件有限公司开发的 CAXA-ME(制造工程师)及美国 CNC 软件公司开发的 Mastercam 软件等。

3.3.3 反校核

校核 G 代码就是把生成的 G 代码文件反读进来,生成刀具轨迹,以检查生成的 G 代码的正确性。如果反读的刀位文件中包含圆弧插补,需用户指定相应的圆弧插补格式。否则,可能得到错误的结果。若后置文件中的坐标输出格式为整数,且机床分辨率不为 1 时,反读的结果将是不正确的,即系统不能读取格式为整数而分辨率为非 1 的情况。

刀位轨迹显示验证的基本方法是:当零件的数控加工程序(或刀位数据)的计算完成以后,将刀位轨迹在图形显示屏幕上显示出来,从而判断刀位轨迹是否连续,检查刀位计算是否正确。

刀位轨迹显示验证的判断原则为:

① 刀位轨迹是否光滑连续。

② 刀位轨迹是否交叉。

③ 刀轴矢量是否有突变现象。

④ 凹凸点处的刀位轨迹连接是否合理。

⑤ 组合曲面加工时刀位轨迹的拼接是否合理。

⑥ 走刀方向是否符合曲面的造型原则(主要是针对直纹面)。

思 考 题

1. 处理和存储 CAD/CAM 系统数据资料有哪几种基本方法?

2. 数据结构包括哪几项内容?数据的逻辑结构包括哪几类?数据的物理结构包括哪几类?

3. 简述 CAD/CAM 系统计算分析的主要内容和方法。

4. 有限元分析的基本原理及前、后置处理是什么?

5. 什么是优化设计?

6. 什么是仿真技术?简述计算机仿真的一般过程。

7. CAD/CAM 一体化自动编程应解决哪些问题?

8. 什么是反校核?

第4章 现代机械设计与制造技术

随着世界制造业市场竞争的不断加剧,企业面临着越来越大的压力,如何在激烈的市场竞争中求得发展是摆在每一个企业面前的现实问题。市场全球化、制造国际化、品种需求的多样化要求企业必须在产品的研制周期,产品的创新、质量、价格等方面具有竞争优势。近年来,世界各国越来越重视现代机械设计与先进制造技术的研究与发展,如计算机辅助工艺过程设计、计算机集成制造系统、反求工程等。另外一些新技术、新思想、新概念,诸如并行工程、精良生产、敏捷制造、虚拟制造等,不断引入到新产品的设计与制造领域中。

4.1 计算机辅助工艺过程设计(CAPP)

4.1.1 CAPP 的概念

CAPP 是通过向计算机输入被加工零件的几何信息和加工工艺信息,由计算机来制订零件的加工工艺过程,自动输出零件的工艺路线和工序内容等工艺文件,把毛坯加工成工程图纸上所要求的零件的过程。计算机辅助工艺过程设计上与计算机辅助设计(CAD)相接,下与计算机辅助制造(CAM)相连,它是设计与制造的桥梁。

演示文稿

CAPP 的基本原理和方法

4.1.2 CAPP 的意义

工艺过程设计是机械制造生产过程中技术准备工作的第一步,它的主要任务是为被加工零件选择合理的加工方法、加工顺序、夹具、量具,进行切削条件的计算等,它的主要内容包括:

① 选择加工方法及其采用的机床、刀具、夹具和其他工装设备。

② 选择工艺路线,制订合理的加工顺序。

③ 选择基准,确定毛坯及加工余量,选用合理的切削用量,计算工序尺寸和公差。

④ 计算工时,确定加工成本。

⑤ 编制上述所有内容的工艺文件。

工艺过程设计是连接产品设计与产品制造的桥梁,是生产中的关键性工作,其中选择加工方法、安排加工顺序是其核心内容。

传统的工艺过程设计方法一直是由工艺人员根据他们多年从事技术工作积累起来的经验,以手工方式查阅资料和手册,进行工艺计算,绘制工序图,编写工艺卡片和表格文件,花费时间长,设计质量完全取决于工艺人员的技术水平和经验。并且由于每个工艺人员的经验、习惯、技术水平不同,对同一个零件不同的工艺人员编制的工艺过程也不同,使工艺过程缺乏一致性,很难得到最佳的制造方案。另外,在工艺过程设计中还存在着大量的重复性劳动,每个零件都要设计相应的工艺过程,当零件更换时,即使与过去的零件相似也必须重新设计。因此,传统的工艺设计方法已不再适应当前产品品种多样化、产品更新周期日益缩短的形势。

利用计算机进行计算机辅助工艺过程设计,能显著地提高工艺文件的质量和工作效率,主要表现在以下几个方面:

① 减少了工艺过程编制对工艺人员的依赖,降低了对工艺过程编制人员知识和经验水平的要求,设计时可以集中专家的意见,因而能设计出最优的工艺过程,提高了设计质量,使工艺人员的经验可以得到积累和继承。

② 大大提高了工艺人员的工作效率,使工艺人员从繁重的重复性劳动中解脱出来,加快了工艺过程设计的速度,缩短了生产准备周期,从而减少了工艺设计费用,降低了制造成本,提高了产品在市场上的竞争力。

③ 保证和提高了相同和相似零件工艺过程的一致性,工艺过程更精确,减少了所需工装的种类,降低了设计及制造成本。

④ 为计算机辅助设计、辅助制造一体化打下了基础,为实现 CIMS(计算机集成制造系统)创造了条件。

4.1.3 CAPP 的结构组成

一个 CAPP 系统的构成与其开发环境、产品对象、规模大小有关,典型 CAPP 系统的构成如图 4 – 1 所示。

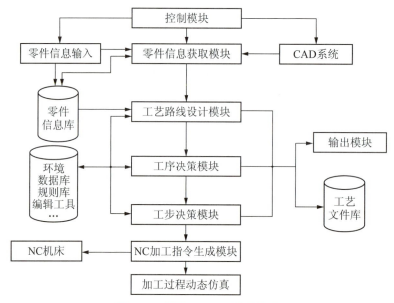

图 4 – 1 典型 CAPP 系统的构成

各模块的功能如下:

① 控制模块:协调各模块的运行,实现人机之间的信息交流,控制零件信息的获取方式,对整个系统进行管理。

② 零件信息获取模块:零件信息包括总体信息(如零件名称、图号、材料等)、结构形状、尺寸、公差、表面粗糙度、热处理及其他技术要求等方面的信息,它是系统进行工艺过程设计的对象和依据。零件的信息可以由人工输入,也可从 CAD 系统转换信息接口获取,或直接来自集成环境下统一的产品数据模型。

③ 工艺路线设计模块:进行加工工艺流程的决策,生成工艺过程卡。

④ 工序决策模块：生成工序卡。

⑤ 工步决策模块：生成工步卡及提供形成 NC 指令所需的刀位文件。

⑥ NC 加工指令生成模块：根据刀位文件，生成控制数控机床的 NC 加工指令。

⑦ 输出模块：输出工艺流程卡、工序卡和工步卡、工序图等各类工艺文件，并可利用编辑工具对现有文件进行修改后得到所需的工艺文件。

⑧ 加工过程动态仿真：用于检查工艺过程及 NC 指令的正确性。

上述的 CAPP 系统结构是一个比较完整的、广义的系统。实际系统并不一定包含上述全部内容，可根据生产实际进行调整，但总体上应使 CAPP 的结构满足层次化、模块化的要求，并应具有开放性，便于不断扩充和维护。

4.1.4　成组技术

1. 成组技术的概念

成组技术（Group Technology，GT）是利用相似性原理将工程技术和管理技术集于一体的一种生产组织管理技术。成组技术在各国进行实践和发展过程中，得到了不断丰富和完善，目前其应用范围已遍及产品设计、工艺过程设计、工艺准备、设备选型、车间布局、机械加工以及生产计划和成本管理等所有与产品制造有关的职能领域。当今流行的 CIM（计算机集成制造）、CE（并行工程）、LP（精益生产）、AM（敏捷制造）等先进制造系统

● 演示文稿

成组技术

和先进生产模式均将成组技术作为一项重要的基础技术，用它来指导系统的设计和运行，以保证系统的有效利用和对市场的敏捷响应。

成组技术的应用使当今制造业，在品种多、中小批量生产、质量要求高的制造环境中缩短了生产周期，提高了生产质量，加强了企业竞争力等问题。

2. 成组技术的基本原理

成组技术的基本原理是对相似的零件进行识别和分组，相似的零件归入一个零件组或零件族，并在设计和制造中充分利用它们的相似点，获取统一的最佳解决方案，以节省人力、时间和成本，达到所期望的经济效益。

零件的相似性有两类：设计性质（如几何形状和尺寸等）方面的相似性和制造性质（如加工工艺）方面的相似性。零件的相似性是零件分组的基础。

成组技术不仅可用于零件加工、装配等制造领域，而且还可用于产品零件设计、工艺设计、工厂设计、市场预测、劳动量测定、生产管理等各个领域，是一项贯穿整个生产过程的综合性技术。因此，成组技术更为广义的定义是：成组技术是一门生产技术科学和管理技术科学，研究如何识别和发展生产活动中有关事物的相似性，充分利用它把各种问题按它们之间的相似性归类成组，并寻求解决这一组问题的相对统一的最优方案，以取得所期望的经济效益。

3. 成组技术的应用

成组技术作为一种科学理念，在制造企业的产品设计、生产、决策、计划和管理等过程中起指导作用，成为贯穿企业生产全过程的综合性技术。

（1）成组工艺

成组工艺是在典型工艺基础上发展起来的，它不像典型工艺那样着眼于零件整个工艺过程的标准化，而是着眼于工艺过程和工序的相似性。它不强求零件结构类型和功能的同一性，而只要几种零件有多个工序具有相似性，则可合并为成组工艺。

（2）成组生产单元的组织

车间内的机床布置形式以及相应的生产组织形式按成组技术的原理组织实施,即不管是单机还是加工单元、流水线,加工对象都是针对一组或几组工艺相似的零件,而不是针对一个零件。其组织形式可分为成组单机加工、成组加工单元、成组流水线和成组加工柔性制造系统四种。

（3）成组技术在 CAD 中的应用

产品的标准化、系列化和通用化是减少重复设计、减少零件种类的基本方法,也是提高生产效率的途径。实际上,成组技术的目标与产品标准化、系列化和通用化的目标是一致的,而且还拓展了传统的产品通用化的概念。成组技术为产品设计提供了一种系列化的设计方法,在标准件和重复件之间引入了"相似性"的概念,使产品设计达到最优。

（4）成组技术在 CAPP 中的应用

成组技术对于 CAPP 系统,特别是派生式 CAPP 系统的零件信息的描述和输入、标准工艺过程的检索与修改以及工艺文件的管理和输出都有着重要的意义。

（5）成组技术在 FMS 中的应用

成组技术与柔性制造技术(FMS)是相辅相成的,FMS 推动了成组技术的发展,而在柔性制造系统或柔性设备上采用成组技术将提高 FMS 的利用率,使系统发挥更大的效益。

4. 成组技术的优点

成组技术具有如下优点:

① 有利于零件设计标准化,减少设计工作的重复。在设计一个新的零件时,设计者先从计算机存储的已有的零件设计中,检索出一个最相似的零件,经过修改后,形成新零件的设计,这样大大减少了设计工作量。

② 有利于工艺设计的标准化,这是实现计算机辅助工艺设计的基础和前提。

③ 降低生产成本,简化生产计划,缩短生产周期。成组技术使零件图、零件工艺过程数量等大大减少,机床准备时间缩短,生产设备、夹具等能够适应一组零件而不是一个零件,这样机床和其他工艺装备的数量也会相应减少,机床利用率将显著提高。

④ 有利于 CAD 系统与 CAM 系统连接,实现 CAD/CAM 系统的集成。

4.1.5　CAPP 系统的分类及工作原理

1965 年 Niebel 首次探讨用计算机来辅助工艺过程设计,1969 年挪威正式发表了 AUTOPROS 系统,这是世界上第一个 CAPP 系统,从 20 世纪 60 年代末至今,国内外已研制出很多的 CAPP 系统,其中大部分已投入生产实践。

●演示文稿

CAPP系统的分类及工作原理

目前世界各国的 CAPP 系统主要用于回转体零件,其次为棱柱形零件及板块类零件,其他非回转体零件应用较少,而且多应用于单件小批量生产。

CAPP 系统先后出现了在设计原理上不同的两类系统,即派生式系统和创成式系统。派生式系统已从过去单纯的检索式发展成为今天具有不同程度的修改、编辑和自动筛选功能的系统,并融合了部分创成式的原则和方法,近年来,这两类系统都在发展中不断改进提高和相互渗透。20 世纪 80 年代人们开始探索将人工智能(AI)、专家系统等技术应用于 CAPP 系统的研究与开发,研制成功了基于知识的创成式 CAPP 系统或 CAPP 专家系统。将派生法、创成法与人工智能结合在一起,综合它们的优点,形成了综合式 CAPP 系统。将人工神经元网络技术、模糊推理以及基于实例的推理等用于 CAPP 中,以及进行 CAPP 系统建造工具的研究是近年来的发展方向。

(一) 派生式 CAPP 系统

1. 派生式 CAPP 系统的工作原理

派生式 CAPP 系统是利用成组技术中的相似性原理。派生式 CAPP 系统又常称为变异式 CAPP 系统。

首先把尺寸、形状、工艺相近似的零件组成一个零件族,对每个零件族设计一个主样件。通常主样件是人为综合而成的,一般可从零件族中选择一个结构复杂的零件为基础,把没有包括的同族其他零件的功能要素逐个叠加上去,即主样件的形状应能覆盖族中零件的所有特征。然后对每个族的主样件制订一个最优的工艺过程,并以文件形式存放在数据库中。

2. 零件信息描述方法

常用的零件信息描述方法有 GT 代码描述法、特征表面描述法、型面描述法和图论描述法四种。

(1) GT 代码描述法

此方法采用成组技术中的零件分类编码系统,对零件的结构形状、尺寸精度要求、工艺方法、机床设备等进行编码。零件编码系统是由代表零件的设计和制造的特征符号所组成的,可以是数字,也可以是字母,或者两者的组合,大多数只使用数字,码位数为 9~30 位。加工方法根据零件代码用决策树方法来选择。由于零件编码位的限制,对零件的描述往往不能十分详尽,因此它仅能用于简单的工艺决策。

(2) 特征表面描述法

特征分为主特征和辅助特征。主特征是指常用的外表面(外圆柱、外圆锥、外螺纹、外花键、齿形等)特征和主要内表面(内圆柱、内圆锥、内螺纹等)特征。辅助特征是指那些依附于主特征之上的特征,如倒角、圆角、辅助孔、平面、环槽、直槽等,上述特征均可用相应代码表示出来。这种描述方法虽然比较繁琐,但它能直观、完整、准确地表达零件的信息,尤其适合于描述不太复杂的回转类零件的特征。

(3) 型面描述法

把零件看作是由若干个基本型面按一定规则组合而成的,而每一种型面都可用一组特征参数描述,型面种类特征参数及型面之间的关系均可用代码表示,每一种型面都对应着一组加工方法,可根据其精度及表面质量要求来确定。

(4) 图论描述法

用节点表示零件的形状要素,形状要素均以固定代码表示。用边表示两个相邻表面的连接情况,边侧数值代表两个相邻表面的夹角。

另外,CAPP 系统还可利用中间接口或其他传统手段,从 CAD 系统的数据库中获取零件信息,可省去工艺过程设计之前对零件信息的再次描述,实现了 CAD 与 CAPP 的集成。

3. 系统的工作过程

派生式 CAPP 系统投入生产后,当要制订某一零件的工艺过程时,其工作过程如图 4 - 2 所示。

派生式 CAPP 系统的工作过程主要包括以下几个步骤:

① 按照所采用的零件分类编码系统给新零件编码,用编码及零件输入模块,完成对所设计零件的描述。

② 根据零件编码检索及判断新零件是否属于系统已有的零件族,如果属于则调出该零件族的标准工艺规程,如果不属于则计算机将此情况告知用户,必要时可创建新的零件族。

③ 计算机根据输入的代码和已确定的逻辑,对标准工艺规程进行删选,用户对修订出

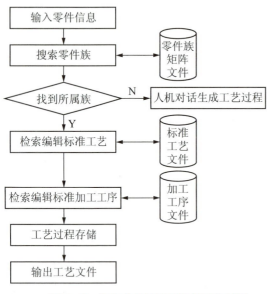

图 4-2 派生式 CAPP 系统的工作过程

的工艺规程再进行编辑、修改,形成所设计零件的工艺规程。

④ 将已编好的工艺规程文件存储起来,并按指定格式打印输出。

派生式 CAPP 系统实质上是在已有的标准工艺上进行修改,故编程速度快,有利于实现工艺设计的标准化和规格化。其理论基础成熟,开发维护较为方便,因此这种类型的 CAPP 系统开发较早,发展也较快。多适用于结构比较简单的零件,在回转体零件中应用最为广泛。当一个企业生产的大多数零件相似程度较高,划分的零件族数较少,而每个族中包括的零件种数又很多时,特别适合使用此类系统。但是使用过程中不能摆脱对工艺人员的依赖,且系统的专用性很强,不适应加工环境的变化以及生产技术和生产条件的发展。

(二) 创成式 CAPP 系统

1. 创成式 CAPP 系统的工作原理

创成式 CAPP 系统与派生式 CAPP 系统不同,它没有预先存入的典型工艺过程,主要依靠逻辑决策进行工艺设计,常用的三种决策方式为决策树、决策表和专家系统技术。此外还需要一个数据库,数据库中存放各种加工方法、加工能力、机床、刀具、切削用量等有关数据。

当向系统输入零件信息后,首先分析组成零件的各种几何特征,然后依据数据库,系统能自动产生零件所需要的各个工序和加工顺序,自动提取制造知识,自动完成机床选择、工具选择和加工过程的最优化并输出工艺文件。用户的任务只是监督计算机的工作,并在决策过程中处理一些简单问题,对中间结果进行判断和评估等。

目前开发的创成式 CAPP 系统,实际上只针对某一类零件,并采用与派生式 CAPP 系统配合使用的方法,故又常称它为半创成式 CAPP 系统,即系统采用派生式方法首先生成零件的典型加工顺序,然后再根据输入的零件信息,采用逻辑决策方法,生成加工该零件的工序内容,最后编辑生成所需要的工艺规程。创成式 CAPP 系统的工作原理如图 4-3 所示。

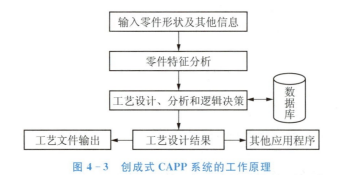

图 4-3 创成式 CAPP 系统的工作原理

2. 创成式 CAPP 系统的工艺决策逻辑

创成式 CAPP 系统软件设计的核心内容主要是各种决策逻辑的表达和实现,虽然工过程设计中的各种决策逻辑性质很不相同,但其表达方法都可以采用通用的软件设计技术和算法。创成式 CAPP 系统最常用的决策方法是决策表和决策树。在智能化 CAPP 系统中还采用人工智能和专家系统中的分层规划及分支界限等寻优技术。

决策表和决策树是用于描述或规定条件与结果相关联的方法,即用来表示:"如果〈条件〉那么〈动作〉"的决策关系。在决策表中,条件被放在表的上部,动作放在表的下部。在决策树中,条件被放在树的分枝处,动作则放在各分枝的节点上。

例如,车削装夹方法的选择可能有以下的决策逻辑:"如果工件长径比<4,则采用卡盘""如果工件长径比≥4 且<16,则采用卡盘+尾顶尖""如果工件长径比≥16,则采用顶尖+跟刀架+尾顶尖"。它们可以用决策表或决策树表示,如图 4-4 所示。

工件长径比<4	T	F	F
工件长径比<16		T	F
卡　　盘	V		
卡盘+尾顶尖		V	
顶尖+跟刀架+尾顶尖			V

(a) 决策表　　　　　　　　　　　　　(b) 决策树

图 4-4　车削装夹方法选择的决策表和决策树

在决策表中,T 表示条件为真,F 表示条件为假,空格表示决策不受此条件影响。只有当满足所列全部条件时,才采取该列之动作。用决策表表示的决策逻辑也能用决策树表示,反之亦然。在表示复杂的工程数据,或当满足多个条件而导致多个动作时用决策表表示更合适。

在设计一个决策表时,必须考虑其完整性、精确性、冗余度和一致性的问题,避免导致决策的多义性与矛盾性。

创成式 CAPP 系统是通过数学模型决策、逻辑推理决策、智能思维决策方式和制造资源库自动生成零件的工艺,运行时一般不需要人的技术性干预,是一种比较理想而有前景的方法。创成式 CAPP 系统具有较高的柔性,适用范围广,便于 CAD 和 CAM 的集成。但由于工艺过程设计的复杂性、智能性和实用性,目前尚未建造自动化程度高、功能全的创成式 CAPP 系统,大多数系统只能说基本上是创成式的。

4.1.6　CAPP 发展方向

CAPP 技术自 20 世纪 60 年代末诞生以来,其研究开发工作一直在国内外蓬勃发展,而且逐渐得到越来越多人的重视。遗憾的是,尽管国内外在各种决策方式、各种机加工工艺CAPP 以及智能化、集成化方面取得了很大成绩,但应用基础还不很牢固,研究开发方向也和当前的实际需求有较大差距。近年来,随着计算机集成制造系统(CIMS)、智能制造系统(IMS)、并行工程(CE)、虚拟制造系统(VMS)、敏捷制造(AM)等先进制造系统的发展,无论从广度还是深度上,都对 CAPP 技术的发展提出了更新、更高的要求。

目前 CAPP 系统的研究和开发中仍存在着许多有待解决的问题,例如大多数实用系统的功能有限,应用范围小,系统的开发处于低水平的重复,一些最基本的工程问题如零件信息的描述和输入、系统的通用性问题、系统的柔性问题、决策逻辑的汇集、各种制造工程数据库的建立和维护等问题还没有很好地解决,这些都束缚了 CAPP 技术的发展。

纵观先进制造技术与先进制造系统的发展,我们可以看到,未来的制造是基于集成化和智能化的敏捷制造和"全球化""网络化"制造,未来的产品是基于信息和知识的产品,而 CAPP 的智能化、集成化和广泛应用是实现产品工艺过程信息化的前提,是实现产品设计与产品制造全过程集成的关键性环节之一。

1. 集成化

集成化是 CAPP 系统的一个重要发展趋势。CAPP 系统向前与 CAD 系统集成,向后与 CAM 系统集成,从根本上解决了 CAPP 系统的零件信息输入问题。另外集成化系统中采用统一的数据规范,便于对各种数据的统一处理。

2. 工具化

通用性问题是 CAPP 面临的主要难点之一,也是制约 CAPP 系统实用化与商品化的一个重要因素。为解决生产实际中变化多端的问题,力求使 CAPP 系统也能像 CAD 系统那样具有通用性,有人提出了 CAPP 专家系统建造工具的思路。工具化思想主要体现在以下几个方面:

① 工艺设计的共性与个性分开处理,使 CAPP 系统各工艺设计模块与系统所需的工艺数据与知识或规则完全独立。工艺设计的共性问题由系统开发者完成,即将推理控制策略和一些公用的算法固定于源程序中,并建立公用工艺数据与知识库。个性问题由用户根据实际需要进行扩充和修改。

② 工艺决策方式多样化。系统的工艺设计是通过推理机实现的,单一的推理控制策略不能满足用户的需要,系统应能给用户提供多种工艺设计方法。

③ 具有功能强大、使用方便和标准统一的数据与知识库管理平台。

④ 智能化输出。系统除了可按标准格式输出各种工艺文件外,还可输出由用户自定义的工艺文件。

3. 智能化

智能化是 CAPP 系统的另一个重要发展趋势。CAPP 所涉及的是典型的跨学科的复杂问题,一方面,其业务内容广泛、性质各异,许多决策依赖于专家个人的经验、技术和技巧;另一方面,制造业生产环境的差别也非常显著,要求 CAPP 系统具有很强的适应性和灵活性。依靠传统的过程软件设计技术,远远不能满足工程实际对 CAPP 的需求,而专家系统技术以及其他人工智能技术在获取、表达和处理各种知识方面的灵活性和有效性给 CAPP 的发展带来了生机。此外,人工神经元网络理论、模糊理论、黑板推理与实例推理等方法也开始应用于 CAPP 系统的开发。

集 CAPP 技术、智能化集成化技术、分布式数据库技术、分布式程序设计技术以及网络技术为一体的综合设计系统——分布式 CAPP 系统具有更大的柔性,反映了 CAPP 系统新的发展趋势。

从总体上说,目前 CAPP 技术的发展方向有两个:一是在原有 CAPP 的开发模式和体系结构框架内,结合现代计算机技术、信息技术等相关技术,采用新的决策算法,发展新的功能,并已在并行、智能、分布和面向对象等方面进行了有益的尝试;二是跳出 CAPP 传统模式,面向具体生产环境,面向实际应用,面向最基本的需求,利用成熟的技术,建立各种计算机辅助功能模块,帮助工艺人员更快、更好地完成工艺任务,通过广泛的实际应用促进其发展,这是一种实用化趋势。

4.2　计算机集成制造系统(CIMS)

4.2.1　CIMS 的概念

演示文稿

CIMS 的概念

我国 863 计划(1986 年制定的国家高技术研究发展计划)CIMS 专家组将它的定义概括为:CIMS 是通过计算机硬件和软件,并综合运用现代管理技术、制造技术、信息技术、自动化技术、系统工程技术,将企业生产全部过程中有关的人/组织、技术、经营管理三要素及其信息流与物料流有机集成并优化运行的复杂的大系统,从而实现企业整体优化,达到产品高质、低耗、上市快、服务好,使企业赢得市场竞争。

CIMS 的核心技术包括:计算机辅助设计、制造、工程、工艺等技术(CAX),制造资源计划技术(MRP-Ⅱ),数据库技术和网络技术。

一般来说,CIMS 系统包括下述两个基本特征:

① 在功能上,CIMS 包含一个工厂全部的生产经营活动,即从市场预测、产品设计、加工制造、质量管理到售后服务的全部活动,其概念模型如图 4-5 所示。

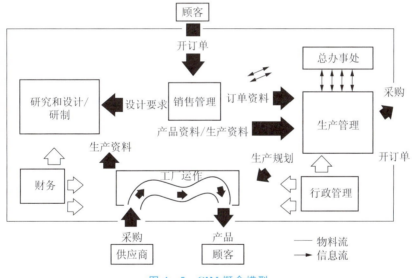

图 4-5　CIM 概念模型

② CIMS 涉及的自动化不是工厂各个环节的自动化或计算机及网络的简单相加,而是有机的集成。CIMS 是 CIM 的具体体现,CIMS 工厂各个功能块及其外部信息输入、输出关系,其功能如图 4-6 所示。

在各个行业及各个企业中的具体 CIMS 系统可能有所区别,但总体构思是相同的,即强化人、生产和经营管理联系与集成。某大型家电企业的 CIMS 系统总体结构图,如图 4-7 所示。

生产经营管理分系统中的各个子系统主要采用 MRP-Ⅱ技术实现,工程分系统中的各个子系统主要采用 CAX 技术,网络和数据库系统实现各子系统的信息联系和数据管理,是各个子系统的运行平台。

在功能上,CIMS 包含一个工厂的全部生产经营活动,因此它比传统的工厂自动化的范围要大得多,是一个复杂的大系统,是工厂自动化的发展方向,未来制造工厂的模式。在集

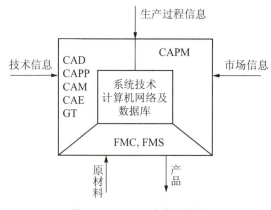

图 4 - 6　CIMS 功能示意图

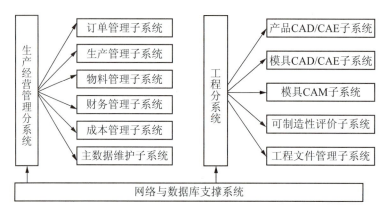

图 4 - 7　CIMS 系统总体结构

成上,CIMS 所涉及的自动化,是在计算机网络和分布式数据库支持下的有机集成,它主要体现在以信息和功能为特征的技术集成,即信息集成和功能集成,以缩短产品开发周期,提高质量,降低成本。这种集成不仅是物质(设备)的集成,也是人的集成。

近年来,用户对产品的要求不断提高,市场竞争也日益激烈,企业的一切活动都开始转到以用户要求为核心的四项指标 TQCS 的竞争上。其中 T(Time)是指缩短产品制造周期、提前上市、及时交货;Q(Quality)是指提高产品的质量;C(Cost)是指降低产品成本;S(Service)是指提供良好的服务。而 CIMS 正是解决企业上述问题的有效途径。

4.2.2　CIMS 的构成

从功能上讲,CIMS 包括产品设计、制造、经营管理及售后服务等全部活动,这些功能对应着 CIMS 结构中的三个层次。

① 决策层:帮助企业领导作出经营决策。

② 信息层:生产工程技术信息(如 CAD、CAPP、CAM 等),进行企业信息管理,包括物流需求、生产计划等。

③ 物资层:它是处于最底层的生产实体,涉及生产环境和加工制造中的许多设备,是信息流与物料流的结合点。

CIMS 一般由四个功能分系统和两个支撑分系统构成,如图 4 - 8 所示,它表示了六个系统之间及其与外部信息的关系。

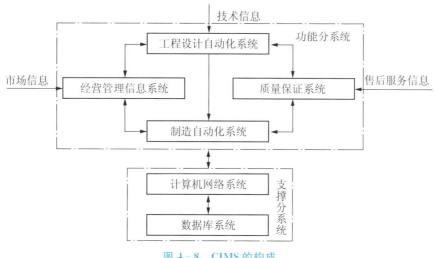

图 4 - 8　CIMS 的构成

1. 功能分系统

(1) 经营管理信息系统

经营管理信息系统是生产系统的最高层次，是企业的灵魂，它由管理人员和计算机及其软件等组成，它的主要功能是进行信息处理、提供决策信息。它以制造资源计划为核心，根据不断变化的市场信息和预测结果，通过决策模型，评价企业的生产经营状况，预测企业的发展，决定投资策略，从而保证企业能够有节奏、高效益地运行，帮助企业实现其最优经营目标。同时，将决策结果的信息和数据通过数据库和网络与子系统联系和交换，对各子系统进行管理。

(2) 工程设计自动化系统

工程设计自动化系统是企业的生产研究和开发系统，它是用计算机辅助产品设计、制造准备以及产品性能测试等阶段的工作。其主要功能模块有计算机辅助设计(CAD)、计算机辅助工程(CAE)、计算机辅助工艺过程设计(CAPP)、计算机辅助制造(CAM)、成组技术(GT)等。

工程设计自动化系统在接到管理信息系统下达的产品设计指令后，进行产品设计、工艺过程设计和产品数控加工编程，并将设计文档、工艺规程、设备信息、工时定额等反馈给管理信息系统，将 NC 加工等工艺指令传送给制造自动化系统。

(3) 制造自动化(柔性制造)系统

制造自动化系统是在计算机的控制与调度下，接受工程设计自动化系统的工艺指令，按照 NC 代码将毛坯加工成合格的零件，并装配成部件或产品。它的主要组成有：加工中心、数控机床、运输车、主体仓库、缓冲站、刀具库、夹具组装台、机器人等设备及计算机控制管理系统。

(4) 质量保证系统

质量保证系统的主要功能是制定质量计划，进行质量信息管理和计算机辅助在线质量控制等，通过采集、存储、评价与处理存在于设计、制造过程中与质量有关的大量数据进行管理，从而提高产品的质量。

2. 支撑分系统

(1) 计算机网络系统

计算机网络系统支持 CIMS 各个系统的开放型网络通信系统，采用国际标准或工业标准规定的网络协议，可实现异种机互连、异构局域网及多种网络的互联，支持资源共享、分布式处理、分布式数据库、分层递阶和实时控制。

(2) 数据库系统

数据库系统支持 CIMS 各分系统,覆盖企业全部信息,实现了企业的数据共享和信息集成。除各部门经常要使用的某些信息数据由中央数据库统一存储外,还要在整个系统中建立一个分布式数据库。用户在使用或请求系统数据库中的任何数据时,无须知道该数据的存放地址,数据库管理系统就能迅速地从有关地区库调入该数据供用户使用。

4.2.3　CIMS 体系结构

CIMS 是一个集产品设计、制造、经营、管理为一体的多层次、多结构的复杂大系统。因

● 演示文稿

CIMS 体系结构 ●

此实施 CIMS,首先就需要从系统工程的观点,提出一个合理有效的 CIMS 体系结构和一套指导 CIMS 设计、实施和运行的有效方法。CIMS 体系结构就是研究 CIMS 系统各部分组成及相互关系,以便从系统的角度,全面地研究一个企业如何从传统的经营方式向新的经营方式转变,并提供一些合理的、有效的 CIMS 参考体系结构。对于不同部门、不同行业、不同企业,并不存在一个准确的、唯一的体系结构,参考体系结构具有共性,因此可以大大降低企业开发 CIMS 的难度和代价。

1. 开发 CIMS 体系结构的基本原则

虽然 CIMS 体系结构的形式多种多样,但其开发的基本原则是一致的:

① 抽象化。将研究重点放在主要问题上,忽略系统特性和行为的某些方面。

② 模块化。系统被分解为独立的单元,由这些单元组合在一起实现系统的总功能,这些单元能与系统其他部分中的同样功能单元互换而不影响系统的总功能。

③ 开放性。在时间上,CIMS 应有尽可能长的生命周期;在空间上,CIMS 各组成部分能有效地集成起来,并能扩展新的功能或与其他系统集成。

④ 规划设计与当前系统运行分离。在新的制造系统的定义、设计阶段不要干扰原有制造系统在集成环境下的正常运行,即规划设计与系统运行相分离。

2. CIMS 体系结构的分类

现有研究提出的 CIMS 体系结构大体分为两大类。

(1) 面向系统局部的 CIMS 体系结构

包括面向功能构成的体系结构和面向系统控制功能的体系结构,主要描述企业集成的组成或其中某部分组成的体系结构或物理结构。

(2) 面向系统全局的 CIMS 体系结构

研究面向系统全局的 CIMS 体系结构可以使用户了解和掌握如何设计、开发、实现和使用工厂集成制造系统。一个理想的、完备的面向全局的 CIMS 体系结构应具有以下特点:

① 体系结构除对信息集成所需的决策调度和控制进行建模外,还应对完成工厂集成化任务的工程和计划的结构进行建模。

② 体系结构应与方法体系相联系。方法体系应包括描述和开发工厂集成化的计算机或其他支持工具,方法体系的模型、技术和工具,其形式化定义的语法和语义应是清楚的,并能被计算机执行。方法体系用来指导用户在信息、物料流和产品集成方面的设计与实施。

就必需的功能而言,目前尚无一种体系结构是完备的,有待于继续开发、扩展和完善。

4.2.4　CIMS 应用工程的开发过程

CIMS 应用工程是复杂的系统工程。MIS(管理信息系统)、CAD、FMS 等本身就是复杂的

大系统,而 CIMS 是在工厂的范围内,将多个这类系统和人集成起来,其复杂程度可想而知。

CIMS 中含有大量的软件系统,设计和实施 CIMS 工程可以借用系统工程和软件工程的方法论、标准和工具。生命周期法(又称为瀑布式方法)是 CIMS 系统开发的主要方法之一,它要求运用系统有序的步骤开发软件,从系统观念进行分析、设计、编码、测试和维护。按照生命周期法,CIMS 开发过程主要分为以下几个阶段,如图 4-9 所示。

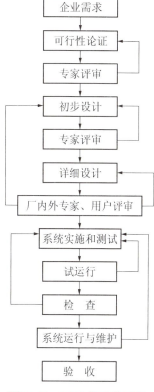

图 4-9　CIMS 的开发过程

1. 可行性论证阶段

可行性论证的主要任务是了解企业的战略目标及内外现实环境,确定 CIMS 的总体目标和主要功能,拟定初步的总体方案和实施的技术路线,从技术、经济和社会等方面论证总体方案的可行性,制订投资规划和初步开发计划,编写可行性论证报告。

2. 初步设计阶段

初步设计的主要任务是确定 CIMS 的系统需求,建立目标系统的功能模型和初步的信息模型,提出 CIMS 系统的总体方案,拟订实施计划,提出投资预算,进行经济效益分析,编写初步设计报告。

3. 详细设计阶段

详细设计阶段的主要任务是细化和完善初步设计得出的系统和分系统方案,完善业务过程重组和工作流设计,完成系统界面设计、数据库逻辑设计、计算机网络的逻辑与物理设计。

4. 系统实施和测试阶段

经过初步设计和详细设计之后,CIMS 的总体框架已经确定,各子系统的功能及其与其他子系统的联系已经明确,可以按照已确定的总体方案进行环境建设,分步实施各子系统,自下而上逐级开发、测试和集成。

5. 系统运行和维护阶段

运行阶段的任务是将已开发建成的系统投入运行,并在运行过程中进行相应的修改与完善。系统的维护包括软硬件系统本身的修改与完善,工厂的运行机制、运行程序和人员职能的调整等。

4.2.5　实现 CIMS 的关键技术

CIMS 是自动化技术、信息技术、制造技术、网络技术、传感技术等相互渗透而产生的集成系统,是一种适用于多品种、中小批量生产的高效益、高柔性的智能复杂的生产系统,虽然世界上很多发达国家已对此投入了大量资金和人力研究,但仍存在着不少技术问题有待进一步探索和解决。

1. 信息传输

信息传输是企业实现 CIMS 的关键和先决条件。CIMS 技术覆盖面广,使得 CIMS 技术与设备不可能由某一厂家成套供应,而 CAD、CAPP、CAM 等技术又是按其应用领域独立发展起来的,不同技术设备和不同软件之间没有统一的标准,而标准化和接口技术对信息集成是至关重要的,解决不了就不能将企业内相互分离的各个部分集成为一个统一的整体。

信息传输技术迅速发展,特别是工业局域网,它利用计算机及通信技术,将分散的数据处理设备连接起来,从而完成信息的传输,其中发展最迅速的有 MAP 网和以太网,MAP 是由美国通用汽车公司于 1980 年首先提出的自动化协议,目前它已成为世界性的制造自动化通信标准。MAP 网是按照自动化协议将一台或多台计算机、终端设备、数据传输设备、自动加工设备等不同软、硬件连接起来的系统的集合。

2. 产品集成模型

CIMS 涉及的数据类型是多种多样的,有图形数据、结构化数据及非图形、非结构化数据,因此,数据模型、异构分布数据管理是实现 CIMS 的又一关键技术。如何保证数据的一致性及相互通信问题至今尚未得到很好的解决。现在人们探讨用一个全局数据模型,如产品模型来统一描述这些数据,即在计算机内部把与产品有关的全部信息集成在一起,这其中包括对现实产品的描述信息,同时还包括大量面向设计过程、生产过程的动态信息,另外,在结构上还需要清楚地表达这些信息之间的关联。

3. 现代管理技术

CIMS 会引起管理体制的变革,所以规划、调度和集成管理方面的研究也是实现 CIMS 的关键技术之一。因此,生产管理系统要求能准确地掌握生产需求信息,而单凭直观和经验来处理这个问题已越来越困难。MRP(制造资源计划)系统的出现,为利用计算机进行管理提供了可能性。它是一个在确定了应生产的产品种类和数量之后,根据产品构成的零部件展开、制订生产计划和对原材料制成成品的"物流"进行时间管理的计算机系统,它采用人机交互方式帮助生产管理人员对企业的产、供、销、财务和成本进行统一管理。

4.2.6 产品数据管理(PDM)

1. PDM 定义

产品数据管理(Product Data Management,PDM)是为了管理大量工程图样、技术文档而出现的一项产品数据管理技术。

演示文稿

产品数据管理

PDM 是一种管理所有与产品相关的信息和过程的技术。与产品相关的信息包括 CAD/CAM 文件、物料清单(BOM)、产品结构配置、产品规范、电子文档、产品订单、供应商清单、存取权限、审批信息等;与产品相关的过程包括加工工序、加工指南、工作流程、信息的审批和发放过程、产品的变更过程等。

PDM 是一个面向对象的电子资料室,它能集成产品生命周期内的全部信息,包括图样文档和数据。PDM 是一种管理软件,它能提供产品数据、文件和文档的更改管理、产品结构管理和工作流程管理。PDM 又是介于数据库和应用软件之间的一个软件开发平台,在这个平台上可以集成或封装 CAD/CAE/CAPP/CAM 等多种开发环境和工具。PDM 为企业建立了一个并行化的产品设计与制造的协调环境,能够使所有参与产品设计的人员自由地共享和传递与产品相关的所有数据。

2. PDM 系统的功能

PDM 系统为企业提供了一种宏观管理和控制所有与产品相关信息的机制,是一种企业产品数据管理的软件平台,具有以下基本功能。

(1) 电子资料室管理与检索

电子资料室(Data Vault)是 PDM 的核心,通常它建立在关系型数据库基础上,主要保证数据的安全性和完整性,并支持各种查询与检索功能。用户可以利用电子资料室,建立复杂的产品数据模型,修改与访问各类文档,建立不同类型的工程数据之间的联系,实现文档的层次与联系控制,封装如 CAD、CAPP、CAM、文字处理、图像编辑等各种不同的软件系统,处理和管理存储于异构介质上的产品电子数据文档,可方便地实现以产品数据为核心的信息共享。

电子资料室可通过权限控制来保护产品数据的安全性;应用面向对象的数据组织方式能够快速有效地进行数据访问;通过封装应用软件为 PDM 控制与外部世界之间的数据传递提供了一种安全的手段,无须了解应用软件的运行路径、安装版本以及文档的物理位置等信息,用户可迅速无缝地访问企业的产品信息。

(2) 产品配置管理

产品配置管理是以电子资料室为底层支持,以物料清单(Bill of Material, BOM)为组织核心,把定义最终产品的所有工程数据和文档联系起来,对产品对象及其相互之间的联系进行维护和管理。产品对象的联系不仅包括产品、部件、组件、零件之间的多对多的装配联系,而且包括如制造数据、成本数据、维护数据等其他相关数据。产品配置管理能够建立完善的BOM 表,并实现产品版本控制,高效、灵活地检索与查询最新的产品数据,实现对产品数据安全性和完整性的控制。

产品配置管理可以使企业中的各个部门,在产品的整个生命周期内共享统一的产品配置,并对应不同阶段的产品定义,生成相应的产品结构视图,如设计视图、装配图、工艺视图、采购视图和生产视图。

(3) 工作流程管理

工作流程管理主要实现产品设计与修改过程的跟踪与控制,包括对工程数据提交、修改控制、监视审批、文档分布、自动通知等过程的控制,为产品开发过程的自动管理提供了保证,并支持企业产品开发过程的重组,以获得最大的经济效益。

PDM 软件系统可支持定制各类可视化流程界面,按照任务流程节点,逐级地分配任务,可将每一项任务落实到具体的设计人员;还可通过任务流程对设计人员的工作提交评审,根据评审结果及时进行更改,以保证设计工作的顺利进行。

(4) 项目管理功能

项目管理是在项目实施过程中实现其计划、人员以及相关数据的管理与配置,进行项目运行状态的监控,完成计划的反馈。项目管理是建立在工作流程管理基础之上的一种管理形式,能够为管理者提供到每分钟项目和活动的状态信息,其功能包括:可增加或修改项目及其属性;对人员在项目中承担的任务及角色进行指派;利用授权机制,可授权他人代签;提供图形化的各种统计信息,反映项目进展、人力资源利用等情况。

PDM 系统在文档管理、产品配置管理与跟踪、工作流程管理等方面已得到广泛的应用。利用 PDM 这一信息传递的桥梁,可方便地进行 CAD 系统、CAE 系统、CAPP 系统、CAM 系统以及 ERP 系统之间信息交换和传递,实现设计、制造和经营管理部门的集成化管理。

3. PDM 集成平台

PDM 是介于数据库和应用软件的一个软件开发平台,在这个平台上可以集成或封装CAD、CAE、CAPP、CAM 等多种开发环境和工具。因而,CAD、CAPP、CAM 系统之间的信息传递都变成了分别与 PDM 之间的信息传递,CAD、CAPP、CAM 可以从 PDM 系统中提取各自所需要的信息,处理结果也可放回 PDM 中,从而可实现 CAD/CAPP/CAM 之间的信息集成。

从 PDM 功能可知,CAD 系统可以从 PDM 系统获取设计任务书、技术参数、原有零部件图样资料以及更改要求等,CAD系统所产生的二维图样、三维模型、零部件基本属性、产品明细表、装配关系、产品版本等设计结果交由PDM系统来管理。CAPP也将所产生的工艺信息交由PDM进行管理,如工艺路线、工序、工步、工装夹具要求以及对设计的修改意见等;而CAPP也需要从PDM中获取产品模型信息、原材料信息、设备资料等信息。CAM系统可从PDM系统中获取产品模型、工艺文档等信息,由此其产生的刀位文件、NC代码又交由PDM管理。根据上述产品设计和制造信息的流程,以达到CAD/CAPP/CAM系统集成的目的。

4.2.7 并行工程、精益生产、敏捷制造、虚拟制造

近几年来,围绕提高制造业水平这一中心的新概念、新技术层出不穷,先后出现了并行工程、精益生产、敏捷制造、虚拟制造(VM)、智能制造(IM)、以人为中心的生产系统(Anthropocentric Production System)等一大批新的制造概念。这些先进技术都十分重视和发挥人的作用,强调技术、人和经营的集成,并要求企业具有高效简化的组织机构和科学动态的管理机制。

1. 并行工程

并行工程又称同步工程或并行设计,是对产品及相关过程(包括制造过程及其支持过程)进行并行、一体化设计的一种系统化的工作方法,这种方法要求产品开发人员在设计一开始就考虑产品整个生命周期中从概念形成到产品报废处理的所有因素,包括加工工艺、装配、检验、成本、质量保证、用户要求及销售、计划进展、维护等。并行工程的关键是对产品及其相关过程实行集成的并行设计,即对产品及其下游过程进行并行设计,从而避免了传统顺序工程方法中的从概念设计到加工制造、试验修改的大循环,使产品开发过程由设计、加工、测试的多次循环转为一次设计成功,而且能够争取实现产品及制造过程的总体优化。

2. 精益生产

精益生产是总结日本丰田汽车公司的经验而创造的一种新的生产模式,它既不同于欧洲的单件生产,也不同于美国的大批量生产方式,而是综合了两者优点,克服了单体生产成本高、批量生产缺乏柔性的弱点的一种新的管理模式。精益生产以用户为"上帝",以"人"为中心,以"精益"为手段,以"尽善尽美"为最终目的。

精益生产的主要特征有:

① 重视客户需求,以最快的速度和适宜的价格提供质量优良的适销新产品占领市场,并向客户提供优质服务。

② 重视人的作用,强调一专多能,推行小组自治工作制,赋予每个工人一定的独立自主权,推行企业文化。

③ 精简一切生产中不创造价值的工作,减少管理层次,精简组织机构,简化产品开发过程和生产过程,减少非生产费用,强调一体化质量保证。

④ 精益求精,持续不断地改进生产、降低成本,实现零废品、零库存和产品品种多样化。

CIMS和精益生产是为了达到同一企业目标的两种相互补充、相互促进的方法,将精益生产哲理融入CIMS中,将使CIMS发展到一个新的高度。精益生产不仅是一种生产方式,而且是一种现代制造企业的组织管理方法,它已受到世界各国的重视。

3. 敏捷制造

敏捷制造是美国为重振其制造工业的雄风和保持其在全球经济中的霸主地位而提出的一种新的生产模式。敏捷制造的出发点基于对未来产品和市场发展的分析,是为了适应未来无法预测和持续变化的市场环境而不断提高市场竞争能力的一种战略。

敏捷制造的主要模式是动态组合联盟,即企业的集成。每个公司只做自己专长范围内

的事,有其他任务时找最合适的其他公司结成伙伴,共同完成产品的开发与制造,使企业有敏捷能力对市场的变化作出反应,使产品以最短的时间、最少的投入出现在市场上。

敏捷制造的核心是优化企业内外的一切资源,通过信息集成和资源重组缩短产品开发周期,降低成本,提高质量,以最少的投入获得最大的效益,满足用户的需求。其技术基础是网络化的工厂及便于在网络上交换的符合数据交换标准的信息。

目前,敏捷制造还基本停留在设想阶段,它所提出的新思想、新概念将会使制造业产生根本的变化,改变世界的生产和经济形势。

4. 虚拟制造

虚拟制造技术是以计算机支持的仿真技术为前提,对设计制造等生产过程进行统一建模,在产品设计阶段,适时地、并行地模拟出产品未来制造全过程及其对产品设计的影响,预测产品的性能、产品制造技术、产品的可制造性,及时发现在产品生产实施中的问题,将矛盾、冲突及不合理消灭在设计阶段。在设计过程中,实现设计和开发人员和生产制造人员之间连续不断的联系和信息反馈,将软件设计、产品性能测试和制造过程紧密地结合在一起,缩短了产品开发周期。

虚拟制造技术是一种软件技术,它填补了 CAD/CAM 技术与生产过程和企业管理之间的技术鸿沟,把企业的生产和管理活动在产品投入生产之前就在计算机屏幕上加以显示和评价,使工程师能够预见可能发生的问题和后果,它是敏捷制造发展的关键技术之一。

可以看到,并行工程、精益生产、敏捷制造、虚拟制造与 CIMS 的目标是一致的,即提高企业的竞争能力以赢得市场的竞争。其技术基础也是相同的,即通过集成把企业(或企业间)的各种资源集成在一起,使之得到更充分有效的利用。各种模式都有其着重点,CIMS技术正是在不断地吸收各种新模式的长处中得到持续发展的,新一代的 CIMS 技术将会是既具有使系统总体优化的并行工程特点,又具有能使 CIMS 技术取得效益的精益生产、敏捷制造、虚拟制造的特点,CIMS 技术将不断地吸收新的思想、技术,使之更加成熟,不断向前发展。

4.3　反求工程技术

4.3.1　反求工程的基本概念

反求工程(Reverse Engineering,RE),又称反向工程或反求设计,它是消化吸收先进技术的一系列分析方法和应用技术的组合。反求工程是以先进产品设备的实物、软件或影像作为研究对象,应用现代设计理论方法、生产工程学、材料学和有关专业知识进行系统深入地分析和研究,探索掌握其关键技术,进而开发出同类的先进产品,是对已有设计的再设计。其含义广泛,包括设计反求、工艺反求、管理反求等各方面。

演示文稿

反求工程的基本概念

随着科学技术的高速发展,世界范围内新的科技成果层出不穷,它们为发展生产力、推动社会进步作出了杰出的贡献。充分地、合理地利用这些科技成果,可以获得最佳的经济效益。反求工程技术的应用对于我国科技进步、推动经济建设有着重要的意义。

世界各国在经济技术发展中都非常重视应用反求工程,对国外先进技术进行引进、研究工作,并且取得了显著的效果。

反求工程的设计过程与传统的设计过程是完全不同的。传统设计过程是在市场调研的基础上,根据功能和用途来设计产品,得到图纸或 CAD 模型,经检查满意后制造出产品来。而反求工程是从已经完成的产品实物出发,寻求原产品的设计意图和设计思路,重新构建产品模型,实现产品创新。反求工程不等于简单的仿制,反求工程强调再创造。二者的区别如图 4 - 10 所示。

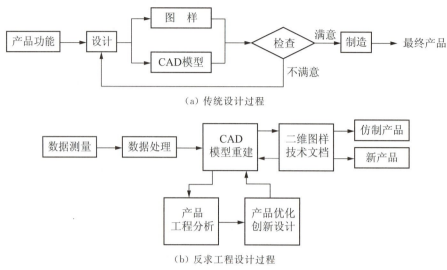

（a）传统设计过程

（b）反求工程设计过程

图 4 - 10　传统设计过程与反求工程设计过程的区别

4.3.2　反求工程的意义

反求工程的出现,是现代测量技术、数控技术、CAD 技术、加工技术发展和综合应用的产物,对现代制造业起到了巨大的推动作用。其意义在于:

① 更好地满足了企业产品开发和生产发展的需要,大大缩短了产品开发的周期,提高了企业产品开发的能力和市场竞争力。

② 使设计思想发生了深刻的变革。先进技术的发展和综合应用,使更多的设计开发是在现有的产品和零件的基础上,从"反求"入手进行产品的改型设计,缩短了产品的开发周期。并且产品的设计更多的是从三维设计入手,取代了过去从二维图纸设计入手的设计方法。

③ 生产设备的选择需要重新认识。三坐标测量机不仅是万能的测量检测设备,更是首选的生产设备,特别是在自动化生产过程中,是不可缺少的电子数据的来源。同时,先进数控机床的使用为实现加工的适时高效性创造了必要的条件。

④ 使传统的仿真加工向数控仿真加工转变,提高了产品加工的速度和精度。

⑤ 反求工程的研究还为快速产品设计、快速原型制造等现代先进制造技术提供了关键的技术支持。

⑥ 随着对反求工程研究的深入,其内涵不仅仅停留在对产品几何形状的反求,即 CAD 模型的建立,而且将扩展到诸如工艺反求、材料反求、管理反求等诸多方面。

4.3.3　反求工程的研究对象和设计程序

1. 反求工程的研究对象

反求工程技术的研究对象多种多样,所包含的内容也比较多,主要可以分为以下三大类:

① 实物类:主要是指先进产品设备的实物本身。

② 软件类：包括先进产品设备的图样、程序、技术文件等。

③ 影像类：包括先进产品设备的图片、照片或以影像形式出现的资料。

2. 反求工程的设计程序

(1) 反求分析

演示文稿

反求工程的设计程序

反求分析是对反求对象从功能、原理方案、零部件结构尺寸、材料性能、加工装配工艺等方面作全面深入的了解，明确其关键功能和关键技术，对设计特点和不足之处做出必要的评估。

① 设计指导思想分析。产品的设计指导思想决定了产品的设计方案，深入分析并掌握产品的设计指导思想是分析了解整个产品设计的前提。

② 功能的原理方案分析。各种产品都有一定的功能要求，所以功能分析是产品设计的核心问题。不同的功能可以得出不同的原理方案，而同一功能亦可用不同的原理方案来保证。充分了解反求对象的功能有助于对产品原理方案的分析、理解和掌握，才有可能在进行反求设计时得到基于原产品而又高于原产品的原理方案，这才是反求工程技术的精髓所在。

③ 结构分析。零部件的结构是功能原理的具体体现，与加工使用及生产成本有着密切关系。结构分析时应从保证功能、提高性能（强度、刚度、精度、寿命、减少磨损、降低噪声等）、降低成本（工艺、装配、选材等）、提高安全可靠性等方面分析反求对象的结构特点。

④ 尺寸分析。分解机器实物，由外至内、由部件至零件，在分析的基础上，通过测绘与计算确定零部件形体尺寸，并用图纸及技术文件方式表达。

⑤ 精度分析。产品的精度直接影响到产品的性能，精度是衡量反求对象性能的重要指标，是评价反求设计质量的主要参数之一。

反求对象精度的分析包括了反求对象形体尺寸的确定、精度的分配等内容。

根据反求对象为实物、影像或软件的不同，在确定形体尺寸时，所选用的方法也有所不同。若是实物反求，可通过常用的测量设备（如万能量具、投影仪、坐标机等）对产品直接进行测量，以确定形体尺寸；若是软件反求和影像反求，则可采用参照物对比法，利用透视成像的原理和作图技术并结合人机工程学和相关的专业知识，通过分析计算来确定形体尺寸。

在进行精度的分配时，根据产品的精度指标及总的技术条件，产品的工作原理图，并且综合考虑生产的技术水平、产品生产的经济性和国家技术标准等，按以下步骤进行：

a. 明确产品的精度指标。

b. 综合考虑理论误差和原理误差，进行产品工作原理设计和安排总体布局。

c. 在完成草图设计后，找出全部的误差源，进行总的精度计算。

d. 编写技术设计说明书，确定精度。

e. 在产品的研制、生产的全过程中，根据实际的生产情况，对所作的精度分配进行调整、修改。

另外，还需要运用尺寸链理论对反求设计产品进行几何精度分析、计算，以保证产品的装配精度。

⑥ 材料分析。对反求对象材料的分析包括材料成分的分析、材料组织结构的分析和材料的性能检测几大部分。另外，对材料的表面情况及热处理也要作全面鉴定。一般情况下要采用外观比较、重量测量、硬度测量、化学分析、光谱分析、金相检验等多种实验方法，对材料的物理性能、化学成分、热处理及表面处理情况进行全面鉴定。其中，常用的成分分析方法有：钢种的火花鉴别法、钢种听音鉴别法、原子发射光谱分析法、红外光谱分析法和化学分析微探针分析技术等；而材料的结构分析主要是分析研究材料的组织结构、晶体缺陷及相

之间的位相关系,可分为宏观组织分析和微观组织分析;性能检测主要是检测其力学性能和磁、电、声、光、热等物理性能。

在全面分析反求对象材料的基础上,要考虑资源和成本,尽量选用国产材料,代用的原则是首先满足力学性能,其次满足化学成分的要求,并参照其他同类产品确定代用材料的牌号及技术条件。要充分考虑到材料表面的改性处理技术,由于材料对加工方法的选择起决定性作用,所以,在无法保证使用原产品的制造材料时,或在使用原产品的制造材料后,工艺水平不能满足要求时,可以使用国产材料,局部改进原型结构以适应目前的工艺水平。

⑦ 工作性能分析。针对产品的工作特点及其主要性能进行试验测定,反复计算和深入地分析,掌握其设计准则和设计规范。对产品的运动特性、力学特性进行静态、动态的全面分析。

⑧ 造型设计分析。产品造型设计是产品设计与艺术设计相结合的综合性技术。其主要目的是运用工业美学、产品造型原理、人机工程学原理等对产品的外形结构、色彩设计等进行分析,以提高产品的外观质量和舒适方便程度,迎合顾客心理需要,提高商品价值。对产品的外形结构、色彩设计等进行分析,可以发挥其优点,弥补其不足之处。

⑨ 工艺分析。国外的先进设备,除设计先进外,主要就是加工工艺和装配工艺先进,如果通过反求技术获得这些工艺诀窍,就可为新产品设计打下良好的基础。在缺乏制造原型产品的先进设备与先进工艺方法和未掌握某些技术诀窍的情况下,对反求对象进行工艺分析通常采用以下几种常用的方法。

a. 采用反判法编制工艺规程。以零件的技术要求如尺寸精度、形位公差、表面质量等为依据,查明设计基准,分析关键工艺,优选加工工艺方案,并依次由后向前递推加工工序,编制工艺规程。

b. 改进工艺方案,保证引进技术的原设计要求。在保证引进技术的设计要求和功能的前提条件下,可以局部地改进某些实现较为困难的工艺方案。对反求对象进行装配分析主要是考虑选用什么装配工艺来保证性能要求、能否将原产品的若干个零件组合成一个部件及如何提高装配速度等。

c. 用曲线对应法反求工艺参数。先以需分析的产品性能指标或工艺参数建立第一参照系,以实际条件建立第二参照系,根据已知点或某些特殊点把工艺参数及其有关的量与性能的关系拟合出一条曲线,并按曲线的规律适当拓宽,从曲线中找出对应于第一参照系性能指标的工艺参数,就是需求的工艺参数。

⑩ 反求对象系列化、模块化分析。分析反求对象时,要做到思路开阔,要考虑到所引进的产品是否已经系列化了,是否为系列型谱中的一个,在系列谱中是否具有代表性,产品的模块化程度如何等具体问题,以便在设计制造时少走弯路,提高产品质量,降低成本,生产出多品种、多规格、通用性较强的产品,提高产品的市场竞争力。

⑪ 使用和维护分析。先进的产品必须具有良好的使用性能和维护性能,因此需对设备在使用、维护方面采取的措施进行分析。

⑫ 包装技术分析。产品的包装已成为产品的重要部分,因此,在反求过程中,应研究产品在包装及防潮、防霉、防锈、防震、防尘等方面的技术。

在对反求对象的各种分析中,功能及原理方案分析是关键。除要求工程技术人员要具有基础理论(如数学、力学等)和有关专业的理论知识外,还要求他们具有系统工程、价值工程、优化设计、工业造型、相似理论、人机工程学等现代设计理论和方法,并且还要求工程技术人员及时地跟踪有关产品的技术发展动向,准确地把握住该类产品在设计、生产制造过程中的关键技术,以求达到对研究对象的全面的分析、研究。

（2）反求设计

在反求分析的基础上可进行测绘仿制、变参数设计、适应性设计或开发性设计。反求设计可采用价值工程、优化设计、人机工程学、相似理论、精度设计、动态设计、可靠性等现代设计工具来进行。

反求工程的设计程序如图 4 - 11 所示。

① 软件反求设计法。软件反求是以产品的样本资料、产品标准、产品规范以及与设计、研制、生产制造有关的技术资料和技术文件（如产品图纸、制造验收技术条件、产品设计说明书、计算书、使用说明书和产品设计标准、工具工装设计标准、工艺守则、操作规范、管理规范、质量保证手册）等技术软件为研究对象的反求工程技术。软件反求设计的目的是通过对所引进的技术软件的消化、吸收、创新，使之国产化，从而提高我国在该产品技术上的设计、生产制造能力。

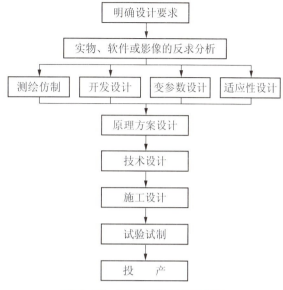

图 4 - 11　反求工程的设计程序

软件反求设计一般是由产品规划反求、原理方案反求、结构方案反求几个基本部分组成，其设计步骤为：

a. 分析需求，明确反求设计的目的。

b. 对产品进行功能上和结构上的分析。

c. 分析并验证产品的性能参数。

d. 调研国内外同类产品，并从中吸收有益的成分。

e. 撰写反求设计论证书。

软件反求设计是在引进技术软件基础上的产品反设计，但又不是原产品设计过程的重复，而是一种再创造、再创新。它重在调动人的创造性和集体智慧，力求探寻更多的突破性方案，在消化、吸收原有引进技术软件资料的基础上，使之完善、系统、国产化，从而开发创新产品，培植和发展我国生产技术上的自生能力。

② 影像反求设计法。既无实物，又无技术软件，仅有产品相片、图片、广告介绍、参观印象和影视画面等，要通过构思、想象来反求，称为影像反求。影像反求是反求对象中难度最大的，影像反求本身就是创新过程。目前还未形成成熟的技术，一般要利用透视变换和透视投影，形成不同透视图，从外形、尺寸、比例和专业知识方面，琢磨其功能和性能，进而分析其内部可能的结构。

按影像反求设计法进行设计分析的基本步骤如下：

a. 广泛地搜集参考资料，包括图片、说明书等。

b. 对参考资料进行多方面的分析、研究，包括方案分析、影像分析、尺寸拟定、结构分析等。

c. 评价决策，包括技术性能评价、经济评价。

d. 产品的方案设计。

e. 方案评价。

f. 反求技术设计。

③ 实物反求设计法。实物反求设计法的研究对象为引进的先进设备或产品实物，其目的是通过对产品的设计原理、结构、材料、工艺装配、包装、使用等进行分析研究，研制开发出与原型产品功能、结构等各方面相似的产品。实物反求设计是一个认识产品——再现产品——超越原产品的过程。

实物反求可分为整机反求(即对整个设备的反求)、部件反求(即对组成机器的部件的反求)和零件反求(即对机器的零件的反求)三个组成部分。实物反求设计的一般过程如图4-12所示。

与软件反求设计法和影像反求设计法相比，实物反求设计法有如下特点：

a. 具有直观、形象的实物。

b. 对产品功能、性能、材料等均可进行直接试验分析，求得详细的设计参数。

c. 对机器设备能进行直接测绘，以求得尺寸参数。

d. 仿制产品起点高，设计周期可大大缩短。

e. 引进的样品即为所设计产品的检验标准，为新产品的开发确定了明确的赶超目标。

在运用实物反求设计技术对所分析的产品进行尺寸参数测绘时，要充分利用一些高科技仪器和手段，如三坐标测量仪、工业计算机断层扫描(CT)、核磁共振成像(NMRI)、激光扫描、快速成形技术等，以求迅速、经济地制造出产品样品，缩短产品的设计、制造周期，使所设计、制造的产品尽快投入使用和投放市场，充分体现实物反求设计的经济效益和社会效益。

实物反求虽形象、直观，但引进产品时费用较大，因此要充分调研，确保引进项目的先进性与合理性。

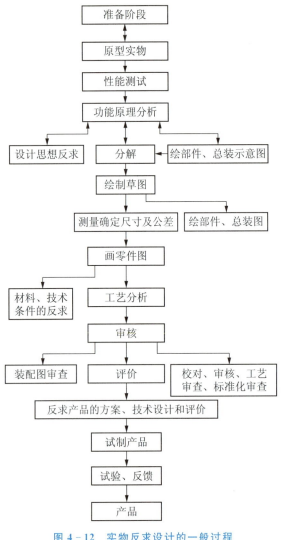

图4-12 实物反求设计的一般过程

4.3.4 反求工程的关键技术

零件的数字化和计算机辅助反向建模是反求工程的两项关键技术。

1. 零件的数字化

零件的数字化是通过特定的测量设备和测量方法获取零件表面离散点的几何坐标数据。通过对测量数据的处理，提取建模所需的有效数据，对零件进行曲面和实体造型，以得到原型的CAD模型。

零件的数字化即对样件进行数据采集，样件的数据采集是获取样件实物信息的首要环节。数据采集的速度、点数、精度是影响其工作质量的最重要的技术指标。不同的采集方式,具有不同的采集速度和精度。根据数据采集方式和数据传递介质的不同,样件表面数字化方法可以分为接触式(触发式、扫描式)和非接触式(光学式、声学式、磁学式)两种。

接触式测头多采用电感式、电容式等反馈型位移传感器,测量时由于测头与被测物体之间的接触压力使得被测表面产生一定的微变形,从而导致测量误差,对某些质地柔软的材质尤其显著。此外,还存在测头半径的空间补偿以及操作不当易损坏测头等问题。非接触式测量克服了上述的缺陷,而且测量速度快,因而可以对产品表面进行连续密集的测量,形成点云式的数据分布。在非接触式测量中,以激光为媒介的激光三角形法和成像法应用最广。一般而言,对工件型面比较规则或自由型面不多且不太复杂的工件,采用点触发式测量,既方便又能顺利地完成数据的采集工作;而对复杂的自由型面工件,则宜采用连续扫描式(包括机械扫描和激光扫描)测量以获取大量的数据。

理想的情况是使实体悬在三维空间中,从各个角度进行观测,可从高度弯曲的各部分表面收集到较多的测点,以获取一个坐标中的高精度的数据,而不需要清除干扰或修补数据。为获取可以利用的数据,需要处理许多实际问题,主要包括标定、精度、可达性、闭锁、定位、多次检测、干扰和数据不完整、统计分布以及表面粗糙度。要求在合理的短时期内获取大量型面测量的数据,以便进行识别和建立数学模型。

2. 计算机辅助反向建模

利用采集到的数据进行 CAD 建模是反求工程中的关键技术。反求工程中复杂曲面的 CAD 建模一般分为曲面拟合、曲面重构、曲面光顺等几个重要阶段。目前已有许多用于复杂曲面产品 CAD 建模的优秀软件,既有通用的软件模块(Pro/Engineering、Unigraphics、Cimatron 等),又有一些专门用于产品反求的软件(如 Renishaw、DEA 等公司的反求软件)。由于反求工程中复杂曲面数据的分散性、复杂性以及“多曲面拼合”“多视图拼合”等问题,复杂曲面的反求还存在着不尽如人意之处,有待进一步的研究与改进。

反求工程的创新首先是实物原型的准确构建,从反求工程的过程出发,要实现模型重建,测量数据必须精确。在模型的三维构建时,应尽可能控制误差在较小范围内,但误差不可避免地存在着,导致重构模型和原始实物之间存在着差距。几何误差一方面使产品的性能达不到需求,另一方面也会影响产品的配合精度。因此,误差控制在某种程度上是反求工程成功的关键。

3. 产品反求工程的误差来源

(1) 原型误差

原型误差指原产品的制造误差,如果原型是使用过的,还存在磨损误差。原型误差一般较小,其大小一般在原设计的尺寸公差范围内,对使用过的产品可根据使用年限考虑加上磨损量。另外实物的表面粗糙度也会影响数据的测量精度。

(2) 测量误差

选择坐标测量机(CMM)测量时,测量误差包括测量机系统误差、测量人员视觉和操作误差、产品的变形误差和测头半径补偿误差等。

① 测量机系统误差:主要由标定误差、温度误差和探针弯曲误差组成,目前使用的 CMM 的测量精度可以精确到 μm。

② 测量人员视觉和操作误差:主要是在手动测量过程中,测量探头的触点完全由操作者视觉定位,难以保证探头中心和被测点中心完全重合,其误差值通常在一个探头半径内。

③ 产品的变形误差:对在探头接触压力下会产生变形的产品,选择适宜的测量力,同时装夹和固定好被测产品可减小变形误差。有条件时可选择非接触式测量,如激光、计算机断

层扫描等。

④ 测头半径补偿误差：主要由接触式坐标测量机的探头半径二维补偿造成，特别是进行空间曲面、曲线测量时，用二维补偿方法就会带来补偿误差。

（3）数据预处理误差

数据预处理是指对测量数据进行平滑处理及转换。数据转换又称数据坐标变换，主要用于多视数据的重定位，基准点的选择、基准点的测量误差会导致数据的变换误差。另外数据预处理还会产生有效数字的舍入误差。

（4）造型误差

主要是 CAD 造型软件的实体造型误差，曲线、曲面的拟合误差。

（5）装配误差

对于有配合要求的零件，模型重建必须基于装配建模，这样可以保证零件的配合轮廓共线。但受坐标测量机测量范围的限制，整体装配测量不能实现时，就要进行单件测量，即使是同一个零件，当零件的外表和内腔(或零件的上下面)都需要测量时，测量过程也要分两次装夹完成。因为每次测量的坐标系是不同的，而造型必须统一在一个坐标系下进行，这就存在一个数据的坐标变换，在实际操作中主要采取基于基准点的坐标变换方法，基准点的选择、基准点的测量误差和几何变换的调整都影响装配误差的大小。

（6）制造误差

反求产品在加工制造过程中同原型产品一样也存在加工误差，因此反求产品和原设计参数之间受两次加工误差的影响。

 思 考 题

1. CAPP 的任务和主要内容是什么？

2. 为什么说 CAPP 提高了工艺文件的质量和工作效率？

3. 一个典型的 CAPP 系统由哪些模块构成？各模块的作用分别是什么？

4. 简述派生式和创成式 CAPP 系统的基本工作原理。

5. 什么是 CIMS? CIMS 由哪几个系统构成？各系统的作用分别是什么？

6. 实现 CIMS 的关键技术是什么？

7. 开发 CIMS 系统结构的基本原则是什么？

8. 什么是 PDM? 它有哪些功能？说明 PDM 的实施对 CAD/CAM 系统集成的意义和作用。

9. 简述并行工程、精良生产、敏捷制造、虚拟制造的主要特征。

10. 什么是反求工程？反求工程的意义是什么？

11. 反求工程的设计过程与传统的设计过程有什么不同？

12. 反求工程的研究对象分哪几类？

13. 产品反求工程的误差来源有哪些？

第二篇
常用 CAD/CAM 软件
——Mastercam 2020 应用

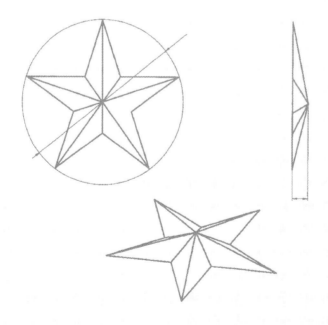

Mastercam 是美国 CNC 软件公司研制与开发的、基于 PC 平台的 CAD/CAM 软件。它集二维绘图、三维实体造型、曲面设计、体素拼合、数控编程、刀具路径模拟及真实感模拟等多种功能于一身。Mastercam 提供了设计零件形状所需的理想环境，其强大稳定的造型功能可设计出复杂的曲线、曲面零件。Mastercam 9.0 以上版本还支持中文环境。由于具有良好的性价比，在国际 CAD/CAM 应用领域中，其装机量占据世界第一。目前我国企业，基于 PC 平台的 Mastercam 软件应用也十分普及。

第5章　Mastercam 基础

5.1　Mastercam 简介及文件管理

Mastercam 2020 系统是由产品设计、制造和辅助模块三部分组成。各模块的主要功能是：产品设计模块设计产品的二维"线框"、三维"线框"、"曲面"和"实体"；制造模块选择机床类型、加工方式、切削用量等完成产品制造；辅助模块提供系统视角切换、变换、标注、参数分析等，辅助完成产品的设计和加工。Mastercam 2020 系统调用命令，则需在对应选项卡的对应组内选择命令图标完成操作，图5-1 所示的为 Mastercam 2020 系统界面的"机床"选项卡。

图 5-1　Mastercam 2020 系统界面的"机床"选项卡

5.1.1　系统的启动和退出

1. 系统的启动

Mastercam 系统启动的方法有以下3种：

方法1：通过"开始"→"程序"→Mastercam 2020 文件夹→Mastercam 2020 图标，进入系统界面。

方法2：双击桌面 Mastercam 2020 快捷图标，如图5-2 所示，进入系统界面。

方法3：双击 Mastercam 2020 文件名称图标，进入系统界面。

• 微视频
Mastercam 2020
启动与退出

图 5-2　Mastercam 2020 快捷图标

图 5-3　Mastercam 2020"是否保存"对话框

2. 系统的退出

当需要退出 Mastercam 2020 系统时，常用的方法有以下两种：

方法1：单击 Mastercam 2020 窗口右上角的"×"（关闭按钮）退出系统。

方法 2：使用组合键"Alt＋F4"退出系统。

如果文件退出前未保存，Mastercam 2020 会弹出"是否保存"对话框，如图 5－3 所示。若单击"取消"，则忽略退出操作，返回到系统工作状态。

5.1.2　系统的工作界面

启动 Mastercam 2020 系统后，系统将进入工作界面。初次进入的界面是 Mastercam 2020 设计工作界面，如图 5－4 所示。它是 Mastercam 2020 程序应用窗口，界面显示形式和 Windows 其他应用软件相似，充分体现了 Mastercam 2020 系统用户界面友好、易学易用的特点。

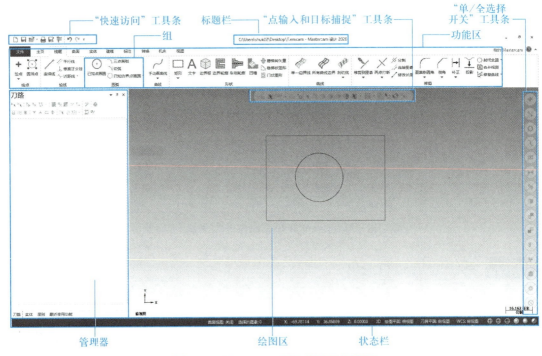

图 5－4　Mastercam 2020 设计工作界面

1. 标题栏

标题栏显示 Mastercam 版本及当前所使用的模块的名称，当打开一个文件时，同时还将显示该文件的路径和文件名。

2. 功能区

功能区包含了 Mastercam 2020 系统所有菜单命令。设置有"文件""主页""线框""曲面""实体""建模""标注""转换""机床"及"视图"选项卡。单击选项卡，可以相互切换。

微视频

Mastercam 工作界面

3. 组

选项卡中的组是由一组命令图标组成。单击命令图标可以完成该图标所代表的命令调用。将光标放在命令图标上方时，可显示该图标所代表的命令名称。

4. 工具条

工具条是由一系列命令图标组成。有"点输入及目标捕捉"工具条、"单/全选择开关"工具条和"快速访问"工具条。

"点输入和目标捕捉"工具条用于坐标点输入、绘图点捕捉及目标选择。

"单/全选择开关"工具条用于点、线、面和实体等图素的单开或全开的切换。

"快速访问"工具条包括常用命令的按钮图标。

5. 绘图区

绘图区用于绘制、编辑和显示图形。

6. 状态栏

状态栏用于显示和设置当前系统状态。一般包括"2D/3D"（二维/三维）切换、"绘图平面"、"刀具平面"、"显示线框"、"边框着色"等信息。

● 微视频

Mastercam 视图管理

7. 管理器

管理器包括常用命令管理器和实时命令管理器。常用命令管理器如"刀路""实体""层别""最近使用功能"等，可通过功能区的"视图"选项卡的"管理"组，选择管理器的名称，开启或关闭该命令管理器。实时命令管理器只有在选择系统某一命令时，才会弹出该命令的管理器。

5.1.3　文件管理

在 Mastercam 2020 中工作时，常常会涉及文件的管理，它包括：新文件创建、文件打开、文件合并、文件或部分文件保存、打印输出和文件传输等。

Mastercam 2020 系统文件管理操作方法是在功能区单击"文件"，弹出如图 5-5 所示的"文件"选项卡，选择"新建"、"打开"等命令选项完成文件的新建、打开等文件管理操作。通过选择"配置"命令选项，打开"系统配置"对话框修改系统默认设置。通过"选项"命令选项，打开"选项"对话框，设置快捷访问工具栏、功能区、下拉菜单和快捷键。

● 微视频

文件新建

图 5-5　文件菜单

文件管理的操作如下。

1. 建立新的图形文件

创建一个新的系统默认设置的图形文件工作环境。在启动 Mastercam 2020 后，系统按其默认设置自动创建一个新的文件环境,可以在该环境下进行图形的绘制。若在一个文件工作环境中工作时,要建立一个新的文件工作环境,可在"文件"选项卡选择"新建"命令选项,也可在快速访问工具栏选择"新建"命令图标,或使用快捷键"Ctrl+N"完成文件新建操作。

2. 打开已存在的图形文件

当在"文件"选项卡选择"打开"命令选项时,屏幕将显示一个"打开"对话框,在对话框中可指定如图 5-6 所示的文件类型、路径及文件名。单击"打开"按钮或双击所选文件时,系统将打开该文件,此时关闭原来的文件。可在快速访问工具栏选择"打开"命令图标,或使用快捷键"Ctrl+O"完成文件打开操作。

●微视频

打开已存在的
图形文件

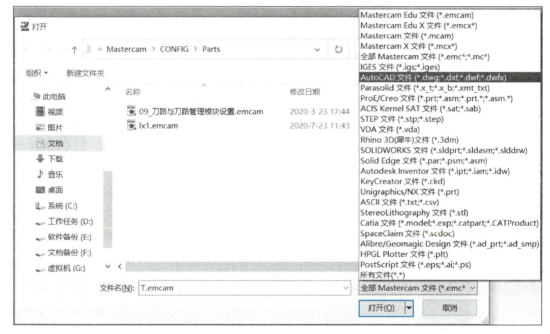

图 5-6 "打开"对话框

3. 合并文件

合并文件就是将已有的 Mastercam 文件或其他类型文件插入到当前文件中。在"文件"选项卡选择"合并"命令选项时,屏幕将显示一个"打开"对话框,文件选择方法与文件打开操作相同,可以通过更改文件类型,将 AutoCAD、ProE 等类型文档合并到当前文件当中。

4. 保存文件

保存文件分为三种形式。以当前文件名保存,选择"保存"命令选项;将文件保存到另外命名的一个新文件中,并把新命名的文件作为当前的文件,选择"另存为"命令选项;只保存当前文件的部分图素,选择"部分保存"命令选项,按提示选择要保存的图素,结束选择后,完成该操作。

●微视频

保存文件

5. 打印文件

当选择"打印"命令选项时,可以将当前图形窗口中的可见图形打印输出,同时可以进行打印设置,确定是否需要改变颜色以及在页眉打印文件路径、打印日期、确定线宽、打印方向、比例缩放以及边缘尺寸等。

5.1.4　Mastercam 2020 快捷键

在 Mastercam 2020 中,系统提供了默认的快捷键,用于某些命令的调用,可提高工作效率。用户可以根据需要进行快捷键的设置。系统默认的常用快捷键设置见表 5-1。

表 5-1　系统默认的常用快捷键设置

图　标	功　　能	快捷键	图　标	功　　能	快捷键
	屏幕视图-俯视图	Alt+1		层别管理器	Alt+Z
	屏幕视图-前视图	Alt+2		窗口	F1
	屏幕视图-后视图	Alt+3		取消上一个缩放/50%	F2
	屏幕视图-仰视图	Alt+4		分析图素	F4
	屏幕视图-右视图	Alt+5		删除图素	F5
	屏幕视图-左视图	Alt+6		显示轴	F9
	屏幕视图-等视图	Alt+7		缩小 80%	Alt+F2
	实体管理器	Alt+I		退出 Mastercam	Alt+F4
	平面管理器	Alt+L		配置 Mastercam	Alt+F8
	刀路管理器	Alt+O		显示指针	Alt+F9

5.2　系　统　设　置

使用 Mastercam 2020,需要对系统的一些属性进行设置,在新建文件或打开文件时,系统将默认其配置。

在功能区单击"文件",在弹出的"文件"选项卡选择"配置"命令,或按组合键"Alt+F8",弹出"系统配置"对话框,通过选择对话框左侧树状排列的命令,在选项卡内修改参数完成对系统的"公差""CAD"等默认设置。

5.2.1　公差设置

在"系统配置"对话框,单击"公差",出现如图 5-7 所示"公差"选项卡,可以设置系统公差、串连公差、平面串连公差、串连切线公差、最短圆弧长、曲线最小步进距离、曲线最大步进距离、曲线弦差、曲面最大公差和刀路公差等。

(1) **系统公差**　指可以区分的两个点的最小距离,这也是系统能创建的直线的最短长度。

(2) **串连公差**　指确定两个几何对象端点可分离和仍然可进行串连的最大距离。

(3) **平面串连公差**　指平面串连几何图形的公差。

(4) **串连切线公差**　指串连几何图形相切的角度。

(5) **最短圆弧长**　指系统能创建的圆弧的最小长度。在加工内腔时,可以避免创建不必要的过小圆弧。

图 5-7 "系统配置"对话框的"公差"选项卡

（6）曲线最小步进距离　指沿曲线创建刀具路径或将曲线打断为圆弧等操作时的最小步长。

（7）曲线最大步进距离　指沿曲线创建刀具路径或将曲线打断为圆弧等操作时的最大步长。

（8）曲线弦差　指用线段代替曲线时，线段与曲线间允许的最大距离。

（9）曲面最大公差　指曲面与生成该曲面的曲线的最大距离。

（10）刀路公差　指刀具路径的公差。

5.2.2　打印设置

在"系统配置"对话框中单击"打印"，出现如图 5-8 所示"打印"选项卡，可以设置线宽、打印选项、虚线缩放比例等。

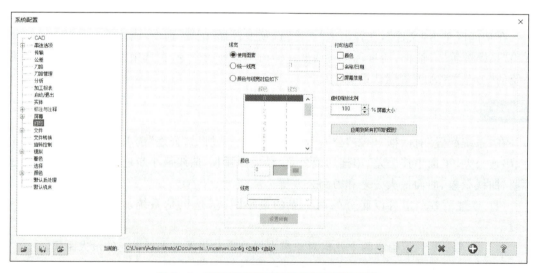

图 5-8　"系统配置"对话框的"打印"选项卡

（1）使用图素　选择此项，系统以几何图形本身的线宽进行打印。

（2）统一线宽　选择此项，用户可以在文本框中输入所需要的打印线宽。

（3）颜色与线宽的对应如下   选择此项，在列表中对几何图形的颜色进行线宽设置，这样系统在打印时以颜色来区分线型的打印宽度。

（4）颜色   选择此项，系统可以进行彩色打印。

（5）名称/日期   选择此项，系统在打印时将文件名称和日期打印在图纸上。

（6）屏幕信息   选择此项，系统将屏幕上的信息打印到图纸上。

（7）应用到所有打印的图形   选择此项，将设置应用到所有图素。

5.2.3   CAD 设置

在"系统配置"对话框，单击"CAD"，出现如图 5 - 9 所示"CAD"选项卡，可以设置系统在绘制圆弧时是否自动产生圆弧中心线、图素的默认属性、曲线/曲面创建形式、修剪预览等。

● 微视频

CAD 设置

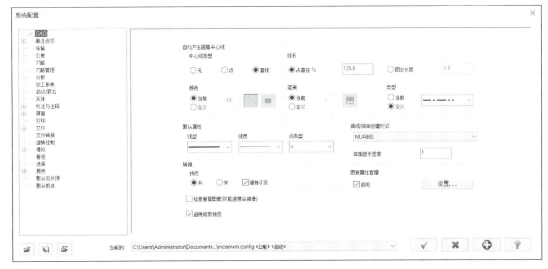

图 5 - 9   "系统配置"对话框的"CAD"选项卡

（1）"自动产生圆弧中心线"栏   用于设置在绘制圆弧时是否绘制中心线；如果需要绘制，则设置它的长度、颜色、层别以及类型。

（2）"默认属性"栏   用于设置图素的属性，包括线型、线宽和点类型。

（3）曲线/曲面创建形式   用于设置曲线/曲面的创建类型、曲面显示密度。

（4）图素属性管理   "启用"复选框用于启用图素管理属性设置，单击"设置"按钮，在弹出的"图素属性管理"对话框中设置图素的层别、颜色、类型和宽度等属性。

5.2.4   文件设置

在"文件"选项的下一级选项中，选择"自动保存/备份"，出现如图 5 - 10 所示的"自动保存/备份"选项卡，在右侧窗格中可以设置自动保存和 Mastercam 文件备份的内容等。

● 微视频

文件管理设置

（1）自动保存   选择此复选框启动系统的自动保存功能。

① 使用当前文件名保存   选择此复选框，将使用当前文件名自动保存。

② 覆盖存在文件   选择此复选框，在新命名文件时，如果已存在以该文件名命名的文件，则新文件内容将覆盖已存在的文件内容并保存。

图 5 - 10 "系统配置"对话框的"自动保存/备份"选项卡

③ 保存文件前提示　选择此复选框,在自动保存文件前系统会有提示。

④ 完成每个操作后保存　选择此复选框,在结束每个操作后系统自动保存文件。

⑤ 保存时间　输入数值,以设定系统自动保存文件的时间间隔,单位为分钟。

⑥ 文件名称　此栏用于输入系统自动保存文件时的文件名。

(2) Mastercam 文件备份　选择此复选框启动系统的文件备份功能。

选择"使用定义目录备份文件"复选框后,分别在"起始编号""分隔符""增量编号"和"最大限制"4 个文本框中输入需要的内容,完成系统设置。

5.2.5　NC 设置

系统的 NC 设置有"刀路"系统配置、"刀路管理"系统配置、"模拟"系统配置和"默认后处理"系统配置等。

1."刀路"系统配置

在"系统配置"对话框中,单击"刀路",出现"刀路"选项卡,可以进行刀路常规设置、选择加工报表程序、设置刀路曲面选择方式、"删除记录文件"参数和内存占用大小等内容。

2."刀路管理"系统配置

在"系统配置"对话框中,单击"刀路管理",出现"刀路管理"选项卡。可以设置系统的机床群组、刀路群组和 NC 文件等。

3."刀路模拟"系统配置

在"系统配置"对话框中,单击"模拟"的下一级选项"刀路模拟",出现如图 5 - 11 所示"刀路模拟"选项卡,在"常规设置"栏和"显示设置"栏设置系统的刀路模拟选项。

●微视频

刀路与刀路管理设置

(1)"常规设置"栏

① "步进模式"选项组　用于设定每秒的快速步进量,选择刀具步进模式是"端点"模拟还是"插补"模拟。当步进模式选择为"插补"模拟时,可以设定模拟的步进增量。

② "刷新屏幕选项"选项组　用于设置"更换操作时"还是"换刀时"刷新屏幕。

③ "速度"　可以拖动进度条设置系统执行操作时的速度。

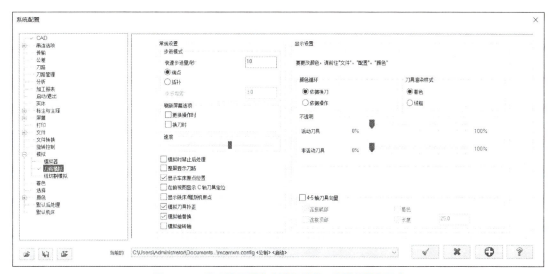

图 5-11　"系统配置"对话框的"刀路模拟"选项卡

④ "模拟时禁止后处理""整屏显示刀路""显示车床原点位置"等复选框　用于刀路模拟时设置选择。

（2）"显示设置"栏

① "颜色循环"选项组　设置刀具移动时的颜色变更是依据换刀还是依据操作。

② "刀具渲染样式"选项组　设置刀具是着色显示还是线框显示。

③ "不透明"选项组　设置活动刀具和非活动刀具的透明程度,拖动进度条改变透明度数值。

④ "4—5 轴刀具向量"复选框　设置 4—5 轴进给时刀具向量的颜色显示和连接位置。

4. "默认后处理"系统配置

在"系统配置"对话框中,单击"默认后处理",出现"默认后处理"选项卡,可以设置后处理的控制参数,如设置输出零件文件说明、设置 NC 文件和 NCI 文件等。

● 微视频

刀路模拟与后处理设置

5.3　几何对象属性及显示设置

Mastercam 在创建新文件或打开文件时,是按默认的系统设置对系统各属性进行配置的。在使用 Mastercam 过程中,经常要对几何对象（实体）的属性、在屏幕上的显示方式等进行设置。

5.3.1　几何对象属性设置

几何对象（实体）的属性是指颜色、图层、线型及线宽等。可以用功能区"主页"选项卡的"属性"组的命令来完成属性设置,如图 5-12 所示。

（一）颜色设置

颜色设置用于设置新绘制几何对象线框、实体、曲面的颜色,或修改现有几何对象的颜色。通过选择"主页"选项卡的"属性"组的"线框颜色""实体颜色"或"曲面颜色"命令的下拉箭头弹出的下拉列表分别设置各类几何对象的颜色,以下颜色设置以线框颜色设置为例。

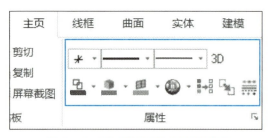

图 5 – 12　"主页"选项卡的"属性"组

● 微视频

属性 与 颜 色 设置

1. "线框颜色"下拉列表

选择"主页"选项卡的"属性"组的"线框颜色"命令的下拉箭头,展开"线框颜色"下拉列表,该下拉列表包括"默认颜色"选项卡、"标准颜色"选项卡、"最近使用颜色"选项卡和"更多颜色"按钮,如图 5 – 13 所示。

(1)"默认颜色"选项卡和"标准颜色"选项卡

"默认颜色"选项卡的色板为 56 种颜色,"标准颜色"选项卡为 16 种颜色。两者的操作方法相同,在绘图区选取几何对象,单击"线框颜色"下拉箭头,在下拉列表框的"默认颜色"选项卡或"标准颜色"选项卡的色板中选取所需要的颜色,单击选取颜色,这时,将该几何对象的颜色设置为新绘制几何对象的颜色。

(2)"最近使用颜色"选项卡

启动 Mastercam 软件时,"最近使用颜色"选项卡不出现在"线框颜色"下拉列表框中,只有修改过线框颜色后才出现"最近使用颜色"选项卡,修改后的颜色记录在此选项卡中,方便用户重复使用此颜色。

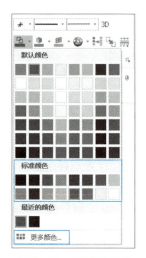

图 5 – 13　"线框颜色"下拉列表

2. "颜色"对话框

单击"线框颜色"下拉列表的"更多颜色"按钮,弹出"颜色"对话框,该对话框包括如图 5 – 14 所示"颜色"选项卡和如图 5 – 15 所示的"自定义"选项卡。

图 5 – 14　"颜色"对话框的"颜色"选项卡

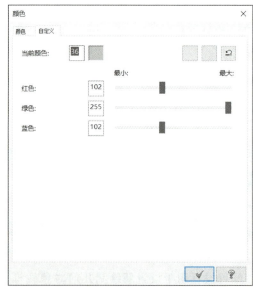

图 5 – 15　"颜色"对话框的"自定义"选项卡

（1）"颜色"选项卡

"颜色"选项卡的色板为 256 中颜色,可以直接在色板中选择颜色;也可以单击"选择"按钮,系统返回到绘图状态,这时在绘图区选择一个线框几何对象,选择完成后回到对话框,单击"√"完成操作,则以选择几何对象的颜色作为新几何对象颜色。

（2）"自定义"选项卡

在"自定义"选项卡中,通过拖动"红色""绿色""蓝色"颜色的滑块来配置所需要的颜色。此时,用新配置的颜色替代了原色号对应的默认颜色。单击"撤销颜色"按钮,可以将当前色号对应的颜色恢复至配置前的颜色;单击"重设为默认颜色"按钮,可以将所有色号对应的配置颜色恢复至其默认颜色;单击"重设系统为默认颜色"按钮,重新设置系统为默认颜色。

颜色选项卡　　　层别管理器

（二）图层管理

在 Mastercam 系统中,图层是一个非常重要的概念,可以将几何对象绘制在不同的图层上,通过对图层的管理使操作非常方便。通过图形管理命令对图层进行各种管理,即对图层的命名、设置图层的过滤(限定)、设置图层的可见与隐藏等。

单击 Mastercam 系统左侧管理器的"层别"选项卡,弹出"层别"管理器如图 5-16 所示。

（1）层别列表区　图层由"号码""高亮""名称""层别设置"和"图素"列组成。当某行为黄色时,则该层为当前工作图层。双击"号码"单元格,可以将该"号码"单元格所在图层设为当前图层;双击"高亮"单元格,绘图区里该图层图素在显示或隐藏之间切换,但当前图层不能隐藏;双击"名称"单元格,该单元格变为编辑框状态,可以输入或改变图层名称;双击"层别设置"单元格,该单元格变为编辑框状态,可以输入或改变图层组名称。

（2）层别设置　用来设置当前的工作图层及该图层的属性。"编号"文本框,用来输入作为当前工作图层的层号;"名称"文本框,用来输入或改变当前工作图层的名称;"层别设置"文本框,用来输入或改变当前工作图层的图层组名称。

（3）层别列表设置　用来设置在图层列表中列出的图层类型。"已使用"单选按钮,仅列出已经使用过的图层;"已命名"单选按钮,仅列出已经命名的图层;"已使用或已命名"单选按钮,列出所有已经使用或命名的图层;"范围"单选按钮,用于在列表框中显示图层号码区间的图层以及设置图层显示顺序。

图 5-16　"层别"管理器

（三）样式设置

在 Mastercam 系统中,常常需要对当前几何对象的样式进行设置,如:点类型、线型以及线宽等。可以通过单击"主页"选项卡"属性"组的点类型、线型和线宽下拉列表框,在展开的相应下拉列表中选择,如图 5-17 所示。

点、线型、线宽　　群组设置、群组颜色

（四）群组管理

通过单击功能区"视图"选项卡的"管理"组中的"群组"命令，此时，弹出"群组管理"对话框，如图 5 - 18 所示。用于将某些属性相同的几何对象设置在同一群组中，以便对这些几何对象进行显示、选取及编辑。

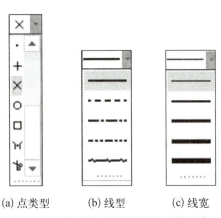

(a) 点类型　　(b) 线型　　(c) 线宽

图 5 - 17　点类型、线型和线宽下拉列表

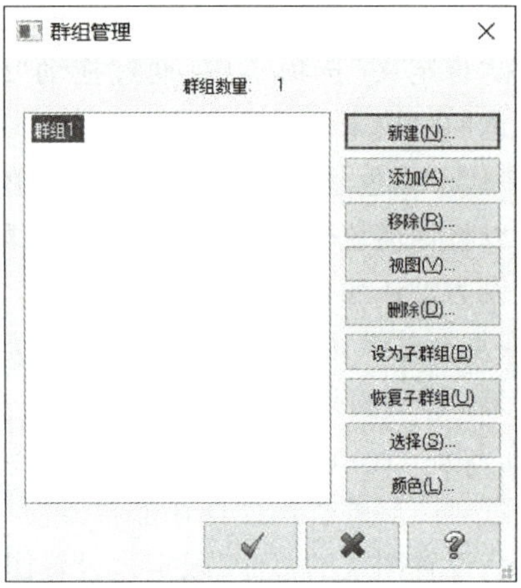

图 5 - 18　"群组管理"对话框

（1）"群组数量"　列出当前文件中所有群组的数量。

（2）群组列表区　列出当前文件中所有群组的名称。可以选择一个群组名并进行各种操作。

（3）"新建"按钮　用于建立一个新的群组。单击该按钮，在提示区显示群组名称文本框，用以输入群组的名称，完成后，在绘图区选择同一群组的几何对象，并按回车（"Enter"）键，即完成新群组的建立。

（4）"添加"按钮　单击该按钮，可以在选定的群组中添加几何对象。

（5）"移除"按钮　单击该按钮，可以在选定的群组中移除几何对象。

（6）"视图"按钮　单击该按钮，可以将选定群组中的几何对象单独显示出来。

（7）"删除"按钮　单击该按钮，可以将选定的群组删除。

（8）"设为子群组"按钮　单击该按钮，可以将选定的群组设置为某一群组的子群组，此时，在群组列表框中再选择一个群组，则选定的群组即为该群组的子群组。

（9）"恢复子群组"按钮　单击该按钮，可以将子群组恢复为群组。

（10）"选择"按钮　单击该按钮，可以在绘图状态选择群组中的某个几何对象来选定群组。

（11）"颜色"按钮　单击该按钮，弹出"群组颜色"对话框，如图 5 - 19 所示。通过该对话框，可以对选定群组的几何对象显示颜色进行设置。

图 5 - 19　"群组颜色"对话框

（五）通过"属性"对话框设置几何对象属性

单击功能区"主页"选项卡的"属性"组的"设置全部"命令，此时，弹出"属性"对话框，如图 5-20 所示。通过该对话框，可以对当前几何对象的属性进行设置，包括：颜色、线型、点型、层别、线宽、曲面密度等。

图 5-20 "属性"对话框

① 在"属性"对话框中，单击层别"选择"按钮，此时，弹出"选择层别"对话框，用于设置几何对象的图层属性设置。

② 单击"主页"选项卡"属性"组右下角"图素属性"拓展按钮，弹出"图素属性管理"对话框，用于设置组成图形的图素的属性。

5.3.2 几何对象显示设置

几何对象显示设置是用来改变或设置几何对象在绘图区的显示方式，包括圆心点显示设置、端点显示设置、隐藏/取消隐藏、着色设置和屏幕网格设置等。

通过调用"主页"选项卡的"显示"组（图 5-21）和"视图"选项卡的"显示""网格""外观"组的各种命令实现。

● 微视频

"层别"管理器和"图素属性管理"对话框

● 微视频

几何对象显示设置

图 5-21 "主页"选项卡"显示"组

1."圆心点"和"端点"命令

"圆心点"命令用于显示或绘制圆心点；"端点"命令用于显示或绘制直线、圆弧、样条曲线等的端点。

可通过单击"主页"选项卡的"显示"组的"圆心点"或"端点"按钮,调用该命令。

2."消隐"命令

"消隐"命令将在屏幕上选择的图素隐藏起来。当调用该命令后,系统提示"选择图素",当完成选择并按回车键后,将选择的图素隐藏起来。

可通过单击"主页"选项卡"显示"组的"消隐"按钮,调用该命令。

3."恢复消隐"命令

"恢复消隐"命令将选择的隐藏图素重新在屏幕上显示出来。当选择该命令后,系统转换到显示隐藏的图素界面,此时提示"选择图素",当完成选择并按回车键后,将选择的隐藏图素重新在屏幕上显示出来。

可通过单击"主页"选项卡"显示"组"消隐"下拉箭头,在下拉菜单中单击"恢复消隐"按钮,调用该命令。

4."隐藏"命令

"隐藏"命令将在屏幕上没有选择的图素隐藏起来。当选择该命令后,系统提示"选择保留在屏幕上的图素",当完成选择并按回车键后,将没有选择的图素隐藏起来。

可通过单击"主页"选项卡"显示"组"隐藏/取消隐藏"按钮,调用该命令。

5."取消部分隐藏"命令

"取消部分隐藏"命令将选择的隐藏图素重新在屏幕上显示出来。当选择该命令后,系统转换到显示隐藏的图素界面,此时提示"选择保留在屏幕上的图素",当完成选择并按回车键后,将选择的隐藏图素重新在屏幕上显示出来。

可通过单击"主页"选项卡"显示"组"隐藏/取消隐藏"下拉箭头,在下拉菜单中单击"取消部分隐藏"按钮,调用该命令。

6."网格设置"命令

"网格设置"命令用来在绘图区设置栅格及捕捉方式,以便在绘制几何图形时,提高绘图速度和精度。

可通过单击"视图"选项卡"网格"组的"显示网格"和"对齐网格"命令控制,单击"显示网格"按钮,系统按设置参数显示出网格;单击"对齐网格"按钮,系统打开网格捕捉功能;单击"网格"组右下角的"网格设置"扩展按钮,弹出"网格"对话框,如图 5-22 所示。

●微视频

网格设置

（1）"间距"栏　用来设置网格的间距。可分别在"X""Y"文本框中输入数值来设置网格在 X 和 Y 方向的间距。

（2）"原点"栏　用来设置网格的原点。可以分别在"X""Y"文本框中输入网格原点的 X 和 Y 坐标,也可以单击"选择"按钮,在绘图区选取一点作为网格的原点。

（3）"抓取时"栏　用来设置网格的捕捉模式。选择"接近"单选按钮时,只有当光标与网格点的距离小于捕捉框的边长的一半时,才能捕捉到该网格点;选择"始终提示"单选按钮时,可捕捉到光标最近的网格点。

7."着色设置"命令

"着色设置"命令用于改变几何对象的外观显示,显示线框、显示隐藏线还是移除隐藏线、边框着色还是图形着色、是否半透明显示和是否背面着色等。

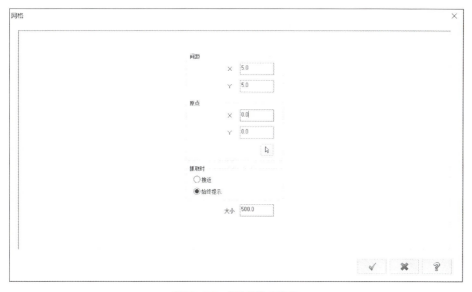

图 5 - 22　"网格"对话框

单击"视图"选项卡的"外观"组选择命令或在命令的下拉菜单选择命令如图 5 - 23 所示。

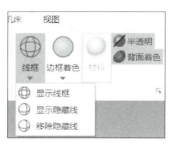

微视频

着色设置

图 5 - 23　"线框"下拉菜单

单击"外观"组右下角的"着色选项"扩展按钮,弹出如图 5 - 24 所示"着色"对话框,可对线框、视图和实体参数等进行设置。

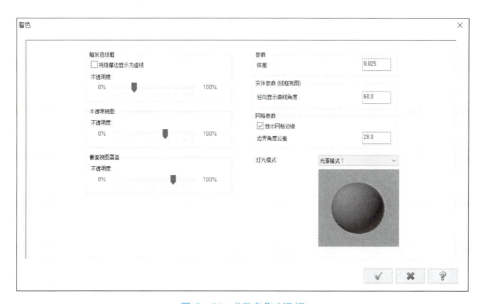

图 5 - 24　"着色"对话框

5.3.3 "屏幕视图"命令

"屏幕视图"命令用来在三维绘图过程中同时显示图形的多个方向的视图。

可以通过"视图"选项卡下的"屏幕视图"组命令进行设置,如图 5 - 25 所示。

图 5 - 25 "视图"选项卡"屏幕视图"组

5.3.4 右键菜单

绘图时,在绘图区右键单击鼠标,在屏幕上弹出一个菜单,称为右键菜单,如图 5 - 26 所示。右键菜单中各命令的功能见表 5 - 2。

图 5 - 26 右键菜单

表 5 - 2 右键菜单中各命令的功能

命　令	功　　　能
视窗放大	用选择的矩形作为显示区域,以该矩形的中心为屏幕中心,使该区域充满整个屏幕
缩小 80%	返回到放大显示前的显示状态,若没有放大显示时,则缩小 80% 显示
动态旋转	动态设置视角
适度化	放大或缩小图形显示以尽量充满整个屏幕
俯视图	将视角设置为顶面观察,即顶视图
前视图	将视角设置为前面观察,即正视图
右视图	将视角设置为右侧面观察,即右侧视图

续　表

命　令	功　　　能
等视图	将视角设置为等轴测观察，即正等轴测图
删除图素	删除图素

 思 考 题

1. 如何启动和退出 Mastercam 2020 系统？

2. Mastercam 2020 系统的工作界面包括哪些内容？

3. Mastercam 2020 系统文件管理子菜单包括哪些常用的命令？

4. 简述 Mastercam 2020 系统中常用的快捷键。

5. 如何调出"系统设置"对话框？

6. 系统的公差设置主要包括哪些选项？

7. 简述打印设置的主要内容。

8. CAD 设置主要包括哪些内容？

9. 文件管理设置的功能是什么？主要包括哪些内容？

10. 简述 NC 设置的主要内容。

11. 在 Mastercam 2020 系统中，几何对象一般有哪些属性？

12. 常用的几何对象属性的修改有哪些？如何改变几何对象的属性？

13. 常用几何对象显示设置有哪些？如何设置几何对象显示？

14. 使用文件的菜单"选项"命令，设置 Mastercam 2020 绘图区右键菜单如图 5 - 27 所示。

图 5 - 27　右键菜单设置

15. "文件"菜单的"配置"命令，其具体步骤为图 5 - 28 所示的"自动保存"设置、图 5 - 29 所示的"CAD"设置、图 5 - 30 所示的"标注与注释"设置和图 5 - 31 所示的"选择"设置。

图 5－28　"自动保存"设置

微视频

第 15 题解答

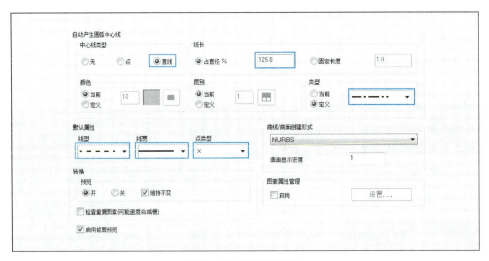

图 5－29　"CAD"设置

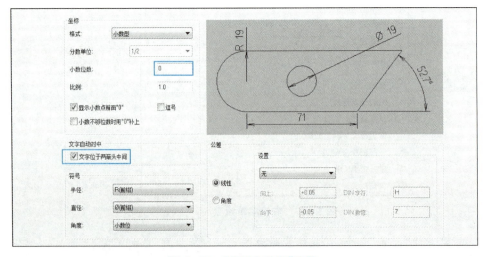

图 5－30　"标注与注释"设置

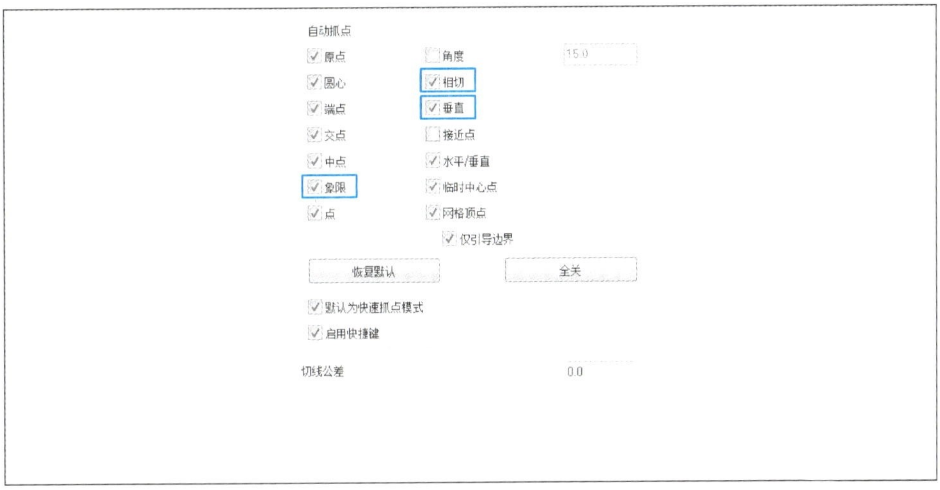

图 5 - 31　"选择"设置

第6章　Mastercam 二维几何造型

6.1　二维图形绘制

系统中预先定义好的基本图形元素，如点、直线、圆、圆弧、椭圆、多边形、文本等，在绘制二维图形时可用有关命令将它们绘制到图形中，组成各种形状的图形。二维图形的绘制是图形绘制的基础。

6.1.1　图形绘制操作说明

1. 绘图命令的调用方法

绘图命令的调用通过功能区的"线框"选项卡的"绘点""绘线""圆弧""形状""曲线"等组的对应命令完成，如图6-1所示。

图6-1　"线框"选项卡

● 微视频

二维命令简介 ●

2."自动抓点"对话框

"自动抓点"对话框用于绘制图形时确定点的位置。

当需要确定点的位置时，单击"点输入和目标捕捉"工具条中的选择设置，弹出"自动抓点"对话框，如图6-2所示。

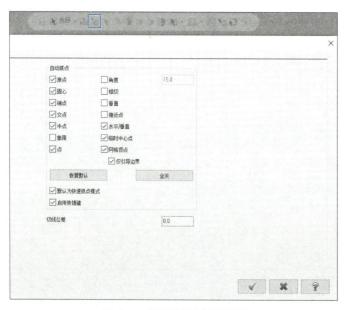

● 微视频

"点输入和目标捕捉"工具条设置 ●

图6-2　"自动抓点"对话框

单击选择"点输入和目标捕捉"工具条的"XYZ"图标,弹出"坐标输入"对话框,输入各轴坐标值,用逗号隔开,回车确认。点坐标的输入如图 6-3 所示。

30,20,50

图 6-3　点坐标的输入

"自动抓点"对话框主要选项的功能及操作说明见表 6-1。

表 6-1　"自动抓点"对话框主要选项的功能及操作说明

序号	选项	功　　能	操　作　说　明
1	原点	在当前绘图面的坐标原点处绘制点	选中"原点"选项
2	圆心	在圆或圆弧的圆心点处绘制点	选中"圆心"选项。在绘图区用光标选择圆或圆弧
3	端点	在线段、圆、圆弧、样条曲线等线段的端点处绘制点	选中"端点"选项。在绘图区用光标选择相应线段实体
4	交点	在线段、圆、圆弧、样条曲线等线段的交点处绘制点	选中"交点"选项。在绘图区用光标分别选择相交的两个相应线段实体
5	中点	在线段、圆、圆弧、样条曲线等线段的中点处绘制点	选中"中点"选项。在绘图区用光标选择相应线段实体
6	象限	在圆或圆弧的象限位置上绘制点	选中"象限"选项。在绘图区用光标选择相应圆或圆弧,在靠近的象限位置上绘制点实体
7	点	在已存在点的位置上绘制一个点	选中"点"选项。在绘图区用光标选择一个已存在的点
8	相切	绘制已知图素的相切的交点即垂足	选中"相切"选项。在绘图区靠近图素的位置单击即可
9	垂直	捕捉与图素之间垂直的点	选中"垂直"选项。在绘图区选择相应的实体
10	接近点	捕捉到图素上离光标最近的一点	选中"接近点"选项。在绘图区用光标选择一个已存在的点,捕捉最近的一点

3. 视图操作命令

视图操作命令用于图形视图的显示控制。"视图"选项卡的"缩放"组和"屏幕视图"组如图 6-4 所示。

图 6-4　"视图"选项卡的"缩放"组和"屏幕视图"组

微视频

视图操作命令

4. 管理器

管理器用于子命令选择、选项设置及操作选择。

在未选择任何命令时,该管理器处于屏蔽状态,而选择某一命令后将显示该命令的所有选项,并作出相应的提示,例如,"连续线"管理器如图 6-5 所示。

图 6-5 "连续线"管理器

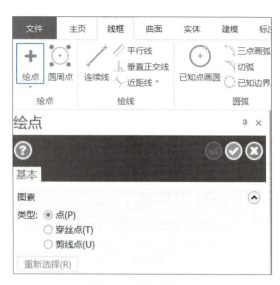

图 6-6 "绘点"命令

6.1.2 点绘制命令

点绘制命令的功能是在确定的位置上绘制出各种形式的点。

通过单击"线框"选项卡的"绘点"组的绘点命令,如图 6-6 所示;也可通过单击"绘点"命令下方的下拉箭头,展开下拉菜单,如图 6-7 所示。单击选择某一类型点,按提示完成绘制点的操作。

6.1.3 直线绘制命令

直线绘制命令的功能是绘制各种形式的直线。

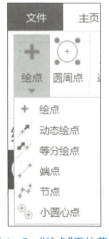

图 6-7 "绘点"下拉菜单

图 6-8 "近距线"下拉菜单

• 微视频

直线绘制 •

通过单击"线框"选项卡的"绘线"组中的命令;也可通过单击"近距线"命令下方的下拉箭头,展开下拉菜单,如图 6-8 所示,单击选择某一类型直线,按提示完成直线绘制的操作。

6.1.4　圆弧(圆)绘制命令

微视频

圆弧绘制

圆弧(圆)绘制命令的功能是绘制各种形式的圆弧或圆。

通过单击"线框"选项卡的"圆弧"组的"已知点画圆"命令,如图 6-9 所示;也可通过单击"圆弧"组"已知边界点画图"命令下方的下拉箭头,展开下拉菜单,如图 6-10 所示。单击选择某一类型圆弧(圆),按提示完成圆弧(圆)绘制的操作。

图 6-9　"已知点画圆"命令

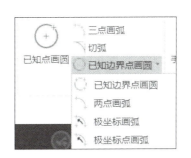

图 6-10　"已知边界点画圆"下拉菜单

6.1.5　矩形绘制命令

矩形绘制命令的功能是绘制矩形、圆角矩形、多边形、椭圆、螺旋线(锥度)、平面螺旋等图形。绘制矩形时,通过单击"线框"选项卡的"形状"组的"矩形"命令,按屏幕提示操作,完成矩形的绘制。绘制矩形以外的图形,应单击"矩形"命令下方的下拉箭头展开如图 6-11 所示"矩形"下拉菜单,单击选择某一类型的图形,在系统左侧弹出如图 6-12 所示的"矩形形状"管理器。管理器有"图素"栏、"点"栏、"原点"栏、"尺寸"栏和"设置"栏。在"类型"栏包括矩形形、矩形、单 D 形、双 D 形四种图形,如图 6-12 的绘图区所示。通过单选按钮,选择相应的矩形类型。"方式"栏有"基准点"和"2 点"两种形式。"点"栏处于活动状态时,可修改点"1"和点"2"的位置。"尺寸"栏用于修改矩形的宽度、高度、圆角半径和旋转角度;"设置"栏可以创建矩形曲面和创建矩形中心点。

图 6-11　"矩形"下拉菜单

6.1.6　椭圆绘制命令

椭圆绘制命令的功能是绘制椭圆或椭圆弧。

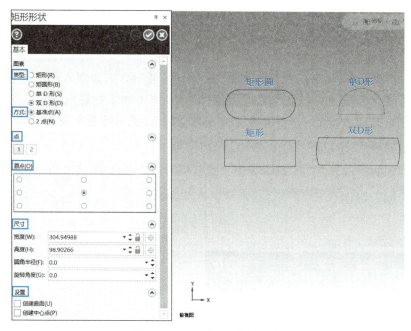

图 6-12 "矩形形状"管理器

单击"矩形"命令的下拉箭头,展开如图 6-11 所示的"矩形"下拉菜单,单击"椭圆"命令,在系统左侧弹出如图 6-13 所示的"椭圆"管理器。在该管理器中,修改"半径"栏的"A"和"B"选项的半径值分别为 100 和 50;修改"扫描角度"栏的"起始""结束"选项的角度值分别为 30 和 270。完成椭圆选项设置后,按提示完成椭圆弧的绘制,图形如图 6-13 的绘图区所示。

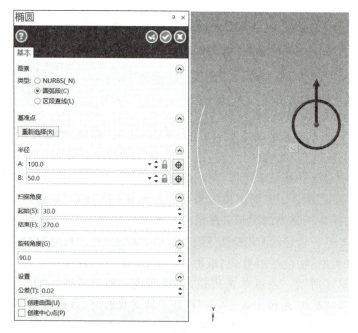

图 6-13 "椭圆"管理器

6.1.7 多边形绘制命令

多边形绘制命令的功能是绘制正多边形。

单击"矩形"命令的下拉箭头,在展开的下拉菜单中选择"多边形"命令(图 6－11),弹出"多边形"管理器。在该管理器中,通过修改边数,外切圆或内接圆半径,可以进行绘制多边形的设置。

当完成多边形选项设置后,按提示完成正多边形的绘制。

6.1.8　曲线绘制命令

曲线绘制命令的功能是绘制各种类型的曲线(样条曲线)。

通过"线框"选项卡下的"曲线"组选择各种类型的曲线绘制命令。单击"手动画曲线"命令下方下拉箭头,在展开的下拉菜单中选择所需要的绘制曲线类型命令进行绘制,如图 6－14 所示。

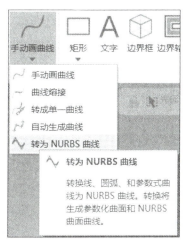

图 6－14　"手动画曲线"下拉菜单

曲线熔接

图 6－15　直线和样条曲线的曲线熔接

（1）手动画曲线　手动绘制样条曲线。通过定义样条曲线经过点来绘制样条曲线。

（2）曲线熔接　用来绘制一条与两个几何实体在几何实体上选取点处相切的样条曲线。选取的几何实体可以是直线、圆弧或样条曲线,直线和样条曲线的曲线熔接如图 6－17 所示。

（3）转成单一曲线　将现有几何实体转换为样条曲线。

（4）自动生成曲线　自动绘制样条曲线。通过选取样条曲线经过的第一点、第二点及最后一个点来绘制样条曲线。

6.1.9　边界框绘制命令

边界框绘制命令的功能是根据选择的图素创建网络二维矩形、三维立方体面或圆柱面。

通过单击"线框"选项卡的"形状"组的"边界框"命令,弹出如图 6－16所示"边界框"管理器。在该管理器有立方体和圆柱体单选按钮,有"立方体设置"栏、"圆柱体设置"栏和"创建图形"栏等。单击"立方体"按钮时,"立方体设置"栏激活,可以修改该栏内的"X""Y""Z"选项的数值。单击"圆柱体"按钮时,"圆柱体设置"栏激活,可以修改该栏内的"半径""高度"选项的数值。"创建图形"栏是选择在生成包络矩形、立方体面、圆柱面的包络边界时,是否同时生成线和圆弧、角点、中心点、端面中心点等。

当边界框设置完成后,按提示完成边界框的绘制。

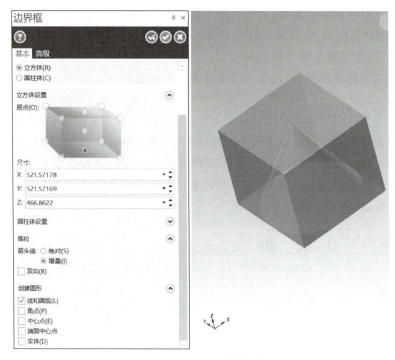

图 6-16 "边界框"管理器

6.1.10 实例

绘制图 6-17 所示的板类零件轮廓图,并保存。

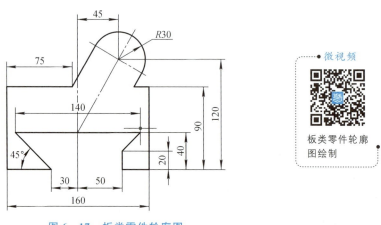

图 6-17 板类零件轮廓图

· 微视频 ·

板类零件轮廓
图绘制

1. 设置绘图环境

按 Alt＋F9 快捷键,绘图区显示坐标系;按 Alt＋1 切换当前视图为"俯视图";单击"层别"管理器,在图层 1 的"层别设置"列单元格输入"点画线",图层 2 的"层别设置"列单元格输入"粗实线"。

2. 绘制点画线

(1) 设置线型、颜色和图层　在"主页"选项卡的"属性"组选择"点画线"线型,选择"线框颜色"为绿色;单击"层别"管理器,单击"号码"列的"1",设置当前为图层 1,即粗实线层。

(2) 绘制点画线　单击"线框"选项卡的"绘线"组的"连续线"命令,在弹出的"连续线"管理器中选择"任意线",单击空格键或者单击"点输入和目标捕捉"工具条的"输入坐标点"图标输入第一点坐标(0,—5)。可以用光标输入长度,也可以直接输入第二点的坐标(0,130),在管理器中单击"确定并创建操作";绘制第二条点画线,输入点坐标(0,40)和(48,120),在管理器中单击"确定并创建操作";绘制第三条点画线,在"连续线"管理器中选择"水平线"和"中点"选项,第一点坐标捕捉坐标原点,第二点输入长度20,单击"确定"命令,完成"连续线"命令操作;在"绘制"组选择"垂直正交线"命令绘制第四条点画线。系统提示"绘制直线、圆弧或样条曲线的法线",选择直线的端点,输入直线的长度,可以用各种方法建立直线长度,即完成法线的绘制,用同样方法完成另一侧点画线的绘制。

在绘制图形时,有时会出现图形太小或太大的情况,可用 Alt＋F1 键或"点输入和目标捕捉"工具条"屏幕适度化"命令图标充满屏幕,也可用窗口方式放大局部图形,以便绘图。

3. 轮廓线的绘制

(1)**设置线型**　在功能区"主页"选项卡的"属性"组选择实线线型,选择线宽。

(2)**设置图层和颜色**　将当前图层设置为图层2,并设置颜色为蓝色。

(3)**绘制水平线**　单击"线框"选项卡的"绘线"组的"连续线"命令的"水平线"单选按钮,从键盘上输入坐标(—30,0)。可以用光标输入长度,也可以直接输入第二点坐标(—80,0),根据系统提示确定该直线所在的位置。同样,根据提示依次完成其余水平线的绘制。

(4)**绘制垂直线**　单击"连接线"管理器"垂直线"单选按钮,输入各垂直线的端点,完成垂直线的绘制。

(5)**绘制倾斜线**　单击"连接线"管理器"任意线"单选按钮,用光标选择相应的端点完成倾斜线的绘制。

(6)**绘制圆**　单击"线框"选项卡"圆弧"组的"已知点画圆"命令,根据提示完成圆的绘制。

(7)**绘制圆的切线**　在"连接线"管理器中选择"任意线"单选按钮复选"相切",此时选择一点,再同样完成第二点的确定,完成圆的切线的绘制。

(8)**绘制切线的平行线**　在"绘线"组中选择"平行线"选项,出现提示:"选择直线",选择圆的切线后,随后提示"选取平行线要贯穿的点",选择平行线通过的点的位置,完成切线平行线的绘制。

(9)**保存**　将绘制的图形保存,文件名为"T6-18"。

在功能区中,单击"文件",弹出"文件"选项卡,再单击"保存",弹出"另存为"对话框,新建一文件夹名为"CAM 图";在"文件名"文本框中,输入文件名"T6-18",单击 ✅ 按钮,完成文件保存。

绘制的不完整的板类零件轮廓图,如图6-18所示。不完整的图形,需要加以修改。绘图时,若需要删除某些错的几何实体,同时准确输入各坐标,会使绘图非常麻烦,为了解决这些问题,Mastercam 提供了强大的编辑功能,使作图更加灵活、方便。

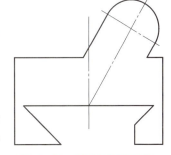

图 6-18　绘制的不完整的
板类零件轮廓图

6.1.11　**螺旋线绘制命令**

绘制螺旋线的方法有两种:一是以"间距"为条件绘制平面螺旋线;另一是以"锥度"为条件绘制锥度螺旋线。

1. 绘制平面螺旋线

通过功能区的"线框"选项卡的"形状"组的"矩形"命令下方的下拉箭头(图6-11),选择

"平面螺旋"命令,弹出如图 6-19 所示"螺旋形"管理器。基准点选择螺旋线起始圆心,尺寸栏中的半径为螺旋线起始半径,高度为螺旋线总高度,圈数为螺旋线旋转圈数,它与"垂直间距"的参数有关。

图 6-19 "螺旋形"管理器

当设置完成后,按提示完成平面螺旋线的绘制。

2. 绘制锥度螺旋线

通过功能区的"线框"选项卡的"形状"组的"矩形"命令下方的下拉箭头(图 6-11),选择"螺旋线(锥度)"命令,弹出"螺旋"命令管理器,可以通过修改锥度角和旋转角度,改变螺旋位置和形状。

当设置完成后,按提示完成锥度螺旋线的绘制。

6.1.12 文字绘制命令

文字绘制命令的功能是在工件表面绘制文字。当需要在工件表面进行文字雕刻时,首先要绘制出文字。

单击功能区"线框"选项卡的"形状"组的"文字"命令,弹出"创建文字"管理器如图 6-20所示。

(1)"True Type 字体"图标按钮 单击该按钮,打开图 6-21 所示"字体"对话框。

(2)"尺寸"栏 用于设置文字的高度和间距。

(3)"对齐"栏 用于文字对齐方式设置和圆弧的对齐方式。

只有在"对齐"栏中,选择"顶部"或"底部"单选按钮时,"半径"文本框才可用。

(4)"加载"图标按钮 单击该按钮,弹出"打开"对话框,在该对话框中选择要导入的文

图 6-20 "创建文字"管理器

图 6-21　"字体"对话框

件,此时,文件将被导入到"文字属性"文本框中。

（5）"添加符号"图标按钮　单击该按钮,弹出"选择符号："对话框,在该对话框中,选择要增加的标记,此时,该标记将被输入到"文字属性"文本框中。

（6）"注释文字"按钮　在"创建文字"管理器中切换到"高级"选项卡,单击"注释文本"按钮,弹出"注释文字"对话框,用于尺寸标注注解文字的设置。

当设置完成后,按提示完成文字绘制。

微视频

文字绘制

6.2　图　形　编　辑

在绘图时,特别是绘制比较复杂的几何图形时,常常需要对图形进行编辑、修改。Mastercam 系统在"主页""线框"和"转换"选项卡中提供了多种图形编辑命令,在绘制图形时,使用这些命令将大大提高绘图效率。

6.2.1　图形编辑命令

1. 选择几何对象

图形编辑是针对已有的几何图素进行的。因此在使用编辑命令以前,一般应选择几何图素。几何图素选择操作命令集中在"单/全选择开关"工具条和"点输入与目标捕捉"工具条（图 5-4）,其中选择方式设置如图 6-22 所示。

"单/全选择开关"工具条和"点输入和目标捕捉"工具条部分选项的功能及说明见表 6-2。

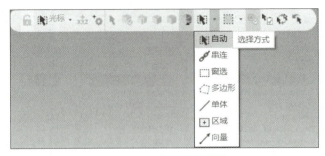

图 6 - 22   选择方式设置

表 6 - 2   "单/全选择开关"工具条和"点输入和目标
捕捉"工具条部分选项的功能及说明

序号	选 项	功 能	说 明
1	全部(全选)按钮	用来选择具有某一特定类型或具有某一特定属性的几何图素	弹出图素"全部选择"对话框,根据各选项的设置,选定所有符合条件的图素
2	单一(仅选)按钮	用来选择一组特定的几何图素或具有某一特定属性的几何图素	弹出图素"单一选择"对话框,根据各选项的设置,逐一选定符合条件的图素
3	反选	在文件中,转换选定的几何图素	单击该按钮,将原来选定的几何图素和未选定的几何图素相互转换
4	串连	选取一组串连在一起的多个图素	用光标选择一组串连实体的其中的一个,即可选中该组图素
5	窗选	通过定义一个窗口来选取几何图素	通过矩形窗口方式选择图素
6	多边形	以多边形的方式选取图素	通过多边形窗口方式选择几何图素
7	单体	选择几何图形中的某一个图素	用光标选择图形中的一个几何图素
8	区域	通过选择封闭区域内的一点来选取几何图素	用光标在封闭图形区域内选择一点,即完成封闭几何图素的选择
9	向量	通过绘制连续线的方式来选择一组几何图素	选择此命令后,用光标画连续线来选几何图素
10	标准选取	用标准形式选择几何图素	以标准形式,用光标选取几何图素
11	选择最后	上一次选择的几何实体设定为选择几何图素	直接将上一次选定的几何实体,作为选择几何图素

（1）全部选择   当单击"单/全选择开关"工具条的"限定选择"按钮时,弹出"选择所有——单一选择"对话框的"选择所有"形式,用于全部选择几何图素的各种设置和操作。

（2）单一选择   当单击"单/全选择开关"工具条的"单一限定选择"按钮时,弹出"选择所有——单一选择"对话框的"单一选择"形式,用于单一选择几何图素的各种设置和操作。

2. 编辑命令调用命令

编辑操作的"删除"组如图 6 - 23 所示;"修剪"组如图 6 - 24 所示;"转换"选项卡如图 6 - 25 所示。

• 微视频

"单/全选择开关"工具条

图 6 - 23　"删除"组

图 6 - 24　"修剪"组

图 6 - 25　"转换"选项卡

6.2.2　几何图素删除命令

几何图素删除命令的功能是删除屏幕和系统数据库中一个或一组已存在的几何图素。选择如图 6 - 23 所示的"删除"组的命令,实现各种删除操作。

（1）"删除图素"　用于将选择的几何图素删除。

（2）"重复图形"　删除重复的几何图素,即具有相同类型和属性的几何图素。

（3）"恢复图素"　该命令可以逐一恢复被删除的几何图素,在没有执行任何删除操作之前,此命令暂时被屏蔽,不能使用。

微视频

删除重复图形

6.2.3　几何图素修整

1. 倒角

倒角包括倒直角或倒圆角。

（1）倒直角　该命令功能是用于两条相交或延伸相交直线间的倒直角。

单击"线框"选项卡的"修剪"组的"倒角"命令下方下拉箭头,展开下拉菜单如图 6 - 26 所示。

图 6 - 26　"倒角"下拉菜单

① 选择"倒角"命令时,弹出"倒角"管理器,如图 6 - 27 所示,可以进行单个倒角的设置。

② "串连倒角"命令用于将所选串连几何图形的所有顶角一次性进行倒角。选择"串连倒角"命令时,弹出"串连倒角"管理器,如图 6 - 28 所示,可以进行图素的串连倒角的设置。

微视频

倒角

图 6-27 "倒角"管理器　　图 6-28 "串连倒角"管理器

（2）倒圆角　该命令功能用于在两个几何图素之间产生一个光滑的圆弧连接。

单击"线框"选项卡的"修剪"组的"图素倒圆角"命令下方的下拉箭头，展开下拉菜单如图 6-29 所示。

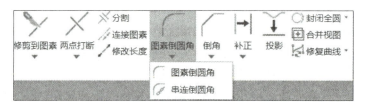

图 6-29 "图素倒圆角"下拉菜单

①"图素倒圆角"用于对单个顶角倒圆角。选择后弹出"图素倒圆角"管理器，如图 6-30 所示，可以进行单个顶点倒圆角的设置。

图 6-30 "图素倒圆角"管理器

②"串连倒圆角"用于将所选串连几何图形的所有顶角一次性进行倒圆角。选择后弹出"串连倒圆角"管理器，如图 6-31 所示。在"串连倒圆角"管理器中倒圆角的方式有"圆角""内切""全圆"等，如图 6-32 至图 6-34 所示。

图 6 - 31　"串连倒圆角"管理器

图 6 - 32　"串连倒圆角"方式"圆角"选项

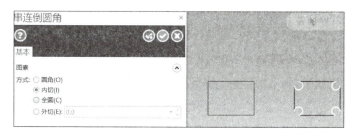

图 6 - 33　"串连倒圆角"管理器"内切"选项

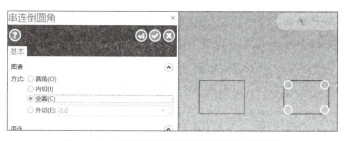

图 6 - 34　"串连倒圆角"管理器"全圆"选项

微视频

倒圆角

2."修剪/打断/延伸"

"修剪/打断/延伸"命令用于修剪、打断、延伸几何图素至边界。

"修剪"组的"修剪到图素"下拉菜单如图 6-35 所示,包括"修剪到图素""修剪到点""多图素修剪""在相交处修改"命令。单击"修剪"组的"两点打断"命令下拉菜单如图 6-36 所示,包括"打断成两段""在交点打断""打断成多段""打断至点"命令。

图 6-35 "修剪到图素"下拉菜单　　　图 6-36 "两点打断"下拉菜单

当选择图素的"修剪到图素"命令后,弹出"修剪到图素"管理器,如图 6-37 所示。

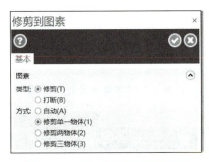

图 6-37 "修剪到图素"管理器

微视频

修剪

(1)"修剪到图素"管理器主要选项的功能及说明见表 6-3。

表 6-3 "修剪到图素"管理器主要选项的功能及说明

序号	选项	功能	说明
1	修剪单一物体	通过顺序选择要修剪的几何图素及作为边界的几何图素,对单个几何图素进行修剪或延伸	用光标顺序选择要修剪的几何图素和作为剪切边的几何图素
2	修剪两物体	选择两个几何图素,同时修剪或延伸这两个几何图素至它们的交点或延伸交点	用光标选择两个几何图素
3	修剪三物体	同时对 3 个几何图素进行修剪或延伸	用光标选择三个几何图素,顺序不同修剪的结果也不相同

(2)"两点打断"下拉菜单的主要功能及说明见表 6-4。

表 6-4 "两点打断"下拉菜单的主要功能及说明

序号	选项	功能	说明
1	打断成两段	将选择的一个几何图素,用于指定点打断	在已选择的图素上,用光标指定点将该几何图素打断

续　表

序号	选　项	功　　能	说　　明
2	在交点打断	将选择的相交的几何图素,在交点处打断	用光标选择相交的几何图素,在交点处打断几何图素
3	打断成多段	对选择的一个几何图素,根据设定的数量、距离、误差等,将图素打断成多段	用光标选择一个几何图素,根据弹出的"实时工具栏"进行设置,并完成操作

3. 连接图素

"连接图素"命令的功能是将两个几何图素连接成一个几何图素。几何图素可以是直线、圆、圆弧或样条曲线,但两个几何图素的类型必须一样。

通过单击"修剪"组的"连接图素"命令,实现连接几何图素操作。

此时,系统会提示选取要连接的几何图素,在连接时,两个几何图素必须是相容的,即对于直线,两直线必须共线;对于圆弧,两圆弧的圆心和半径必须相同;而对于样条曲线,这两条样条曲线必须来自同一条原始的样条曲线,否则连接失败。

4. 改变控制点

通过改变样条曲线或曲面的控制点,以生成新的样条曲线或曲面。

单击"修剪"组的"修复曲线"右侧下拉箭头,在展开下拉菜单中选择"编辑样条线"命令。

此时,系统提示"选择直线、圆弧或样条曲线",显示出样条曲线或曲面的控制点,并提示"选择节点"。单击样条曲线以插入新节点,然后确定新控制点的位置。

5. 转换成 NURBS 曲线

将圆弧、直线、参数型样条曲线和曲面转变成 NURBS 格式的操作如下。

单击"线框"选项卡"曲线"组"手动画曲线"命令下方的下拉箭头,在展开下拉菜单中单击"转为 NURBS 曲线"命令。

此时,选取需要转换的几何实体,在弹出的管理器中进行设置,完成操作后,系统将选取的几何实体转换成 NURBS 格式。

6.2.4　几何图素转换

几何图素转换主要用来改变几何图素的位置、方向和大小等。通过"转换"选项卡,来调用几何图素的转换命令,如图 6-38 所示。

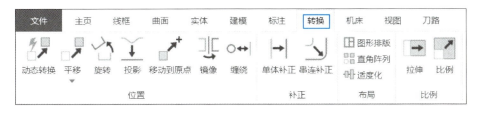

图 6-38　"转换"选项卡

1. 镜像

"镜像"命令的功能是将选取的几何图素以选定的设置生成镜像。

单击"转换"选项卡中"位置"组的"镜像"命令,根据提示选择要镜像的图素后,弹出"镜像"管理器,如图 6-39 所示。

① "复制"单选按钮:几何图素镜像后,保留原始几何图素。

② "移动"单选按钮:几何图素镜像后,删除原始几何图素。

③ "连接"单选按钮:几何图素镜像后,保留原始几何图素并与原几何图素连接。

④ "X 偏移""Y 偏移""角度"文本框:输入 X 轴、Y 轴、角度数值确定镜像线。

图 6-39 "镜像"管理器

图 6-40 "旋转"管理器

• 微视频

旋转

2. 旋转

"旋转"命令功能是将被选定的几何图素以选定的设置进行旋转。单击"转换"选项卡中"位置"组的"旋转"命令,根据提示选择要旋转的图形后,弹出"旋转"管理器,如图 6-40 所示。完成设置后,按要求完成图素的旋转。

3. 比例

"比例"命令的功能是将被选定的几何图素尺寸以选定的比例系数进行缩放。单击"转换"选项卡中"比例"组的"比例"命令,根据提示选择要缩放的图素后,弹出"比例"管理器。它有两种形式,当选择"等比例"单选按钮时,如图 6-41 所示;当选择"按坐标轴"单选按钮时,如图 6-42 所示。在"X:""Y:""Z:"文本框输入不同的值,可实现坐标轴不同比例缩放。完成设置后,按要求完成图素的缩放。

4. 平移

"平移"命令的功能是将被选定的几何图素移动或复制到新的位置。单击"转换"选项卡中"位置"组的"平移"命令,根据提示选择要平移的图素后,弹出"平移"管理器,如图 6-43 所示。完成设置后,按要求完成图素的平移。

5. 转换到平面

将被选定的几何图素在三维(3D)空间中移动或复制到新的位置的操作如下。通过"转换"选项卡中"位置"组的"平移"下拉菜单选择"转换到平面"命令,根据提示选择要平移的图素后,弹出"转换到平面"管理器,如图 6-44 所示。完成设置后,按要求完成图素的平移。

图 6 - 41　"比例"管理器(等比例)

图 6 - 42　"比例"管理器(按坐标轴)

图 6 - 43　"平移"管理器

图 6 - 44　"转换到平面"管理器

微视频

缩放、平移

微视频

转换到平面

　　单击"来源"按钮或"目标"按钮后,弹出"选择平面"对话框,如图 6 - 45 所示。该对话框用于原始视角或目标视角的设置。

6.动态转换

　　将被选定的几何图素以动态操作形式移动或复制到新的位置的操作如下。单击"转换"

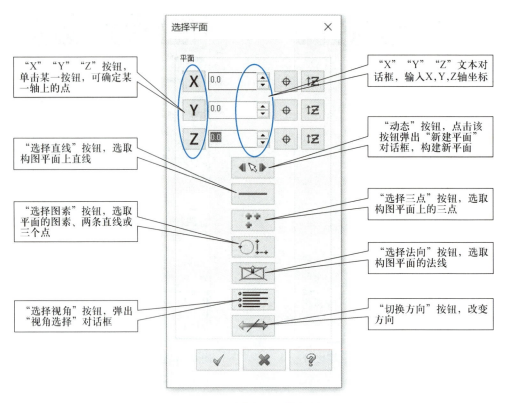

"X" "Y" "Z" 按钮，单击某一按钮，可确定某一轴上的点

"选择直线"按钮，选取构图平面上直线

"选择图素"按钮，选取平面的图素、两条直线或三个点

"选择视角"按钮，弹出"视角选择"对话框

"X" "Y" "Z" 文本对话框，输入X,Y,Z轴坐标

"动态"按钮，点击该按钮弹出"新建平面"对话框，构建新平面

"选择三点"按钮，选取构图平面上的三点

"选择法向"按钮，选取构图平面的法线

"切换方向"按钮，改变方向

图 6 - 45 "选择平面"对话框

图 6 - 46 "动态"管理器

选项卡中"位置"组的"动态转换"命令，弹出如图 6 - 46 所示"动态"管理器。此时，提示"选择图形移动/复制"，用光标选择图素。当完成图素选择后，弹出动态移动坐标指针图标，如图 6 - 47 所示。单击坐标原点，系统提示"选择指针的原点位置"，可用光标直接指定指针图标位置。

当指定指针图标原点后，移动光标可进行图素的动态平移操作。

（1）沿 X 轴平移　将光标放置在指针图标的 X 轴上，指针图标变成沿 X 轴的标尺并显示 X 轴，如图 6 - 48 所示。此时，单击光标，可沿 X 轴方向平移或复制图素。

（2）沿 Y 轴平移　将光标放置在指针图标的 Y 轴上，指针图标变成沿 Y 轴的标尺并显示 Y 轴，如图 6 - 49 所示。此时，单击光标，可沿 Y 轴方向平移或复制图素。

（3）指定点平移　将光标放置在指针图标的合适位置（如原点），指针图标以动态坐标指针形式显示，如图 6 - 50 所示。此时，单击光标，可根据任意给定的点平移或复制图素。

（4）旋转平移　将光标放置在指针图标的合适位置，指针图标变成围绕坐标图标形成一圆周标尺，如图 6 - 51 所示。此时，单击光标，可沿标尺旋转平移或复制图素。

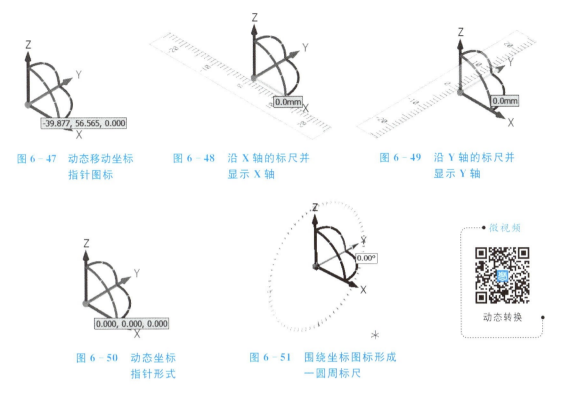

图 6-47　动态移动坐标　　　图 6-48　沿 X 轴的标尺并　　　图 6-49　沿 Y 轴的标尺并
　　　　　　指针图标　　　　　　　　　　显示 X 轴　　　　　　　　　　显示 Y 轴

图 6-50　动态坐标　　　　　图 6-51　围绕坐标图标形成
　　　　　　指针形式　　　　　　　　　　一圆周标尺

7. 单体补正

"单体补正"命令的功能是将被选定的几何图素按指定的距离和方向移动或复制到新的位置。

单击"转换"选项卡中"补正"组的"单体补正"命令,弹出"偏移图素"管理器如图 6-52 所示,用于单体图形的补正设置。完成管理器中各选项设置后,系统提示选择要补正的几何图素,选取几何图素并指定补正方向后,完成补正操作,可重复操作。

图 6-52　"偏移图素"管理器

8. 串连补正

"串连补正"命令的功能是按给定的距离、方向及方式移动或复制串连在一起的几何图素。

单击"转换"选项卡中"补正"组的"串连补正"命令,此时,弹出"线框串连"对话框,用于设置所选串连图素。当选择一个或多个线段串连后,单击"确定"按钮,系统弹出"偏移串连"管理器,如图 6-53 所示。当完成设置后,按要求完成串连补正操作。

图 6-53 "偏移串连"管理器

图 6-54 "投影"管理器

图 6-55 "直角阵列"管理器

9. 投影

"投影"命令的功能是可以将选定的图素投影到一个指定的平面上,从而产生新的图素。

单击"转换"选项卡中"位置"组的"投影"命令,此时,系统提示"选择图素去投影",完成投影图素的选择并按回车键后,系统弹出"投影"管理器,如图 6-54 所示。

微视频

投影转换

选中"投影"栏中的"深度"单选按钮,并选择投影深度后,将所选图素投影到与构图面平行且与构图面距离为投影深度的平面上。如果构图面与所选图素所在的构图面平行,则投影产生的新图素与原图素的形状相同,如果不平行,则新图素与原图素形状不同。选中"投影到"栏中的"平面"单选按钮,并单击右侧按钮后,将弹出"选择平面"对话框(图 6-45),通过该对话框,对投影平面进行设置。选中"投影到曲面/实体"单选按钮,并单击右侧按钮后,提示选择投影实体面或曲面,完成选择后"曲面投影选项"组变为可用,通过该选项组设置投影曲面。

10. 阵列

该命令的功能是将选定的几何图素按确定的方向或角度进行平移阵列。

单击"转换"选项卡中"直角阵列"命令,当系统提示"选择图素"时完成图素选择并按回车键后,弹出"直角阵列"管理器,如图 6-55 所示。在该管理器中完成阵列的设置,并按提示完成操作。

微视频

阵列

11. 适度化

该命令的功能是将选定的几何图素按确定的适度化向量进行平移阵列。

单击"转换"选项卡中"适度化"命令,系统提示"选择图形沿着向量适度化",选择适度化图素并按回车键后,提示"定义适合向量",确定向量后,弹出"分布"管理器,如图 6-56 所示。完成设置后,按要求完成图素适度化操作。

微视频

适度化

微视频

缠绕

图 6-56　"分布"管理器　　　　图 6-57　"缠绕"管理器

12. 缠绕

该命令的功能是可以绕轴缠绕串连图素。

单击"转换"选项卡中"缠绕"命令,弹出"线框串连"选择框,选择缠绕串连图素完成后,单击"确定"按钮,系统弹出"缠绕"管理器,如图 6-57 所示。完成设置后,按要求完成缠绕操作。

13. 移动到原点

该命令的功能是将图素中指定的点移动到原点,图形整体也随着一起移动。

单击"转换"选项卡中"移动到原点"命令,调用该命令。系统提示"选取平移起点",选取后,系统将选取的点移至坐标原点。

6.2.5　实例

1. 修改图形(图 6-18)

(1) 延伸点画线　单击"线框"选项卡"修剪"组的"修改长度"命令,在弹出的"修改长度"管理器中,选择"加长"单选按钮,"距离"文本框输入 35,然后选择延伸端,完成点画线的延伸。

(2) 修剪单一几何图素　单击"线框"选项卡的"修剪"组的"修剪到图素"命令,弹出"修剪到图素"管理器,在管理器中,选择"修剪单一物体"单选按钮,系统提示选择要修剪的几何图素,用光标选择被剪切的实体(选择应保留的部分),然后出现提示选择修剪边界,用光标选择作为剪切边的几何对象,完成修剪。

(3) 修剪圆　同修剪单一几何图素的方法相同。

(4) 延伸圆　当修剪圆后,其中一段圆弧不到位时,使用延伸命令延伸圆弧到位。

完成的板类零件轮廓图如图 6-58 所示。

在掌握编辑命令后,绘制图形时不需要准确输入几何图素的大小及坐标,只需要输入正确位置,可使用各种编辑命令来完善图形,有利于提高绘图速度和精度。

2. 绘制零件图形(图 6-59)

(1) 绘图环境设置　设置圆心为坐标原点,设置图层 1 为点画线,图层 2 为粗实线。

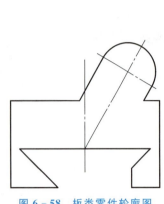

图 6-58　板类零件轮廓图

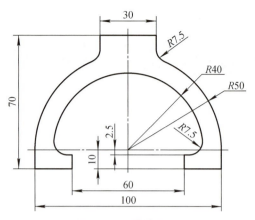

图 6-59　零件图形

（2）点画线的绘制

① 设置线型和颜色。在"主页"选项卡的"属性"组中选择点画线线型,在"线框颜色"中选择绿色。

② 绘制点画线。按 Alt＋F9 键在绘图区显示工作坐标,单击"层别"管理器的"号码"列的"1",设置图层 1 为当前层,单击"线框"选项卡"连续线"命令,然后在管理器中单击"任意线"按钮。用光标在绘图区点取两点作为点画线端点。按提示完成垂直和水平点画线的绘制。

（3）轮廓线的绘制

① 设置线型。在"主页"选项卡的"属性"组中选择实线线型,选择线宽。

② 设置图层和颜色。将图层 2 设置为当前层,并设置颜色为红色。

③ 圆弧的绘制。单击"线框"选项卡"圆弧"组的"已知边界点画圆"下拉箭头,在下拉菜单中选择"极坐标画弧"命令,如图 6-10 所示。此时弹出"极坐标画弧"管理器系统提示"请输入圆心",选择圆心点为原点,在提示区出现提示"输入圆的半径",输入半径为"50"并按回车键;提示区提示"输入起始角度",输入起始角度为"0"并回车;接着提示"输入结束角度",输入结束角度为"90"并回车,完成圆弧的绘制。

以同样方法完成半径为 40 mm 的圆弧的绘制,如图 6-60 所示。

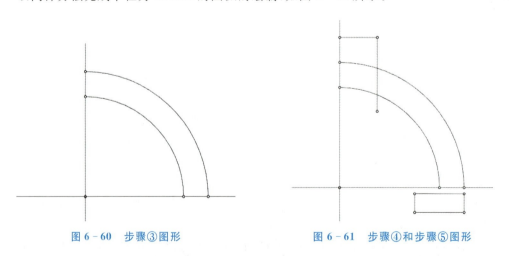

图 6-60　步骤③图形　　　　　图 6-61　步骤④和步骤⑤图形

④ 绘制矩形。单击"线框"选项卡"形状"组的"矩形"命令。此时在操作栏中,弹出"矩形"管理器,提示区提示"为第一个角选取新位置",按空格键,在弹出文本框输入坐标(30,10)并按回车键,在提示"输入宽度和高度或选择角的位置",按空格键,在弹出文本框输入坐

标(50，2.5)并按回车键,完成矩形的绘制,如图 6－61 所示。

⑤ 绘制水平线和垂直正交线。绘制水平线,输入端点坐标:(0，60)和(15，60)。

绘制该水平线的垂直正交线,在单击图 6－8 所示的"垂直正交线"命令,在提示区出现提示"选取线,圆弧或曲线或边缘",选择直线,然后根据提示选择直线端点,弹出提示"选择任意点",用光标选择方向,即完成垂直正交线的绘制,如图 6－61 所示。

⑥ 绘制倒圆角。单击"图素倒圆角"命令。在操作栏中弹出"图素倒圆角"管理器,选择"半径"文本框,输入半径为"7.5",根据提示用光标选择两图素,完成倒圆角的绘制,可连续倒多个圆角,如图 6－62 所示。

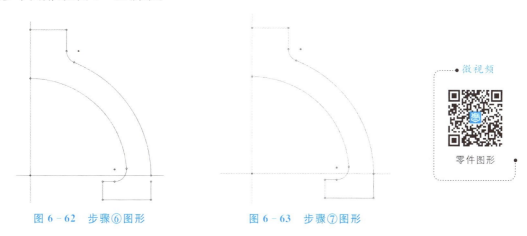

图 6－62　步骤⑥图形　　　　图 6－63　步骤⑦图形

⑦ 用直线延伸至圆弧并修剪多余的线段。

单击"修剪到图素"命令,根据提示,选择直线延伸端,再选择延伸到的圆弧,使之延伸至圆弧;在操作栏中,选择"分割"命令修剪多余的线段,完成图形,如图 6－63 所示。

⑧ 使用镜像完成图形的绘制。

单击"转换"选项卡"位置"组的"镜像"命令,选择要镜像的图形,然后选择 Y 轴作为镜像线,完成图形,如图 6－59 所示。

6.3　图　形　标　注

完成图形的绘制后,还需要在图形中添加尺寸、文字及其他符号,以表示几何图形的大小、设计材料及设计说明等信息。

6.3.1　标注命令的调用方法

尺寸标注命令调用需单击功能区的"标注"选项卡,选择各种命令操作完成,如图 6－64 所示,"标注"选项卡包括"尺寸标注""纵标注""注释""重新生成"和"修剪"5 个组组成。

图 6－64　"标注"选项卡

(1)"尺寸标注"组

"尺寸标注"组主要由"快速标注""水平""垂直"和"基线"等常用命令组成。展开"尺寸标注"组的"水平"命令右侧下拉菜单,单击"垂直"标注命令,弹出"尺寸标注"管理器,如图 6 - 65 所示。在"尺寸标注"管理器中,可以设置文本、字体、标注方式等。

(2)"注释"组

主要对注释和标签设置,包括"注释""孔表""剖面线""引导线""延伸线"等命令。

(3)"重新生成"组

主要有包括"自动""验证""选择""全部"等命令。"自动"命令将当前标注自动生成关联标注,"选择"命令选择要重新生成的关联尺寸图素,"全部"命令重新生成全部关联尺寸图素。

(4)"修剪"组

主要有包括"对齐注释""多重编辑""将标注打断为图形"等命令。"将标注打断为图形"命令将尺寸标注、注释、标签、延伸线和剖面线等打断为直线、圆弧和 NURBS 曲线。

微视频
尺寸标注设置

图 6 - 65 "尺寸标注"管理器

6.3.2 尺寸标注

在绘制的图样中,图形只能反映实物的形状,而物体各部分的真实大小和它们之间的确切位置只有通过尺寸来确定。通过尺寸标注各命令选项,在图样上完成各种类型的尺寸标注。

1."标注尺寸"命令

通过"标注"选项卡的"尺寸标注"组、"纵标注"组调用标注命令。

2."尺寸标注"组命令的功能及操作方法(表 6 - 5)

微视频
尺寸标注

表 6 - 5 "尺寸标注"组命令的功能及操作方法

序号	选 项	功 能	操 作 方 法
1	水平	标注两点间的水平尺寸	系统提示确定水平尺寸线的两个端点,然后确定尺寸文本的位置,完成水平尺寸标注,可重复操作
2	直径	标注圆或圆弧的直径或半径	系统提示选择圆或圆弧,将光标放置合适位置后确认,完成直径或半径尺寸标注(在确认前输入"D",为直径尺寸;输入"R",为半径尺寸)
3	角度	标注不平行两直线间的夹角	系统提示分别确定不平行的两条直线,然后确定尺寸文本的位置,完成角度尺寸标注,可重复操作
4	平行	标注与尺寸线起止点连线平行或与所选实体平行的尺寸	系统提示确定平行尺寸线的两个端点,然后确定尺寸文本的位置,完成平行尺寸标注,可重复操作

续　表

序号	选　项	功　能	操 作 方 法
5	垂直	标注两点间的垂直尺寸	系统提示确定垂直尺寸线的两个端点,然后确定尺寸文本的位置,完成垂直尺寸标注,可重复操作
6	基线	以已存在的线性尺寸标注尺寸线为基准对一系列点进行线性标注,各尺寸线从一条尺寸界线开始标注	系统提示选择一个已存在的线性尺寸,然后确定尺寸线的另一端点,完成基准尺寸标注,可重复操作
7	串连	以已存在的线性尺寸标注尺寸线为基准对一系列点进行线性标注,相邻尺寸共用一个尺寸界线	系统提示选择一个已存在的线性尺寸,然后确定另一尺寸界线,完成串连尺寸标注,可重复操作
8	相切	标注圆弧或圆的象限点处相切线与点、直线、圆或圆弧相切的线性尺寸(水平或垂直相切)	系统提示分别确定圆或圆弧及点、直线、圆或圆弧,然后确定尺寸文本的位置,完成相切尺寸标注,可重复操作

3.“纵标注”组命令说明

在“尺寸标注”选项卡的“纵标注”组调用命令完成操作。各命令功能说明如下:

(1) 水平　用于绘制各点与基准点在水平方向的尺寸。

(2) 垂直　用于绘制各点与基准点在垂直方向的尺寸。

(3) 添加现有标注　通过选取一个已存在的坐标标注的基准标注,来定义坐标标注的类型及基准点,坐标标注的类型为选取的坐标标注的类型,基准点为该坐标尺寸标注的基准点。

(4) 自动标注　可以自动地绘制出多点至基准点的水平和垂直坐标标注。

(5) 平行　用于绘制各点到基准点与指定的定位点连线的尺寸。

6.3.3　“快速标注”方式标注尺寸

当选择“快速标注”方式标注尺寸时,系统根据不同情况进行不同的提示,根据提示可以完成尺寸快速标注。

在绘图区选取点、直线、圆、圆弧时,直接进入尺寸标注方式,完成对选取几何实体的标注,即快速方式尺寸标注。该方式可以完成除基准标注、串连标注和坐标标注外的各种尺寸标注。在快速标注尺寸方式下,当选择几何图素不同时,可完成不同尺寸标注类型的标注,见表6-6。

表6-6　选取几何图素不同时的尺寸标注的类型

选择的几何实体	尺寸标注的类型
点	点标注
点→点 直线	线性尺寸标注(水平标注、垂直标注或平行标注)
点→点 直线→点 直线→平行的直线 点→点→平行的直线	线性尺寸标注(标注几何实体间的垂直距离)

选择的几何实体	尺寸标注的类型
点→点→点(三点不共线) 点→点→不平行直线 直线→不平行直线	角度标注
圆弧或圆	直径标注或半径标注
点→圆弧或圆(圆弧或圆→点) 直线→圆弧或圆(圆弧或圆→直线) 圆弧或圆→圆弧或圆	相切标注

6.3.4 绘制指引线、尺寸界线和编辑图形标注

"注释"组的"引导线"命令用来绘制指引线,根据提示可以绘制出连续折线。

"注释"组的"延伸线"命令用来绘制尺寸界线,根据提示可以绘制出通过起点和终点的直线。

在图形标注的编辑中,除了用快速标注编辑方式外,还可以用"多重编辑"命令编辑尺寸标注。多重编辑是利用"自定义选项"对话框来编辑选择的一个或多个图形标注。选择"修剪"组的"多重编辑"命令,选取需要编辑的一个或多个图形标注后,执行"结束选择"命令后,弹出"自定义选项"对话框,可以通过改变图形标注的设置来更新选取的图形标注。

6.3.5 图形注释

该命令的功能是在图样上添加注释来对图形进行说明。

单击"标注"选项卡的"注释"组的"注释"命令,弹出"注释"管理器,如图 6 - 66 所示。

微视频

注释

图 6 - 66 "注释"管理器

（1）**输入注释文本框**　有以下 3 种方法输入注释文本。

① 直接输入：将光标放置到文本输入框中，直接输入注释文本。

② 导入文本：单击"加载文件"按钮，弹出"打开"对话框，选取一个文本文件，将该文件导入到注释文本框中。

③ 添加符号：单击"添加符号"按钮，弹出"选择符号"对话框，将所需的符号添加到注释文本框中。

（2）**设置图形注释类型**

① "注释"单选按钮：用于绘制不具有引线的注释文本。

② "标签"单选按钮：用于绘制一条或多条引线标签，同时激活"标签"栏。

③ "单一引线"单选按钮：用于绘制带一根引线的注释文本。

④ "分段引线"单选按钮：用于绘制带折线引线的注释文本。

⑤ "多重引线"单选按钮：用于绘制带多根引线的注释文本。

⑥ "高度"文本框：用于设定文本高度。

（3）**参数设置**　单击"属性"按钮，弹出"注解文字"对话框，进行参数设置。

微视频

剖面线

6.3.6　图案填充

该命令的功能是在图样上对图形进行图案填充。

单击"标注"选项卡的"注释"组的"剖面线"命令，弹出"交叉剖面线"管理器，如图 6-67 所示，在该管理器中设置剖面线。

图 6-67　"交叉剖面线"管理器

图 6-68　"自定义剖面线图案"对话框

（1）**"图案"栏**　用来选择填充图案的类型。在该列表框中，可选择系统定义的填充图案类型。当单击选择"高级"选项卡，单击"定义（D）"按钮时，弹出"自定义剖面线图案"对话框，如图 6-68 所示，在该对话框中可以自定义填充图案。

（2）**"间距"文本框**　用来设置填充图案线间的间距。

（3）**"角度"文本框**　用来设置填充图案线与 X 轴之间的夹角。

当完成图案填充的类型选择及有关设置后,选取一个或多个封闭边界,完成图案填充。

6.3.7　图形标注样式的设置

该命令的功能是在进行图形尺寸标注时,可对尺寸标注样式的参数进行设置,以满足对尺寸标注的不同要求。

单击"尺寸标注"组右下角的"尺寸标注设置"扩展按钮(或按组合键"Alt＋D"),弹出"自定义选项"对话框。在该对话框中包含图形尺寸标注样式的不同选项设置,选择不同选项时,对话框的形式也不相同。

(1)"尺寸属性"设置　在"自定义选项"对话框中选择"尺寸属性"选项,如图6-69所示。

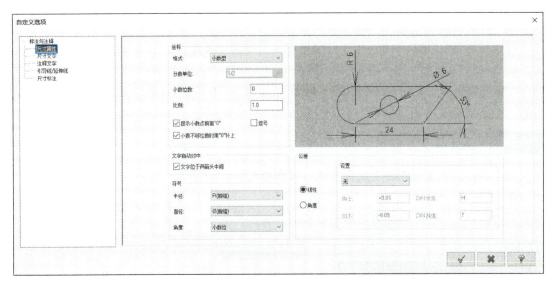

图 6-69　"自定义选项"对话框的"尺寸属性"选项卡

①"坐标"栏:用来设置长度尺寸格式。"格式"下拉列表框,用来设置长度的表示方式;"分数单位"下拉列表框,用来设置用分数或建筑表示法时的分数的最小单位;"小数位数"文本框,用来设置用十进制、科学计数法或工程表示法时的小数点后保留的位数;"比例"文本框,用来设置标注的尺寸与绘图的尺寸间的比例;"显示小数点前0"复选框,当标注尺寸小于1时,若选中该框,标注尺寸在小数点前加上0,否则在小数点前不加0;"小数不够位数时用'0'补上"复选框,若选中该框,标注尺寸的小数位不够时,在后面加0,否则不加0;"逗号"复选框,若选中该框时,小数点用","代替。

②"文字自动对中"栏:当选中"文字位于两箭头中间"复选框时,将尺寸文本自动设置在尺寸界线的中间;否则可以移动尺寸文本的位置。

③"符号"栏:用来设置半径标注、直径标注及角度标注的尺寸文本格式。"半径"下拉列表框,用来设置半径标注的尺寸文本的格式;"直径"下拉列表框,用来设置直径标注的尺寸文本的格式;"角度"下拉列表框,用来设置角度标注的尺寸文本的格式。

④"公差"栏:分别用来设置线性及角度标注的公差格式。"线性"单选按钮,当选中该按钮时,进行线性尺寸标注的公差设置;"角度"单选按钮,当选中该按钮时,进行角度尺寸标注的公差设置;"设置"下拉列表框,用来设置公差的表示形式,可选择"无""＋/－""上下限制"和"DIN"中的任一项,当选择"无"时,不标注公差;"向上"文本框,用来设置尺寸的上偏

•微视频

尺寸属性 •

差;"向下"文本框,用来设置尺寸的下偏差;"DIN 字符"文本框,用来设置公差代号;"DIN 数值"文本框,用来输入公差代号值。

(2)"尺寸文字"设置 在"自定义选项"对话框中选择"尺寸文字"选项,如图 6 - 70 所示。

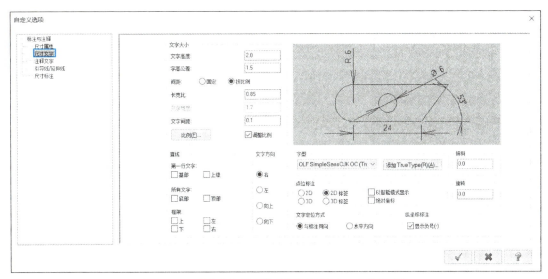

图 6 - 70 "自定义选项"对话框的"尺寸文字"选项卡

① "文字大小"栏:用来设置尺寸文本的高度、公差文本的高度、字符宽度、字符行间距等,还可以设置箭头的宽度和高度、尺寸界线间隙及尺寸界线延伸量等。当单击"比例"按钮时,弹出"尺寸字高比例"对话框。在该对话框中,可以由系统根据文字高度、箭头宽度和高度、尺寸界线及尺寸界线延伸量与尺寸文字高度的比例来自动计算出各参数的数值。

② "直线"栏:用来设置尺寸文本各个位置的添加线。

③ "文字方向"栏:用来设置文本字符的排列方式。

④ "字型"下拉列表框:用来设置尺寸文本的字体。也可以单击"添加 True Type(R)(A)"按钮,弹出"字体"对话框,如图 6 - 71 所示。在该对话框中,选择需要的字体,并且将该字体添加到"字体"下拉列表框中。

⑤ "倾斜"文本框:用来设置尺寸文本各字符的倾斜角度。

⑥ "点位标注"栏:用来设置点标注文本的格式。其中,"以智能模式显示"复选框,用来设置快捷尺寸标注时是否进行点标注,当选中该框时,可以进行点的快捷标注;"绝对坐标"复选框,用来设置标注点坐标的类型,当选中该框时,标注的点坐标为该点在绝对坐标系下的坐标,否则为当前坐标系下的坐标。

⑦ "旋转"文本框:用来设置尺寸文本各字符的旋转角度。

⑧ "文字定位方式"栏:用来设置尺寸文本的放置方向。当选中"与标注同向"单选按钮时,尺寸文本沿尺寸线方向放置;当选中"水平方向"单选按钮时,尺寸文本水平放置。

⑨ "纵坐标标注"栏:在该栏中的"显示负号(一)"复选框,用来设置标注坐标时尺寸文本前是否加"一"号。

(3)"注释文字"设置 在"自定义选项"对话框中选择"注释文字"选项,如图 6 - 72 所示。在该选项下,大部分选项与"尺寸文字"选项时的选项内容相同,这里仅介绍不同的部分。

① "文字对齐方式"栏:用来设置注释文本相对于指定点的位置。

② "镜像"栏:用来设置注释文本的镜像效果。

图 6-71 "字体"对话框

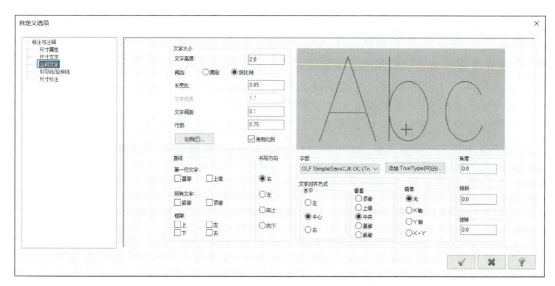

图 6-72 "自定义选项"对话框的"注解文字"选项卡

（4）"引导线/延伸线"设置　在"自定义选项"对话框中选择"引导线/延伸线"选项，如图 6-73 所示。

①"引导线"栏：用来设置尺寸线及箭头的格式。"引导线类型"选项，用来设置尺寸线的样式，当选中"标准"单选按钮时，尺寸文本将尺寸线在中间隔开成两条尺寸线，当选中"实线"单选按钮时，尺寸线为一条线；"引导线显示"选项，用来设置尺寸线的显示方式，当选中"两者"单选按钮时，显示两条尺寸线（当"引导线类型"选项设置为"实线"时，则显示两个箭头），当选中"第二个"单选按钮时，显示第二条尺寸线（当"引导线类型"选项设置为"实线"时，则显示第二个箭

●微视频

"引导线/延伸线"设置

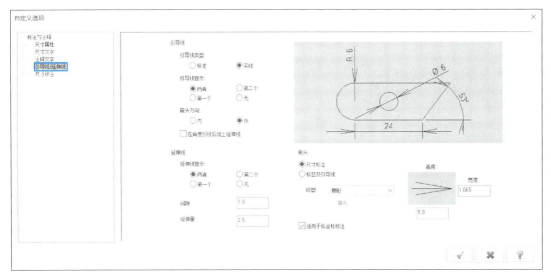

图 6 - 73　"自定义选项"对话框的"引导线/延伸线"选项卡

头)，当选中"第一个"单选按钮时，显示第一条尺寸线(当"引导线类型"选项设置为"实线"时，则显示第一个箭头)，当选中"无"单选按钮时，不显示尺寸线(当"引导线类型"选项设置为"实线"时，则不显示箭头)；"箭头方向"选项，用来设置箭头位置，当选中"内"单选按钮时，箭头的位置在尺寸界线内部，当选中"外"单选按钮时，箭头的位置在尺寸界线外部；"在角度引线之后加上延伸线"复选框，当选中该框，角度标注尺寸文本位于尺寸界线的外面时，尺寸文本与尺寸界线间有连线，否则无连线。

② "延伸线"栏：用来设置尺寸界线的格式。"延伸线显示"选项，用来设置尺寸界线的显示方式，当选中"两者"单选按钮时，显示两条尺寸界线，当选中"第二个"单选按钮时，显示第二条尺寸界线，当选中"第一个"单选按钮时，显示第一条尺寸界线，当选中"无"单选按钮时，不显示尺寸界线；"间隙"文本框，用来设置尺寸界线的间隙；"延伸量"文本框，用来设置尺寸界线和延伸量。

③ "箭头"栏：用来分别设置尺寸标注和图形注释中的箭头的样式和大小。"尺寸标注"单选按钮，用来进行尺寸标注时的箭头样式和大小的设置；"标签及引导线"单选按钮，进行图形注释中的箭头样式和大小的设置；"线型"下拉列表框，用来选择箭头的样式；"填充"复选框，用来设置箭头是否填充；"高度"和"宽度"文本框，用来设置箭头的高度和宽度；"适用于纵坐标标注"复选框，在进行坐标标注时，尺寸线带有尺寸标注的箭头，若未选中该框时，尺寸线不带箭头。

(5) "尺寸标注"设置　在"自定义选项"对话框中选择"尺寸标注"选项，如图 6 - 74 所示。在该对话框中可以进行尺寸标注的其他设置。

① "关联性"栏：用来设置图形标注的关联属性。

② "重建"栏：用来设置重建图素时的尺寸情况。

③ "关联控制"栏：当图素与尺寸标注具有关联时，对图形进行删除操作时，用于控制关联尺寸的处理情况。

④ "显示"栏：用来设置图形标注的显示方式。

⑤ "基线增量"栏：用来设置在标注基准时标注尺寸的位置。

⑥ "保存/取档"栏：用来设置有关文件的操作。单击"保存文件到硬盘"按钮，弹出"另

● 微视频

"尺寸标注"
设置

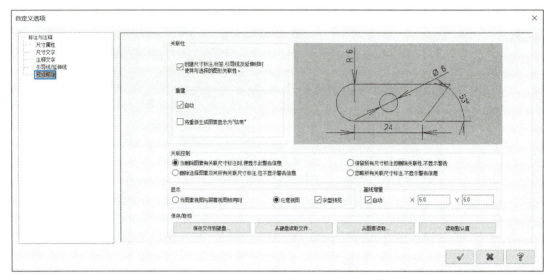

图 6－74　"自定义选项"对话框的"尺寸标注"选项卡

存为"对话框,可将当前的标注样式设置存储为一个文件;单击"从硬盘读取文件"按钮,弹出"打开"对话框,可打开一个标注样式设置文件;单击"从图素读取"按钮,提示"选取一个尺寸标注、标签、注释、引导线或尺寸界线",可在绘图区中选取一个图形标注,将该标注的设置作为当前的标注样式设置;单击"读取默认值"按钮,系统取消标注样式设置的所有修改,以系统默认的标注样式设置作为当前标注样式。

6.3.8　实例

完成如图 6－75 所示的平面图形的尺寸标注。

（1）设置尺寸标注式样

① 调用标注样式"自定义选项"设置对话框。

② 在对话框的"尺寸属性"选项卡(图 6－69)中,将"小数位数"文本框设置为 0,将"设置"下拉列表框设置为"无",其他设置为默认值。

③ 在对话框的"尺寸文字"选项卡(图 6－70)中,将"文字高度"文本框设置为 3,选择"按比例"单选按钮,其他设置为默认值。

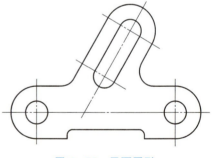

图 6－75　平面图形

④ 在对话框的"引导线/延伸线"选项卡(图 6－73)中,将"线型"下拉列表框设置为"三角形",选择"填充"复选框,其他设置为默认值。

其他参数可根据需要进行设置。

（2）水平尺寸标注　调用尺寸的"水平标注",完成各水平尺寸标注。

（3）垂直尺寸标注　调用尺寸的"垂直标注",完成各垂直尺寸标注。

（4）斜线尺寸标注　调用尺寸的"平行标注",完成各斜线尺寸标注。

（5）完成圆及圆弧尺寸标注　调用尺寸的"圆弧标注",完成各圆和圆弧尺寸标注。

（6）角度尺寸标注　调用尺寸"角度标注",完成各角度尺寸标注。

（7）尺寸编辑　调用尺寸标注的"多重编辑"命令,选择各圆和圆弧尺寸标注,完成尺寸编辑。

平面图形的尺寸标注如图 6－76 所示。

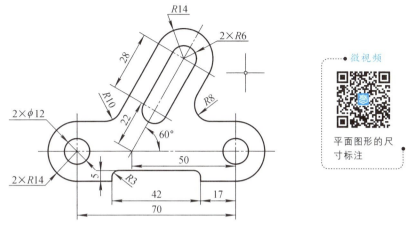

微视频

平面图形的尺寸标注

图 6－76　平面图形的尺寸标注

📖 **思 考 题**

1. 二维绘图命令有哪些？简述其操作过程。
2. 简述"自动抓点"对话框的点的类型。
3. 视图操作控制命令有哪些？简述其操作过程。
4. 简述"文字"命令的操作步骤。
5. 有哪几个下拉菜单中包括图形编辑命令？
6. 有哪些图形编辑命令？简述其操作过程。
7. "单/全选择开关"工具条中包括哪些几何对象选择内容？
8. 简述"动态转换"命令操作过程。
9. 尺寸标注有哪些命令？简述其操作过程。
10. 简述"图形标注样式"设置的内容及操作过程。
11. 使用二维图形绘制直线命令完成图 6－77 所示图形。

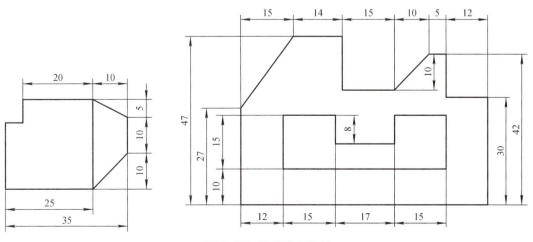

图 6－77　直线命令绘制

12. 使用二维图形绘制直线、圆弧命令完成图 6-78 所示图形。

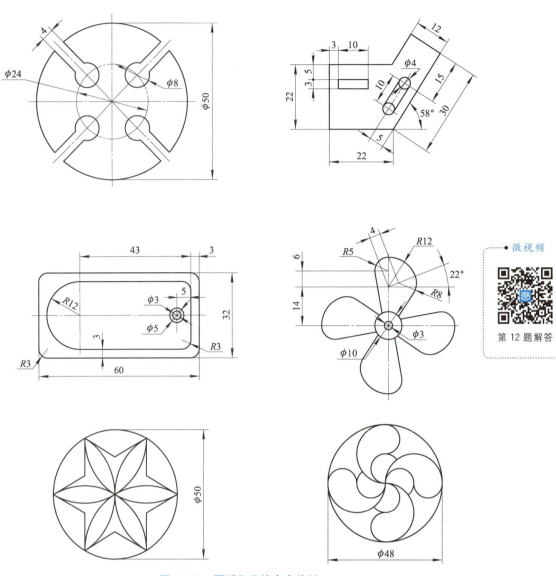

微视频

第 12 题解答

图 6-78　圆弧和直线命令绘制

13. 使用二维图形绘制直线、圆弧和多边形命令完成图 6-79 所示图形。

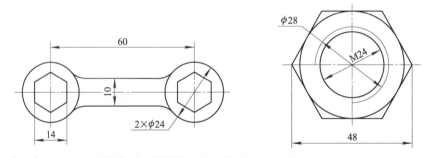

图 6-79　多边形命令绘制

14. 使用二维图形绘制和编辑命令完成图 6-80 所示图形。

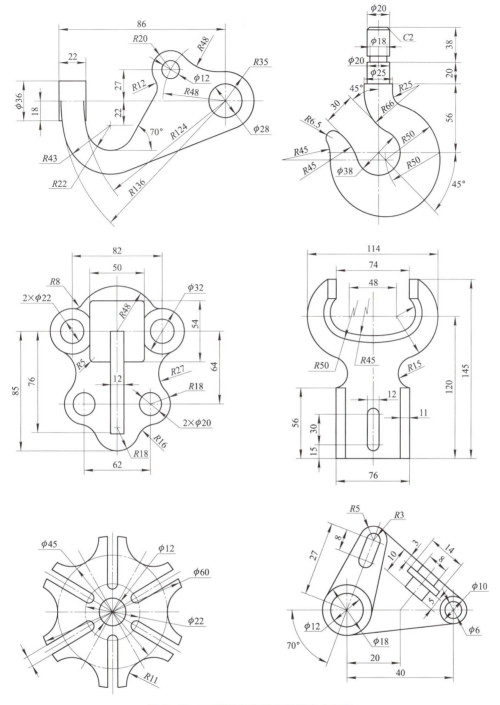

图 6-80 二维图形绘制和编辑命令绘制

微视频

第 14 题解答

第7章 Mastercam 三维几何造型

7.1 三维模型绘图基础

7.1.1 三维模型绘图简介

在计算机产品辅助设计和加工过程中,三维模型是十分重要的,可以通过三维模型来表达、验证设计思想,并方便地生成数控加工指令,模拟加工过程中刀具运动的轨迹等。

Mastercam 系统提供线框模型、曲面模型和实体模型三种生成三维模型的方法。

1. 三维模型

(1) 线框模型 线框模型使用三维线对三维实体轮廓进行描述,属于三维模型中最简单的一种。它没有面和体的特征,由描述实体边框的点、直线和曲线所组成。绘制线框模型时,通过二维绘图的方法在三维空间建立线框模型,只需切换视图即可。线框模型显示速度快,但不能进行消隐、着色或渲染等操作。

(2) 曲面模型 曲面模型由三维面构成。它不仅定义了三维实体的边界,而且还定义了它的表面,因而具有面的特征。可以先生成线框模型,将其作为骨架在上面附加表面。曲面模型是用多边形网格来定义的。它可以是完整的平面,也可以是无数小平面组合起来的近似曲面。曲面模型可以消隐、渲染。但表面模型是空心结构,在反映内部结构方面存在不足。

(3) 实体模型 实体模型由三维实体模型构成。它具有实体的特性,可以对它进行钻孔、挖槽、倒角以及布尔运算等操作,可以计算实体模型的质量、体积、重心、惯性矩,还可以进行强度、稳定性甚至有限元的分析,还能将构成的实体模型的数据转换成 NC(数控加工)代码等。在表现形体形状或内部结构方面,实体模型具有非常强大的功能,同时还能表达物体的物理特征,利于数据生成。

2. 构图平面

用来构造模型的面称为构图面,除 3D 和实体曲面构图面外,一般构图面都是一个平面,用来构建工件截面轮廓的平面叫构图平面。

3. 工作深度

实际上构图平面只是确定了构图平面的某个方向,具体位置是由工作深度确定的,即 Z 轴的坐标。

4. 三维绘图坐标系

(1) 直角坐标系 在三维绘图时,一般使用三维直角坐标系,如图 7-1 所示。

(2) 坐标轴方向定义 在三维直角坐标系中,用右手定则来确定坐标轴的方向,即右手拇指、食指和中指两两互相垂直,其中拇指代表 X 轴方向,食指代表 Y 轴方向,中指代表 Z 轴方向,如图 7-2a 所示。

(3) 角度旋转方向定义 当绕某一坐标轴旋转时,用右手"握住"坐标轴,让拇指指向该坐标轴的正向,四指弯曲的方向就是绕坐标轴旋转的角度正向旋转的方向,如图 7-2b 所示。

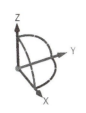

图 7-1　三维直角坐标系

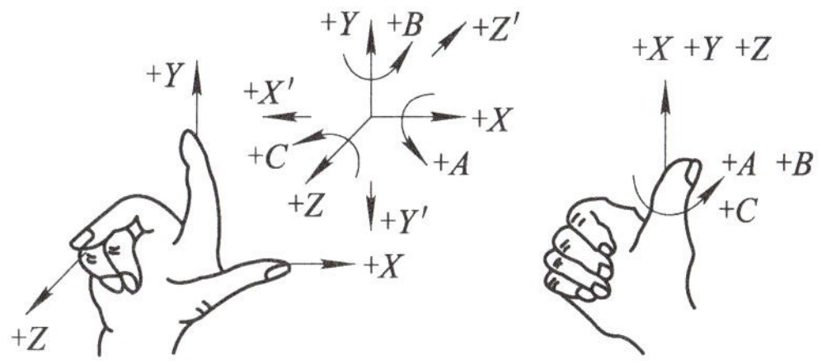

（a）坐标轴方向定义　　（b）角度旋转方向定义

图 7-2　坐标方向及角度旋转方向定义

（4）工作坐标系　在任意工作深度的构图平面上工作时，都可以将水平方向看作是 X 轴，垂直方向看作是 Y 轴，而 Z 轴是垂直于该构图平面，因此在构图平面上输入坐标时，只需要输入 X、Y 坐标。

7.1.2　视角及绘图平面设置

在绘制三维模型前，首先应设置三维模型的绘图环境，即视角、绘图平面及工作深度等。

1. 视角设置

视角设置是用来观察所绘制的三维模型，随时查看绘图效果，以便及时进行修改和调整，通过下列方法调用视角设置命令。

① 通过如图 7-3 所示的"视图"选项卡的"屏幕视图"组，选择相应命令，设置屏幕视角。

● 微视频

"视图"选项卡 ●

图 7-3　"视图"选项卡的"屏幕视图"组

② 通过使用第五章介绍的默认快捷键，设置屏幕视角，如"Alt＋1"设置屏幕视角为俯视图。

③ 单击"平面"管理器的"G"列的对应视图的单元格，设置屏幕视角。

④ 通过在绘图区空白处单击鼠标右键，弹出快捷菜单，在选择相应视图命令，设置屏幕视角。若屏幕视角的视图命令在右键快捷菜单显示不完整，可以设置右键菜单，方法如下：单击"文件"选项卡，在弹出对话框选择"选项"命令，弹出如图 7-4 所示"选项"对话框，在对话框中选择"下拉菜单"选项卡，单击"类别（A）"下拉箭头，在下拉菜单选择"图形视图"，左侧列表框显示"图形视图"所有命令，选择要添加的视图命令，单击"添加"按钮，在右侧列表框显示出要添加的视图命令，在右侧列表框中可以拖动视图命令的位置，以改变其在右键快捷菜单中位置和从属关系。

● 微视频

右键菜单 ●

2. 绘图平面设置

绘图平面设置是用来设置绘图平面、刀具平面和 WCS 坐标系等，刀具平面和 WCS 坐标系与机床制造模块和生成 G 代码有关，绘图平面就是当前 2D 图形绘制所在平面，为观察方便，绘图平面一般与屏幕视角一致，绘图平面设置方法如下：

① 单击系统状态栏的"绘图平面"，在弹出的列表框选择绘图平面视图，设置绘图平面。"绘图平面"列表框部分选项功能见表 7-1。

图7-4 "选项"对话框

表7-1 "绘图平面"列表框部分选项功能

序号	选项	功能
1	俯视图	视角设置为从上向下
2	前视图	视角设置为从前向后
3	右视图	视角设置为从侧面看
4	等视图	视角设置为正等轴测

② 在"平面"管理器的"C"列的对应视图的单元格,设置绘图平面。

3. 工作深度设置

① 单击系统状态栏的"Z"右侧文本框输入偏移当前绘图平面的Z值,设置工作深度。

② 在"主页"选项卡的"规划"组的"Z"右侧文本框输入偏移当前绘图平面的Z值,设置工作深度。

7.1.3 三维线框模型

三维线框的构建是绘制三维模型的重要基础,通过三维线框与三维曲面的组合可以构成三维曲面模型。三维线框模型是以物体的边界来定义物体的,其体现的是物体的轮廓特征或物体的横断面特征。

下面通过构建如图7-5所示的三维线框来说明构建三维线框模型的过程。

● 微视频

三维线框的绘制

130

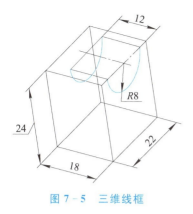

图 7-5　三维线框

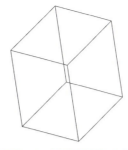

图 7-6　三维线框长方体

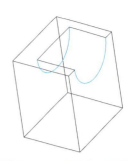

图 7-7　三维线框半圆槽

① 在状态栏单击"绘图平面",在下拉列表选择俯视图作为当前绘图平面,在"Z"右侧文本框输入"0"设置工作深度,单击"线框"选项卡"形状"组的"矩形"命令,按空格键,在弹出的文本框输入"-18,0",按回车键确认输入矩形左下角点坐标,再次按空格键,在弹出文本框输入"0,22",回车键确认矩形右上角点坐标,完成矩形绘制。

② 按"Alt+7"设置屏幕视角为等视图,同①方法,设置工作深度为 24,绘制矩形,左下角点(-18,0),右上角点(0,22)。

③ 在状态栏单击"2D",绘图模式切换为"3D",使用"连续线"命令连接矩形各角点,完成三维线框长方体建模,如图 7-6 所示。

④ 按"Alt+5"设置屏幕视角为右视图,在状态栏设置右视图为绘图平面,工作深度为"0",绘制圆,单击"线框"选项卡"圆弧"组的"已知点画圆"命令,圆心捕捉矩形上边中点,在"已知点画圆"管理器中的"半径"文本框输入"8",单击"确定"按钮完成圆绘制。使用"线框"选项卡"修剪"组的"分割"命令,修剪圆和直线。

⑤ 使用"转换"选项卡的"平移"命令,按提示选择半圆弧为平移图素,在"平移"管理器的"图素"栏选择"复制"单选按钮,在"增量"栏的"Z:"右侧文本框输入 12,单击"确定"按钮,退出管理器,完成"平移"操作。使用"分割"命令,修剪直线。

⑥ 确认绘图模式为"3D",使用"连续线"命令绘制如图 7-7 所示的 3 条直线,完成三维线框半圆槽建模。

⑦ 修改线型和线宽,设置尺寸样式,切换绘图平面,完成尺寸标注如图 7-5 所示。

7.2　三维实体模型

三维实体模型是指客观物体的三维模型,它是一个真实的实体。

1. 创建基本三维实体

一个三维实体可以通过许多操作来定义,第一次操作创建的三维实体称为基本三维实体。在实体管理器中,基本操作列在操作列表的最前面,该操作不能从操作列表中删除。创建基本三维实体的方法有以下几种:

① 通过图 7-8 所示的"实体"选项卡"基本实体"组各命令,调用在系统中预定义形状的基本三维实体,如圆柱、立方体、球体、锥体及圆环。

② 通过图 7-9 所示"实体"选项卡"创建"组拉伸、旋转、扫描及牵引等命令创建基本三维实体。

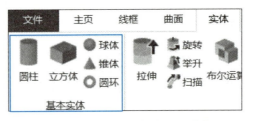

微视频

基本实体

图 7-8 "实体"选项卡"基本实体"组

图 7-9 "实体"选项卡"创建"组

微视频

实体命令

2.编辑三维实体

通过对创建的基本三维实体进行修改操作,完成对基本三维实体的编辑。对基本三维实体编辑操作有以下几种:

① 布尔运算。

② 倒圆角和倒直角操作。

③ 取壳或挖孔操作。

④ 对面进行拉伸操作。

⑤ 剪切操作。

3.管理三维实体

可对在实体管理器中列出的当前文件中定义的实体进行管理,修改或重新定义实体。

7.2.1 三维实体模型的创建

1.创建预定义基本三维实体

通过单击"基本实体"组的命令,调用创建"基本实体"命令。该命令功能是完成系统中预定义的基本三维实体的创建。

"基本实体"组中各选项的功能及操作方法见表 7-2。

表 7-2 "基本实体"组中各选项的功能及操作方法

序号	选项	功能	操作方法
1	圆柱	完成预定义基本三维实体圆柱体的创建	选择该选项,在弹出的"基本圆柱体"对话框中完成以下操作: 选择"实体"单选按钮; 高度——输入圆柱体高度; 半径——输入圆柱体半径; 轴向——定义圆柱轴线方向("X""Y""Z"以相应坐标轴为轴线方向); 向量——单击"箭头"按钮,按提示选择两点、直线或实体边缘为轴向; 基准点——定义圆柱体底面圆心点的位置; 相反方向——将圆柱轴线方向反向

序号	选　项	功　能	操　作　方　法
2	立方体	完成预定义基本三维实体立方体的创建	选择该选项,在弹出的"基本立方体"对话框中完成以下操作: 选择"实体"单选按钮; 高度——输入立方体高度; 长度——输入立方体长度; 宽度——输入立方体宽度; 轴向——定义立方体高度轴线方向("X""Y""Z"以相应坐标轴为轴线方向); 向量——单击"箭头"按钮,按提示选择两点、直线或实体边缘为轴向; 旋转角度——定义立方体在长度轴和宽度轴平面内绕基点的旋转角度; 基准点——定义立方体底面原点的位置; 相反方向——将立方体高度轴线方向反向
3	球体	完成预定义基本三维实体球体的创建	选择该选项,在弹出的"基本球体"对话框中完成以下操作: 选择"实体"单选按钮; 半径——输入球的半径; 基准点——定义球体基面圆心点的位置
4	锥体	完成预定义基本三维实体圆锥体的创建	选择该选项,在弹出的"基本圆锥体"对话框中完成以下操作: 选择"实体"单选按钮; 高度——输入圆锥体高度; 基本半径——输入圆锥体底面半径; 顶部半径——输入圆锥体顶面半径; 角——定义下底面至上底面的倾斜角度; 轴向——定义圆锥轴线方向("X""Y""Z"以相应坐标轴为轴线方向); 向量——单击"箭头"按钮,按提示选择两点、直线或实体边缘为轴向; 基准点——定义圆锥体底面圆心点的位置; 相反方向——将圆锥轴线方向反向
5	圆环	完成预定义基本三维实体圆环体的创建	选择该选项,在弹出的"基本圆环体"对话框中完成以下操作: 选择"实体"单选按钮; 大径——输入圆环中心线的半径; 小径——输入圆环环管的半径; 轴向——定义圆环轴的方向,圆环轴的方向即为圆环中心线的法线方向("X""Y""Z"以相应坐标轴为轴线方向); 向量——单击"箭头"按钮,按提示选择两点、直线或实体边缘为轴向; 基准点——定义圆环中心线圆平面圆心点的位置; 相反方向——将圆环轴线方向反向

2. 通过"拉伸"创建三维实体

"拉伸"命令的功能是对曲线串连进行拉伸而生成三维实体,指把若干共面的串连曲线外形,沿着一个指定的方向和距离拉伸而成。它既可进行实体材料的增加,也可进行实体材料的切除。用"拉伸"方法构建的是实心的实体,但它的实体外形必须是封闭的。

单击"实体"选项卡中"拉伸"命令,调用拉伸命令。

操作说明:调用该命令并选择拉伸实体串连截面后,系统弹出"实体拉伸"管理器,其中有两个选项卡,用于实体拉伸设置。

(1)"基本"选项卡　在"实体拉伸"管理器中,选择"基本"选项卡,如图 7－10 所示。

① "名称"文本框:用来输入拉伸实体的名称。

② "类型"栏:用来设置拉伸操作的模式。选中"创建主体"单选按钮,拉伸的结果为生成一个新实体;选中"切割主体"单选按钮,拉伸的结果为将生成的实体作为工具实体与选取的目标实体进行求差布尔运算;选中"增加凸台"单选按钮,拉伸的结果为将生成的实体作为工具实体与选取的目标实体进行求和布尔运算。

③ "全部反向"按钮框:选中该项后,翻转全部拉伸串连方向。

④ "距离"栏:用于设置拉伸距离和方向。在"距离"文本框中直接输入数值来设置拉伸距离;选中"全部贯通"单选按钮,只有在切割主体模式下才能沿拉伸方向完全穿过选取的目标实体;选中"自动抓点"单选按钮时,沿拉伸方向拉伸到所选取的点,拉伸方向可反向。

⑤ "两端同时延伸"复选框:选中该项后,在拉伸方向的正反两个方向均进行拉伸操作。

⑥ "修剪到指定面"复选框:该复选框只有在"切割实体"和"增加凸缘"模式下才能进行设置,选中该项后,拉伸至目标实体上的一个面。

"实体拉伸"管理器"基本"选项卡

"实体拉伸"管理器"高级"选项卡

图 7－10　"实体拉伸"管理器　　　　图 7－11　"实体拉伸"管理器
　　　　"基本"选项卡　　　　　　　　　　　"高级"选项卡

(2)"高级"选项卡　在"实体拉伸"管理器中,选择"高级"选项卡,如图 7－11 所示。

① "拔模"栏:用来设置拉伸操作是否倾斜及倾斜的方向和角度。选中"拔模"复选框,完成倾斜拉伸操作;选中"反向"复选框,选中时拉伸向外倾斜,否则向内倾斜;"角度"文本框,用来输入倾斜角度。

② "方向 1"单选按钮:选中该按钮时,选取的串连向方向一设定的距离,生成新的串连,该串连与原串连及它们端点的连线组成的封闭串连作为拉伸操作的串连。

③ "方向 2"单选按钮:选中该按钮时,选取的串连向方向二设定的距离,生成新的串连,该串连与原串连及它们端点的连线组成的封闭串连作拉伸操作的串连。

④ "两端"单选按钮:选中该按钮时,选取的串连分别向内和向外偏移设定的距离生成两个新的串连,这两个串连及它们端点的连线组成的封闭串连作为拉伸操作的串连。

⑤ "方向 1"文本框：用于输入串连向内偏移的距离。

⑥ "方向 2"文本框：用于输入串连向外偏移的距离。

3. 通过"旋转"创建三维实体

"旋转"命令的功能是曲线串连绕选择的旋转轴旋转生成三维实体。单击"实体"选项卡中"旋转"命令，调用"旋转"命令。

操作说明：调用该命令并选择串连旋转实体截面后，系统弹出"旋转实体"管理器，其中有两个选项卡，用于旋转实体设置。

在"旋转实体"管理器中，选择"基本"选项卡，如图 7 - 12 所示。

在"旋转实体"管理器"基本"选项卡中大部分选项含义与"实体拉伸"管理器"基本"选项卡的对应选项含义相同，下面仅介绍"旋转轴"栏和"角度"栏中各选项的含义：

（1）"旋转轴"按钮　点击选择不同的旋转轴。

（2）"起始"文本框　输入旋转操作的起始角度。

（3）"终止"文本框　输入旋转操作的终止角度。

"旋转实体"管理器"高级"选项卡的各选项含义与"实体拉伸"管理器"高级"选项卡的各选项含义完全相同。

图 7 - 12　"旋转实体"管理器的
"基本"选项卡

4. 通过"扫描"创建三维实体

"扫描"命令的功能是将曲线串连(截面)沿选择的导引曲线(路径)平移或旋转生成三维实体。单击"实体"选项卡中"扫描"命令，调用扫描命令。

在弹出的"线框串连"对话框中，选取一个或多个封闭串连曲线并确认后，选取一条曲线(直线)或曲线串连作为路径，弹出"扫描"管理器，如图 7 - 13 所示。

图 7 - 13　"扫描"管理器

图 7 - 14　"举升"管理器

微视频

扫描和举升
实体

在该对话框中,完成提示操作后,单击"确定"按钮,结束命令。

5. 通过"举升"创建三维实体

"举升"命令的功能是将两个或两个以上的曲线串连(截面)沿选择的熔接方式进行熔接生成三维实体。单击"实体"选项卡中的"举升"命令,调用举升命令。

在弹出的"线框串连"对话框中,选择多个串连举升截面并确认后,弹出"举升"管理器,如图 7-14 所示。完成设置后,单击"确定"按钮,结束命令。

7.2.2 三维实体模型的编辑

1. 三维实体布尔运算

"布尔运算"命令的功能是对三维实体进行结合(求和)、切割(求差)和交集(求交)等布尔运算操作。

单击"实体"选项卡中的"布尔运算"命令,弹出"布尔运算"管理器如图 7-15 所示,可在"类型"栏选择"结合""切割"和"交集"选项,选择"目标"实体和"工具主体"完成布尔运算操作。

微视频

布尔运算

图 7-15 "布尔运算"管理器

"布尔运算"各命令选项的功能及操作方法见表 7-3。

表 7-3 "布尔运算"各命令选项的功能及操作方法

选 项	功 能	操 作 方 法
"布尔运算—结合" (求和)	将选取的三维实体进行求和操作,生成一个新的三维实体	选择结合,在绘图区中弹出提示框,并提示选取一个实体,依次选取要进行求和的实体,完成并确认后,生成一个新的三维实体
"布尔运算—切割" (求差)	将选取的目标实体除去所有选取的工具实体后,剩余部分生成一个新的三维实体	选择切割,在绘图区中弹出提示框,并提示选取一个目标实体,接着提示选取工具实体,完成并确认后,生成一个新的三维实体
"布尔运算—交集" (求交)	目标三维实体与各工具实体的公共部分生成一个新的三维实体	选择交集,在绘图区弹出提示框,并提示选取一个目标实体,接着提示选取工具实体,完成并确认后,生成一个新的三维实体

2. 三维实体倒圆角

"倒圆角"命令的功能是对三维实体的边进行倒圆角操作,它实际上是对实体的边进行熔接,该操作是根据设置的圆角半径生成实体的一个圆形表面,该表面与边的两个面相切。

通过单击"实体"选项卡中"固定半倒圆角"下拉箭头,在展开的下拉菜单选项中选择命令。倒圆角有"固定半倒圆角""面与面倒圆角"和"变化倒圆角"三种形式。

(1) 固定半倒圆角　指定半径使整个圆角沿边界实体面或实体。完成"实体选择"对话框确认后,弹出"固定圆角半径管理器",在管理器中"半径"文本框输入圆角半径值,完成倒圆角操作。

(2) 面与面倒圆角　指定半径,使圆角沿选择的面与面之间生成。完成"实体选择"对话框确认后,系统弹出"面与面倒圆角"管理器,如图 7 – 16 所示。

① 方式栏:"半径"单选按钮,用来选择输入半径的倒圆角方式;"宽度"单选按钮,用来选择输入弦宽的倒圆角方式;"控制线"单选按钮,用来选择控制线方式。

② "比率"文本框:用来输入两个面的圆角比率,在"宽度"倒圆角方向激活后有效。

③ "边界"栏:用来管理控制线,通过右键添加、删除、重选。

④ "单一侧面"单选按钮:用来选择圆角经过第一个面的控制线。

⑤ "双向"单选按钮:用来选择圆角经过两个面的控制线。

⑥ "沿切线边界延伸"复选框:选中该复选框后,与所选面相切的面也一并倒圆角。

⑦ "曲率连续"复选框:选中该复选框后,产生连续曲率圆角形式。

⑧ "辅助点"按钮:单击后,当存在多个圆角结果时,借助选择点来选择需要的圆角结果。

图 7 – 16　"面与面倒圆角"管理器

图 7 – 17　"变化圆角半径"管理器

微视频
面与面倒圆角

微视频
变化倒圆角

(3) 变化倒圆角　选择一个点控制圆角半径,圆角沿边界、面或立体。完成"实体选择"对话框确认后,弹出"变化圆角半径"管理器,如图 7 – 17 所示。

① "名称"文本框,用来输入倒圆角名称。

② "流线"栏:"线性"单选按钮,圆角半径线性变化;"平滑"单选按钮,圆角半径平滑变化。

③ "半径"文本框:用来输入圆角半径。

3. 三维实体倒斜角

"倒斜角"命令的功能是对三维实体的边进行倒斜角操作。该操作按设定的距离生成实体的一个表面,该表面与原选取边的两个面的交线上各点距选取边的距离等于设定值,并采用线性熔接方式生成该表面。

通过单击"实体"选项卡中"单一距离倒角"命令的下拉箭头,在弹出的下拉菜单中选择命令。

有以下三种倒角形式:

(1) 单一距离倒角   指定一个距离,使两边用相同距离倒角,可以用实体的边、面或整个实体的方式选取倒直角的边。完成实体选择并确认后,弹出"单一距离倒角"管理器,如图 7-18 所示。当完成该对话框的设置后,单击"确定"按钮,完成倒斜角操作。

图 7-18 "单一距离倒角"管理器

图 7-19 "不同距离倒角"管理器

• 微视频

倒角

图 7-20 "距离与角度倒角"管理器

(2) 不同距离倒角   指定不同的两个距离,使两个面倒成不同的尺寸,只能用边和面的方式选取倒直角的边。当完成实体选择并确认后,弹出"不同距离倒角"管理器,如图 7-19 所示。当完成该对话框的设置后,单击"确定"按钮,完成倒斜角操作。

(3) 距离与角度倒角   用一个距离和一个角度倒角,只能用边和面的方式选取倒直角的边。完成实体选择并确认后,弹出"距离与角度倒角"管理器,如图 7-20 所示。当完成该对话框的设置后,单击"确定"按钮,完成倒斜角操作。

4. 三维实体抽壳

"抽壳"命令的功能是对三维实体的边进行抽壳操作。该操作是使用删除部分材料的方式挖空实体,按设定的壁厚及方向生成一个壳体。

通过单击"实体"选项卡中"抽壳"命令选择该命令,如图 7-9 所示。

在系统提示"选择实体主体,或一个或多个打开状态的面"后完成选择并按回车键,弹出"抽壳"管理器,如图 7-21 所示。

① "名称"文本框:用来输入抽壳的名称,默认名称为"抽壳"。

② "方向"栏:用来选择壳体的方向。"方向 1"单选按钮,向内取壳;"方向 2"单选按钮,向外取壳;"两端"单选按钮,向方向 1、方向 2 两个方向取壳。

③ "抽壳厚度"栏:用来设置壳的厚度。"方向 1 的厚度"文本框,输入向方向 1 取壳的厚度;"方向 2 的厚度"文本框,输入向方向 2 取壳的厚度。

微视频

抽壳与依照平面修剪

图 7 - 21　"抽壳"管理器　　　　图 7 - 22　"依照平面修剪"管理器

当完成"实体抽壳"对话框中的各选项设置后,单击"确定"按钮,完成操作。

5. 三维实体修剪

"修剪"命令的功能是以选取的平面或曲面为边界,对一个或多个三维实体进行切割、修剪形成新的实体。

通过单击"实体"选项卡中"依照平面修剪"下拉箭头,在展开的下拉菜单选择命令,菜单选项为"依照平面修剪"和"修剪到曲面/薄片"。

(1) 依照平面修剪　用相交平面去修剪实体。单击该命令后,按系统提示选择要修剪的实体,完成选择后,弹出如图 7 - 22 所示"依照平面修剪"管理器,管理器提供"直线""图素""动态平面""指定平面"四种方式选择修剪平面,单击单选按钮确认方式,同时激活该方式右侧按钮,单击按钮按提示完成选择平面操作,单击"确定",结束命令。

(2) 修剪到曲面/薄片　修剪实体到曲面或薄片,移除修剪部分或分割多个实心实体。单击该命令后,弹出如图 7 - 23 所示"实体选择"对话框,对话框包括"主体""背面""上次""验证""全部撤销""确定"和"帮助"等选项,便于选择图素。按提示选择要修剪的实体完成后,对话框自动关闭,系统提示选择修剪到的曲面/薄片,选择修剪到的曲面完成后,弹出如图 7 - 24 所示"修剪到曲面/薄片"管理器,管理器中的"分割实体"复选框,指修剪后是否分割实体,单击"确定",结束命令。

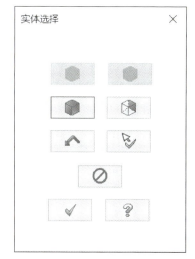

图 7 - 23　"实体选择"对话框

6. 三维实体拔模

"拔模"命令的功能是添加角度到实体。

通过单击"实体"选项卡中"拔模"下拉箭头,在展开的下拉菜单选择命令,菜单选项为"依照实体面拔模""依照边界拔模""依照拉伸边拔模"和"依照平面拔模"选项。

① 依照实体面拔模　添加角度到实体面,基于角度相交与参考面拔模。

② 依照边界拔模　添加角度到实体面,基于角度参考边界或实体面包含参考边界拔模。

③ 依照拉伸边拔模　添加角度到选择实体面或拉伸实体。

图 7-24　"修剪到曲面/薄片"管理器

图 7-25　依照实体面拔模

微视频

修剪到曲面

微视频

拔模

④ 依照平面拔模　添加角度到选择实体面或参考平面。

以"依照实体面拔模"为例,介绍"拔模"命令操作方法。

单击"拔模"下拉菜单的"依照实体面拔模"菜单选项,按系统提示选择要拔模的面,例如选择立方体的四个侧面,回车键确认后,按系统提示选择平面端面以指定拔模平面,例如选择立方体的底面,回车键确认后,弹出如图 7-25"依照实体面拔模"管理器,在角度文本框输入要拔模的角度,例如 1.5,单击"确定",结束命令。

7. 三维实体阵列

"阵列"命令的功能是将选定的三维实体按设置进行阵列。

通过单击"实体"选项卡"创建"组的"直角阵列""旋转阵列"和"手动阵列"命令,完成调用。

微视频

阵列

(1) 直角阵列　创建阵列主体实体与切割主体及特征,指定距离、角度和方向。

单击"直角阵列"命令,按提示选择目标实体和阵列特征后,弹出如图 7-26 所示的"直角坐标阵列"管理器,管理器中的"类型"栏的功能是从目标实体添加材料还是移除材料;"选择目标主体"按钮功能是重新选择目标主体;"选择"栏的"添加选择"和"全部重新选择"按钮用于修改要阵列的特征实体;"结果"栏显示阵列特征,并可对阵列特征进行移除和全部恢复操作;"方向 1"栏的阵列次数文本框用于输入阵列特征数量,"距离"文本框用于输入阵列特征间的距离,"角度"文本框用于输入偏离方向 1 的角度,"反向"复选框,选择此选项,阵列方向与方向 1 方向相反,"两端同时延伸"复选框,选择此选项,阵列两个方向同时延伸;"方向 2"栏的内容与"方向 1"栏基本相同,"相对于方向 1"复选框,选择此选项,方向 2 的角度方向以方向 1 的方向为基准。

(2) 旋转阵列　复制一个实体或围绕某个中心点作为主体或切割,将副本在角度之间复制,指定角度范围内复制所有副本,或放置副本在一个整圆上。

单击"旋转阵列"命令,按提示选择目标实体和阵列特征后,弹出如图 7-27 所示"旋转阵列"管理器,在管理器中,"类型"栏、"选择"栏和"结果"栏内容与"直角阵列"相同;"位置和距离"栏的"阵列次数"文本框用于输入阵列特征的数量;"自动抓点"按钮用于选择旋转阵列中心点,"分布"选项包括"完整循环"和"圆弧"两个单选按钮用于选择整圆还是圆弧方式阵列;"角度"文本框用于输入阵列特征间的圆心角;"反向"复选框,选择此项,阵列旋转方向相反。

（3）**手动阵列**　选择该模型的基准点和位置，创建实体和特征副本，如主体或切割。

单击"手动阵列"命令，按提示选择目标实体和阵列特征后，弹出如图 7-28 所示的"手动阵列"管理器，在管理器中，"类型"栏、"选择"栏和"结果"栏的内容与"直角阵列"管理器相同，单击结果栏的"添加"按钮，按提示在绘图平面选择图案的基准点，依次在绘图平面指示特征副本的放置点，回车键结束选择放置点，单击确定，结束命令。

图 7-26　"直角坐标阵列"管理器　　　图 7-27　"旋转阵列"管理器　　　图 7-28　弹出"手动阵列"管理器

7.2.3　三维实体模型管理器

三维实体模型管理器能方便地对文件中的三维实体模型及操作进行修改，以改变三维实体模型的形状、位置和大小等参数。

单击功能区"视图"选项卡"管理"组的"实体"命令，或按 Alt＋I 快捷键开启/关闭"实体"管理器，如图 7-29 所示。

在该管理器中，以树状结构显示已完成的实体造型的组成、操作生成过程及位置和大小等参数，可以对三维实体造型进行编辑修改；"重新生成"按钮，用于重新生成实体，当对实体参数进行修改时，必须使用该按钮才能重新生成实体造型；"选择"按钮，用于使用光标在绘图区中选择要修改的实体。当双击列表框中的实体的参数选项后，可以修改该实体的参数。

在管理器中选择不同的内容时，右键菜单（快捷菜单）中的内容也不相同，"实体"右键菜单，如图 7-30 所示。

右键菜单的各种功能如下：

（1）**"实体"选项**　用各种方法创建新的实体造型。

（2）**"删除"选项**　删除已选择的实体。

（3）**"重新命名"选项**　将选择的实体或操作更名。

（4）**"重建实体"选项**　将实体参数修改后的实体重新生成实体造型。

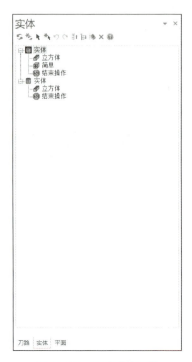

微视频

"实体"管理器

图 7-29　"实体"管理器　　　　图 7-30　"实体"右键菜单

(5)"全部重建"选项　将所有实体重新生成实体造型。

(6)"全部展开"选项　将实体造型的组成及操作全部以树状结构展开。

(7)"全部折叠"选项　将实体造型的组成及操作的树状结构关闭。

(8)"自动高亮"选项　自动加亮。

7.2.4　实例

绘制图 7-31 所示的三维实体造型。

(1)设置绘图环境。在状态栏设置绘图模式为 3D,按"Alt+7"键视角为等角视图,按"Alt+F9"显示坐标系,单击状态栏右下角的"移除隐藏线"按钮,改变模型外观。

(2)绘制圆柱。单击"实体"选项卡"基本实体"组的"圆柱"命令,弹出"基本圆柱体"管理器,按提示捕捉坐标原点为圆柱体基准点,在管理器中,"半径"文本框输入 7.5,高度文本框输入 20,"轴向"单选按钮选择"Z",单击确定,完成圆柱绘制。

(3)绘制长方体。单击"实体"选项卡"基本实体"组的"立方体"命令,弹出"基本立方体"管理器,在管理器"原点"栏选择中心点为长方体基准点,"尺寸"栏的"长度"文本框输入 20,"宽度"栏文本框输入 50,"高度"文本框输入 5,"轴向"单选按钮选择"Z",在绘图区,捕捉坐标原点为基准点,单击确定,完成长方体绘制。

(4)绘制 X 轴轴向圆柱。单击"圆柱"命令,绘制圆柱体基准点为坐标原点,半径为"12"高为 15 的,轴向为 X 轴,方向为双向。

(5)剪切 X 轴轴向圆柱。单击"实体"选项卡"修剪"组的"依照平面修剪"命令,按屏幕提示选择要修剪的主体,选择 X 轴轴向圆柱,此时弹出"依照平面修剪"管理器,按"Esc"键退出直线选择方式,在"方式"栏单击"指定平面"单选按钮,单击"选择指定平面"按钮,弹出"选择平面"对话框,选择"俯视图",单击确定,退出对话框,单击确定,结束命令。

（6）布尔运算求和。单击"实体"选项卡"创建"组的"布尔运算"命令，按提示选择目标主体，选择 X 向圆柱，此时弹出"布尔运算"管理器，在管理器的"类型"栏，选择"结合"单选按钮，单击"工具主体"栏的"添加选择"按钮，弹出"实体选择"对话框，在绘图区，按提示选择 Z 向圆柱和长方体，单击对话框的"确定"按钮，退出对话框，单击确定，结束命令。

（7）绘制 3 个 Z 向圆柱体。单击"圆柱"命令，绘制基准点为（0，0），半径为 4，高度为 21；基准点为（0，−19），半径为 3，高度为 7；基准点为（0，19），半径为 3，高度为 7，轴向为 Z 向的圆柱体。

（8）绘制 X 向圆柱体。单击"圆柱"命令，绘制基准点为（0，0），半径为 7，高度为 32，轴向为 Z 向，方向为双向的圆柱体。

（9）布尔运算求差。布尔运算求差和布尔运算求和的步骤相同，不同的是，在"布尔运算"管理器的"类型"栏，选择"切割"单选按钮，目标实体选择步骤（6）布尔运算求和后的实体，工具主体选择步骤（7）和（8）生成的 4 个圆柱体，单击确定，结束命令，三维实体模型如图 7 - 31 所示。

（10）改变外观。单击状态栏右下角的"边框着色"，着色后的三维实体模型如图 7 - 32 所示。

微视频

三维实体

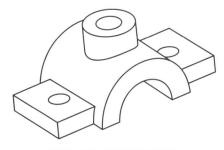

图 7 - 31　三维实体模型

图 7 - 32　着色后的三维实体模型

7.3　三维曲面模型

三维曲面模型可描述三维实体的轮廓和表面，具有面的特征。一个曲面由许多的断面（Sections）或曲面片（Patches）组成，它们熔接在一起形成一个几何实体。

7.3.1　三维曲面模型的创建

1. 创建预定义基本三维曲面

基本三维曲面简称基本曲面，创建基本曲面的方法与创建基本实体的方法相同，可以通过"基本实体"管理器"图素"栏转换。

微视频

曲面创建和编辑

2. 通过"拉伸"创建三维曲面

"拉伸"命令的功能是对曲线或线段串连进行拉伸，生成三维曲面。

通过单击"曲面"选项卡中"拉伸"命令，系统弹出"线框串连"对话框，完成对话框设置并选择拉伸截面后，系统弹出"拉伸曲面"管理器，如图 7 - 33 所示，使用管理器，可对曲面 2D 模型进行缩放，也可对三维曲面进行偏移和拔模操作。

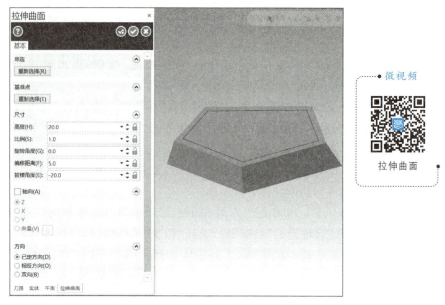

• 微视频

拉伸曲面

图 7 - 33 "拉伸曲面"管理器

3. 通过"拔模"创建三维曲面

"拔模"命令的功能是将断面外形或基本曲线沿一直线拉伸,生成曲面。该直线由一个长度和角度来定义,其长度称为牵引长度,其角度称为牵引角度。

单击"曲面"选项卡中"拔模"命令,系统弹出"线框串连"对话框,完成对话框设置后,系统弹出"牵引曲面"管理器,如图 7 - 34 所示。

• 微视频

创建拔模和平面修剪

图 7 - 34 "牵引曲面"管理器

4. 通过"平面修剪"创建三维曲面

"平面修剪"命令的功能是将选择的封闭平面图形生成一个平面修剪面。

通过单击"曲面"选项卡中"平面修剪"命令,系统弹出"线框串连"对话框,完成创建"平面修剪曲面"。在创建平面修剪曲面时,如果选择的平面图形不封闭,系统会出现提示对话框,如图 7 - 35 所示。在该对话框中,单击"是"按钮,则生成平面修剪曲面;否则,取消创建。

图 7 - 35　创建"平面修剪"提示对话框

5. 通过"举升"创建三维曲面

"举升"命令的功能是将两个或两个以上的截面外形用参数化的熔接方式形成一个光滑的举升曲面或将两个或两个以上的截面外形以直线的熔接方式生成一个直纹曲面。

通过单击"曲面"选项卡"举升"命令,系统弹出"直纹/举升曲面"管理器,同时弹出"线框串连"对话框,依系统提示完成对话框设置后,在管理器中选择"举升"单选按钮,如图 7 - 36 所示,单击确定,完成举升曲面创建。

微视频

举升曲面

创建直纹曲面的方法与创建举升曲面的方法非常相似,两个操作的不同之处是系统在熔接外形时采用的方式不同。举升曲面是通过提供一组横断面曲线作为线型框架,然后沿纵向拟合而成的曲面,举升曲面至少需要三个断面外形才能显示它的特殊效果,如果外形数为 2,则得到的举升曲面和直纹曲面是一样的。当外形数目超过 2 时则产生一个抛物式的顺接曲面,而直纹曲面则产生一个线性式的顺接曲面,因此举升曲面比直纹曲面更加光滑。定义零件轮廓的断面外形可以是点、线、圆弧或三维的 S 曲线。直纹曲面示例如图 7 - 37 所示,同样串连曲线,举升产生抛物式顺接曲面如图 7 - 36 所示。

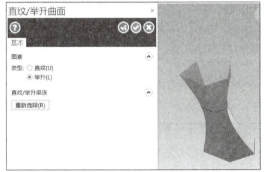

图 7 - 36　"直纹/举升曲面"管理器"举升"类型

图 7 - 37　"直纹/举升曲面"管理器"直纹"类型

6. 通过"旋转"创建三维曲面

"旋转"命令的功能是将一个或多个几何对象绕某一轴旋转,生成曲面。

通过单击"曲面"选项卡中"旋转"命令的调用命令,系统弹出"线框串连"对话框,完成对话框设置,并选择旋转轴后,弹出如图 7 - 38 所示的"旋转曲面"管理器,在该管理器中设置"起始""结束"角度和旋转方向,完成后单击"确定"结束命令。

7. 通过"扫描"创建三维曲面

"扫描"命令功能是截面轮廓外形曲线串连,并沿着扫掠路径一共并变形生成曲面。

通过单击"曲面"选项卡中"扫描"命令,系统弹出如图 7 - 39 所示"扫描曲面"管理器,同时弹出"线框串连"对话框,按系统提示完成对话框设置后,在管理器"方式"栏选择"旋转""转换""正交到曲面"或"两条导轨线"方式,单击确定,创建扫描曲面。

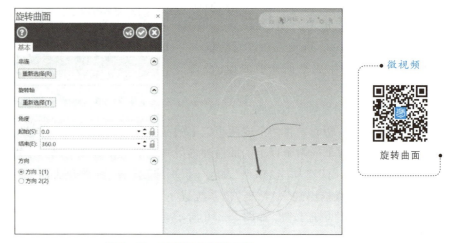

微视频

旋转曲面

图 7－38 "旋转曲面"管理器

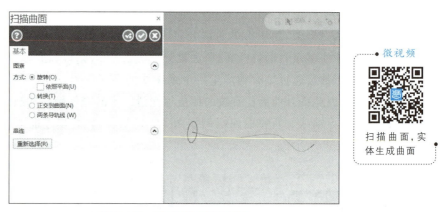

微视频

扫描曲面,实体生成曲面

图 7－39 "扫描曲面"管理器

系统提供了四种扫描曲面的方式,其具体说明见表7-4。

表 7－4 扫描曲面的方式说明

扫描曲面方式	曲线串连含义	形 成 说 明	用 途
旋转	1 个截面外形和 1 条扫掠路径	将截面外形沿扫掠路径方向旋转	用于生成需保持截面外形不变的曲面
转换	1 个截面外形和 1 条扫掠路径	将截面外形沿扫掠路径方向平移	用于生成需保持截面外形不变的曲面
正交到曲面	两个或多个截面外形和 1 条扫掠路径	截面外形在两个或多个截面之间沿扫掠路径线性熔接	用于生成截面外形是线性方式沿扫掠路径变化的曲线
两条导轨线	1 个截面外形和 2 条扫掠路径	截面外形随着两条扫掠路径而放大和缩小	用于生成截面外形需要随着两条扫掠路径缩放形状的曲面

8. 通过"由实体生成曲面"创建三维曲面

"由实体生成曲面"命令的功能是从创建的三维实体造型表面调用曲面信息来生成曲面。

　　通过单击"曲面"选项卡中"由实体生成曲面"命令,系统提示"选择实体面",完成选择后按回车键,系统弹出"由实体生成曲面"管理器,如图 7-40 所示。 根据三维实体表面信息设置曲面的参数,完成后单击"确定",结束命令。

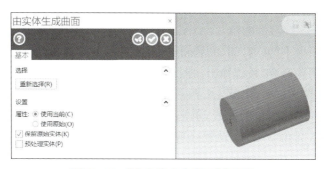

图 7-40　"由实体生成曲面"管理器

7.3.2　三维曲面模型的编辑

　　在很多情况下,用三维曲面模型生成命令创建零件的表面后,还需要进行编辑、修整。因此,三维曲面模型的编辑命令,在创建零件表面中起到非常重要的作用。

1. 三维曲面倒圆角

　　"圆角到曲面"命令的功能是实现曲面与平面、曲面与曲面、曲线与曲面之间的平滑过渡。

　　在三维曲面倒圆角中有三种情况:曲面与曲面、曲面与平面、曲面与曲线。

(1) 创建"曲面与曲面"倒圆角

　　单击"曲面"选项卡中"修剪"组的"圆角到曲面"命令下拉箭头,选择下拉菜单的"圆角到曲面"命令选项,调用该命令,系统弹出如图 7-41 所示的"曲面圆角到曲面"管理器,同时系统提示"选择第一个曲面或按〈Esc〉键退出",选择第一个曲面后,单击"结束选择"按钮,系统提示"选择第二个曲面或按〈Esc〉键退出",选择第二个曲面后,再次单击"结束选择"按钮,在

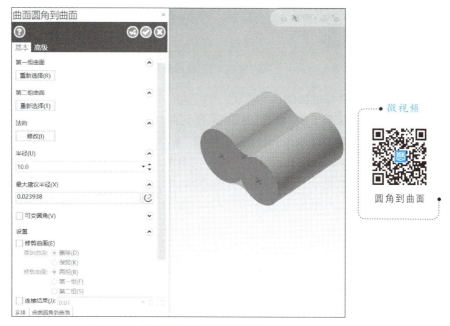

图 7-41　"曲面圆角到曲面"管理器

管理器中半径文本框输入圆角半径值；"可变圆角"复选框,选择此选项,圆角半径可变,其操作方法与实体的"变化倒圆角"命令选项相同；"设置"栏的"修剪曲面"复选框,选择此选项,激活设置栏,设置原始曲面的删除还是保留,修剪曲面是两组都修剪还是修剪第一组或第二组。设置完成后,单击确定,完成"圆角到曲面"命令。

　　(2) 创建"曲面与曲线"倒圆角

　　单击"曲面"选项卡中"修剪"组的"圆角到曲面"命令下拉箭头,选择下拉菜单的"圆角到曲线"命令选项,调用该命令,系统弹出如图 7 - 42 所示的"曲面圆角到曲线"管理器,同时系统提示"选择曲面,或[Enter]继续",选择要倒圆角曲面,单击"结束选择"按钮,系统弹出"线框串连"对话框,选择要倒圆角的曲线,单击对话框的"确定"按钮,退出对话框,在管理器中的"半径"文本框输入圆角半径值,设置修剪曲面和方向完成后,单击确定,完成"圆角到曲线"命令。

图 7 - 42　"曲面圆角到曲线"管理器

　　(3) 创建曲面与平面倒圆角

　　单击"曲面"选项卡中"修剪"组的"圆角到曲面"命令下拉箭头,选择下拉菜单的"圆角到平面"命令选项,调用该命令,系统弹出如图 7 - 43 所示的"曲面圆角到平面"管理器,同时系统提示"选择曲面,或[Enter]继续",选择要倒圆角曲面,单击"结束选择"按钮,系统弹出"选择平面"对话框,按提示选择要倒圆角的平面,单击对话框的"确定"按钮,退出对话框,在管理器中的"半径"文本框输入圆角半径值,设置修剪曲面完成后,单击确定,完成"圆角到平面"命令。

　　2. 三维曲面补正

　　"补正"命令的功能是将一个或多个曲面沿设置的距离和方向偏移生成新的曲面,偏移方向只能沿个曲面的法线方向。

　　单击"曲面"选项卡中"创建"组的"补正"命令调用该命令,系统弹出如图 7 - 44 所示的"曲面补正"管理器,同时系统提示"选择要补正的曲面或[Enter]继续",选择要补正的曲面,

微视频

圆角到平面

图 7 - 43　"曲面圆角到平面"管理器

微视频

曲面补正

图 7 - 44　"曲面补正"管理器

单击"结束选择"按钮。在管理器中,"图素"栏的"复制"和"移动"单选按钮,用来选择补正曲面是复制还是移动要补正的曲面;"补正距离"文本框输入要偏移的距离。完成管理器设置后,单击确定,结束"补正"命令。

3. 三维曲面修剪

"修剪"命令的功能是对一个或多个曲面进行修剪,生成新的曲面。

在曲面修剪中有三种情况:修整到曲面、修整到曲线、修整到平面。曲面修剪三种情况的功能见表 7 - 5。

表 7 - 5　曲面修剪三种情况的功能

选　项	功　能
修整到曲面	通过选取两组曲面(其中一组曲面必须只有一个曲面),将其中一组或两组曲面的交线处断开后选取需要保留的曲面
修整到曲线	可用一个或多个封闭曲线串连对选取的一个或多个曲面进行修剪
修整到平面	通过定义一个平面,使用该平面将选取的曲面切开并保留平面法线方向一侧的曲面

通过单击"曲面"选项卡中"修剪"组的"修剪到曲线"的下拉箭头,选择下拉菜单的命令选项调用该命令。

• 微视频

修剪到曲面 •

（1）修剪到曲面

单击"修剪到曲面"命令后,弹出如图 7 - 45 所示的"修剪到曲面"管理器,同时系统提示"选择第一个曲面或按〈Esc〉键退出",选择第一组修剪面,单击"结束选择"按钮,系统提示"选择第二个曲面或按〈Esc〉键退出",选择第二组修剪面,单击"结束选择"按钮,系统提示"通过选择要修剪的曲面指示要保留的区域",选择第一组修剪面,鼠标拖动箭头滑动到修剪后要保留的位置,单击确定保留区域,接着按系统提示完成第二组修剪曲面保留区域设置。在管理器中,"图素"栏设置修剪方式是两组都修剪还是修剪第一组或第二组;"设置"栏包括"延伸到曲线边缘""分割模式""保留多个区域""保留当前属性"和"保留原始曲面"五个复选框,根据需要选择相应选项,完成管理器设置后,单击确定,结束"修剪到曲面"命令。

（2）修剪到曲线

单击"修剪到曲线"命令后,弹出如图 7 - 46 所示的"修剪到曲线"管理器,同时系统提示"选择曲面,或按[Enter]键继续",选择要修剪的曲面,单击"结束选择"按钮,系统弹出"线框串连"对话框,按系统提示选择一条或多条曲线,选择完成单击对话框"确定"按钮,退出对话框,系统提示"通过选择要修剪的曲面指示要保留的区域",选择要修剪的面,鼠标拖动箭头滑动到修剪后要保留的位置,单击确定保留区域。在管理器中,"投影曲线到"栏设置曲线投影方向是选择曲线的绘

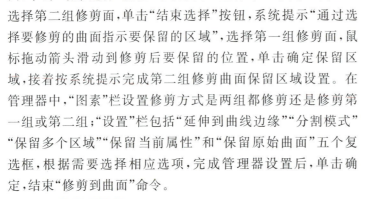

图 7 - 45　"修剪到曲面"管理器

图平面还是选择曲面的法向;"设置"栏包括:"检查干扰边界""延伸到曲线边缘""分割模式""保留多个区域""保留当前属性"和"保留原始曲面"复选框,根据需要选择相应选项,完成管理器设置后,单击确定,结束"修剪到曲线"命令。

（3）修剪到平面

单击"修剪到平面"命令后,弹出如图 7 - 47 所示的"修剪到平面"管理器,同时系统提示"选择曲面,或按[Enter]键继续",选择要修剪的曲面,单击"结束选择"按钮,系统弹出"选择平面"对话框,按系统提示选择修剪平面,选择完成单击对话框"确定"按钮,退出对话框。在管理器中,"设置"栏包括:"删除未修剪的曲面""分割模式""保留多个区域""保留当前属性"和"保留原始曲面"复选框,根据需要选择相应选项,完成管理器设置后,单击确定,结束"修剪到曲线"命令。

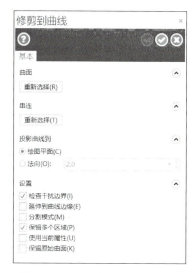

图 7 - 46　"修剪到曲线"管理器

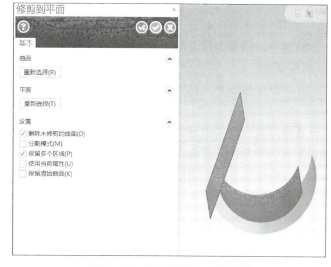

图 7 - 47　"修剪到平面"管理器

4. 三维曲面延伸

"延伸"命令的功能是对一个或多个曲面进行延伸,生成新的曲面。

单击"曲面"选项卡中修剪组的"延伸"命令下拉箭头,选择下拉菜单选项选择命令,"延伸"下拉菜单包括"延伸"和"延伸到修剪边界"选项。

(1) 延伸

依照定义的长度延伸曲面或选择平面,可以选择线型延伸曲面或圆弧曲面。

单击"延伸"命令,弹出如图 7 - 48 所示"曲面延伸"管理器,同时系统提示"选择要延伸的曲面",单击要延伸曲面,拖动鼠标将箭头滑动到曲面将要延伸的边缘并单击,在管理器设置延伸方式、延伸类型和是否保留原始曲面,完成管理器设置后,单击确定,结束"延伸曲面"命令。

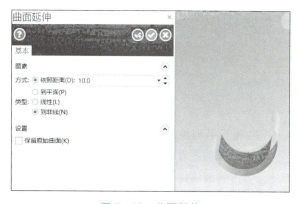

微视频

曲面延伸

图 7 - 48　曲面延伸

(2) 延伸到修剪边界

依照延伸修剪的边界创建一个新曲面(或未修剪)的曲面。

单击"延伸到修剪边界"命令,弹出 "恢复修剪到延伸边界"管理器,同时系统提示"选择要延伸的曲面",单击要延伸曲面,鼠标拖动箭头,在曲面边缘处单击,然后再次滑动鼠标在曲面边缘第二个点处单击,在管理器中,设置延伸的类型、距离和方向,完成设置后,单击确定,结束"延伸曲面"命令。

5. 三维曲面熔接

"熔接"命令的功能是能够在多个曲面之间产生一个光滑曲面将多个曲面熔接起来。

通过单击曲面选项卡的"修剪"组的"两曲面熔接""三曲面熔接"和"三圆角面熔接"命令,调用命令。

在曲面熔接中有三种情况:两曲面熔接、三曲面熔接、三圆角面熔接。

(1) 两曲面熔接

将两个曲面之间用一个曲面光滑地熔接起来。当选择"两曲面熔接"命令后,在绘图区分别选取两个曲面并设置各自的熔接位置和方向。弹出"两曲面熔接"管理器,如图 7 - 49所示。在绘图区中提示"选择曲面",当完成曲面选择后,系统提示"滑动箭头并在曲面上按相切位置",完成选择操作后,系统提示"选择曲面去熔接",当完成曲面选择后,系统提示"滑动箭头并在曲面上按相切位置",完成选择操作后,单击确定,结束"两曲面熔接"命令。

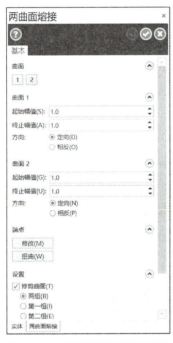

图 7 - 49 "两曲面熔接"管理器

图 7 - 50 "三曲面熔接"管理器

微视频

曲面熔接

(2) 三曲面熔接

将三个曲面之间用一个曲面光滑地熔接起来。当选择"三曲面熔接"命令后,在绘图区中分别选取三个曲面并设置各自的熔接位置和方向。弹出"三曲面熔接"管理器,如图 7 - 50 所示。其形式和内容与"两曲面熔接"管理器基本相同,并在绘图区中显示出三个曲面的临时熔接曲面及该熔接曲面与三个曲面的切线(参考曲线)。

(3) 三圆角面熔接

创建一个或多个曲面与三个曲面相切,该功能类似于三个曲面熔接,但该命令能够自动计算出熔接曲面与倒圆角曲面相切的位置。当选择"三圆角面熔接"命令后,在绘图区分别选取三个圆角曲面,弹出"三圆角面熔接"管理器,如图 7 -51 所示。在该管理器中,完成设置后确认,结束"三

图 7 -51 "三圆角面熔接"管理器

圆角面熔接"命令。

7.3.3　实例

绘制如图 7-52 所示的曲面图形。

1. 绘制主体线框模型

(1) 在俯视图上绘制三个圆

① 设置构图面为俯视图。

② 设置视角为俯视。

③ 分别绘制三个圆,设置工作深度 $Z=0$,圆心为(0,0),半径为"47.5";设置工深度 $Z=16$,圆心为(0,0),半径为"25";设置工作深度 $Z=25$,圆心(0,0)半径为"20"。

④ 选择视角为等轴测视角。

(2) 在前视图上构建主体边界线

① 设置构图面为前视图。

② 设置工作深度 $Z=0$。

③ 用二点法绘制圆弧,捕捉半径为"47.5"和"25"的两个圆的象限点(右侧),输入半径为"16",选择正确的圆弧;捕捉半径为"25"和"20"的两个圆的象限点,输入半径为"13",选择正确的圆弧。

④ 在两个圆弧连接处倒圆角,圆角小于 180°,倒圆角半径为"6",完成倒圆角。

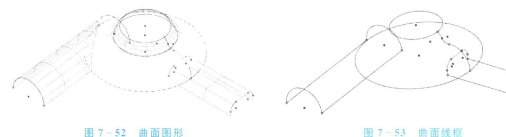

图 7-52　曲面图形　　　　　　　　　　图 7-53　曲面线框

(3) 绘制左侧曲面线框

① 设置构图面为前视图。

② 用极坐标绘制圆弧,设置工作深度 $Z=100$,输入中心坐标为(-32,0),半径为"16",起始角为 0°,终止角为 180°;设置工作深度 $Z=0$,输入中心坐标为(-32,0),半径为"16",起始角为 0°,终止角为 180°。

(4) 绘制右侧曲面线框

① 设置构图面为侧视图。

② 用两点法绘制矩形,设置工作深度 $Z=100$,输入左下角点为(-13,0),右上角点为(13,10)。

③ 矩形倒圆角,圆角小于 180°,倒圆角半径为"6",完成倒圆角。

④ 平移复制完成的矩形,在前视图构图面上,选择矩形,选择直角平移,输入平移坐标为(-64,0)。

(5) 完成曲面线框的绘制

删除多余的图素,在 3D 构图面上连接必要的图素,完成曲面线框的绘制,如图 7-53 所示。

153

2. 绘制曲面模型

（1）绘制主体曲面　设置当前图层为 2，颜色为黑色，扫掠曲面方法构成曲面。

（2）绘制左侧曲面　设置当前图层为 3，颜色为红色，用直纹曲面方法构成曲面。

（3）绘制右侧曲面　设置当前图层为 4，颜色为绿色，用直纹曲面方法
构成曲面。

● 微视频

三维实体建模

完成后得到的各曲面图形，如图 7 - 54 所示。

（4）使用"曲面修剪/延伸"功能处理干涉曲面　选择"修剪到曲面"选项，处理曲面。

（5）生成顶面的平面曲面　使用曲面修剪/延伸功能，选择"生成平面边界曲面"选项，生成顶面的平面曲面。

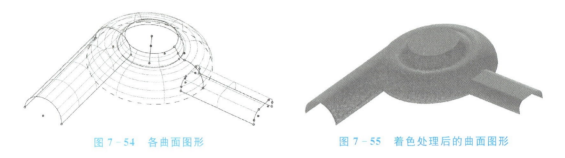

图 7 - 54　各曲面图形　　　　　　图 7 - 55　着色处理后的曲面图形

完成后，生成的曲面如图 7 - 52 所示。经过着色处理后的曲面图形，如图 7 - 55 所示。

7.4　三维曲线绘制

在 Mastercam 系统中，三维曲线的绘制比较简单，对于直线、圆、圆弧及 Spline 曲线的绘制，选取三维空间点或用三维坐标方式输入坐标，就可完成三维曲线的绘制。另外，系统还可在三维曲面造型或三维实体造型曲面中绘制三维曲线，即曲面曲线。

曲面曲线绘制命令的调用方法为：在功能区"线框"选项卡的"曲线"组选择命令，如图 7 - 56 所示。

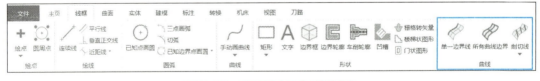

图 7 - 56　"线框"选项卡"曲线"组

1. 绘制"单一边界线"曲线

"单一边界线"命令的功能是构建三维曲面造型或三维实体造型曲面的某一条边界曲线。

通过在"线框"选项卡的"曲面"组，选择"单一边界线"命令，调用该命令。系统弹出"单一边界线"管理器，如图 7 - 57 所示。并且在屏幕上提示"选择曲面或实体边缘，按住 shift 选择相切的实体边缘"，完成操作后，系统提示"设置选项，选取一个新的曲面，按〈Enter〉键或'确定'键"，可在"单一边界线"工具栏中进行设置，也可按提示操作，完成单一边界曲线的绘制。

图 7 - 57　"单一边界线"管理器

图 7 - 58　"创建所有曲面边界"管理器

2. 绘制"所有曲线边界"曲线

"所有曲线边界"命令的功能是构建三维曲面造型或三位实体造型曲面的所有边界曲线。

通过单击"线框"选项卡中"曲线"组的"所有曲线边界"命令,调用该命令,系统弹出如图 7 - 58 所示的"创建所有曲面边界"管理器,绘图区提示"选择实体面、曲面或网格"选择完成后,单击"结束选择"按钮,在管理器设置"打断角度""网格边界角度"等,设置完成后,单击确定,完成所有曲线边界的绘制。

3. 绘制"指定位置曲面曲线"曲线

"绘制指定位置曲面曲线"命令的功能是在三维曲面造型或三维实体造型曲面上选取一点,绘制出通过该位置的曲面上的两个方向的一条或两条曲线。

通过单击"线框"选项卡中"曲线"组的"剖切线"命令下拉箭头,在下拉菜单中选择"绘制指定位置曲面曲线"命令选项,调用该命令,系统弹出如图 7 - 59 所示"绘制指定位置曲面曲线"管理器,同时系统提示"选择曲面",选取要生成曲线的曲面,提示"移动箭头到所需位置",完成操作后在管理器中,设置"弦高公差"和方向栏的单选按钮,可以生成 U 向曲线、V 向曲线或 UV 向曲线,完成管理器设置,单击确定,完成指定位置曲面曲线的绘制。

微视频

边界线

微视频
指定位置曲面曲线

图 7 - 59　"绘制指定位置曲面曲线"管理器

图 7 - 60　"流线曲线"管理器

4. 绘制"流线曲线"曲线

"流线曲线"命令的功能是在三维曲面造型或三维实体造型曲面上同时绘制出多条曲面的方向线。

通过单击"线框"选项卡中"曲线"组的"剖切线"命令下拉箭头,在下拉菜单中选择"流线曲线"命令选项,调用该命令,系统弹出如图 7 - 60 所示"流线曲线"管理器,同时系统提示"选择曲面",选取要生成曲线的曲面。在管理器中,设置"弦高公差""曲线质量"的单选按钮和方向栏的单选按钮,例如单击"距离"单选按钮,在"距离"文本框输入要生成曲线的间距,完成管理器设置,单击确定,完成指定位置曲面曲线的绘制。

5. 绘制"动态曲线"曲线

"动态曲线"命令的功能是在三维曲线造型或三维实体造型曲面上动态选取曲线要通过的点,并按设置的曲线参数来绘制动态曲线。

通过单击"线框"选项卡中"曲线"组的"剖切线"命令下拉箭头,在下拉菜单中选择"动态曲线"命令选项,调用该命令,系统弹出如图 7 - 61 所示"动态曲线"管理器,同时系统提示"选择曲面",选取要生成曲线的曲面。完成操作后,系统提示"选择一点。按〈Enter〉键完成",鼠标拖动箭头在曲面依次单击,在曲面上生成若干点,回车键确认,在管理器中,单击确定,完成动态曲线的绘制。

● 微视频

流线曲线和动态曲线

图 7 - 61　"动态曲线"管理器

图 7 - 62　"剖切线"管理器

6. 绘制"剖切线"曲线

"剖切线"命令的功能是在三维曲线造型或三维实体造型曲面上动态选取曲线要通过的点,并按设置的曲线参数来绘制动态曲线。

通过单击"线框"选项卡中"曲线"组的"剖切线"命令调用该命令,系统弹出如图 7 - 62 所示"剖切线"管理器,同时系统提示"选择曲面或曲线,按'应用'键完成",选取要生成曲线的曲面。在管理器中,"间距"文本框用来输入要生成剖切线的间距;"补正"文本框用来输入要生成曲线偏移曲面的距离,完成管理器设置后,单击确定,完成剖切线的绘制。

7. 绘制"分模线"曲线

"分模线"命令的功能是绘制三维曲面造型或三维实体造型曲面的分割曲线,常用于零件铸造模具和塑料模具的分型面。

通过单击"线框"选项卡中"曲线"组的"剖切线"命令下拉箭头,在下拉菜单中选择"分模线"命令选项,调用该命令,系统弹出如图 7-63 所示"分模线" 管理器,同时系统提示"设置绘图平面,按'应用'键完成",按提示在状态栏设置绘图平面。在管理器中,设置"曲线质量"栏的"弦高""距离"和"角度"文本框。"弦高"用来设置曲线从其创建它的曲面或实体中分离的距离;"距离"用来设置曲线上点之间的固定距离。曲线上的点恰好位于曲面或实体上;"角度"定义曲面或实体上的每条曲线对应的发现方向的夹角,数值为零度指绘图平面的 XY 平面。完成管理器设置,单击确定,完成分模线的绘制。

8. 绘制"曲面曲线"曲线

"曲面曲线"命令的功能是将选择的曲线转换为曲面曲线。

通过单击"线框"选项卡中"曲线"组的"剖切线"命令下拉箭头,在下拉菜单中选择"曲面曲线"命令选项,调用该命令,系统提示"选择曲线转换为曲面曲线",选择要转换的曲线,选择完成后,单击"结束选择"按钮,完成曲面曲线的绘制。

图 7-63   "分模线"管理器

图 7-64   "曲面交线"管理器

9. 绘制"曲面交线"曲线

"曲面交线"命令的功能是绘制曲面与曲面的交线。

通过单击"线框"选项卡中"曲线"组的"剖切线"命令下拉箭头,在下拉菜单中选择"曲面交线"命令选项,调用该命令,系统弹出如图 7-64 所示"曲面交线" 管理器,同时系统提示"选择实体面或曲面",按提示选择第一组曲面,单击"结束选择"按钮,系统再次提示"选择实体面或曲面",按提示选择第二组曲面,单击"结束选择"按钮。在管理器中,设置"弦高公差""补正"栏的"第一组"和"第二组","补正"栏用来设置生成曲线偏移实际曲面交线的距离,完成管理器设置,单击确定,完成曲面交线的绘制。

微视频

曲面交线

📖 **思 考 题**

1. 在三维绘图中,一般有哪些模型,各有什么特点?

2. 在三维绘图中,构图面和工作深度各有什么用途?

3. 在三维绘图中,视角和构图有什么作用? 如何设置?

4. 在三维实体造型中,包括哪些实体创建命令? 简述其操作过程。

5. 在三维实体造型中,包括哪些实体编辑命令? 简述其操作过程。

6. 基本三维实体造型有哪些命令? 简述其操作过程。

7. 简述布尔运算生成三维实体造型的过程。

8. 简述三维实体造型管理器的右键菜单的命令选项及其操作过程。

9. 有哪些曲面造型命令? 简述其操作过程。

10. 三维曲面造型的编辑命令有哪些? 简述其操作过程。

11. 有哪些类型的三维曲线? 简述其操作过程。

12. 剖切曲线(Slice)有什么用途? 如何生成?

13. 分割曲线(Part line)有什么用途? 如何生成?

14. 使用"实体拉伸"命令完成如图 7-65 所示实体创建。

● 微视频

第 14 题解答 ●

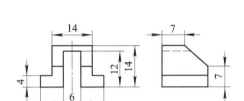

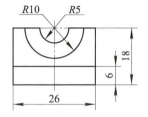

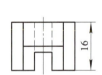

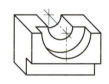

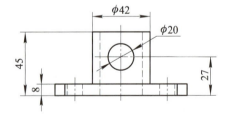

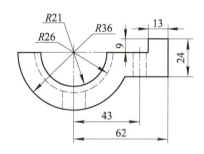

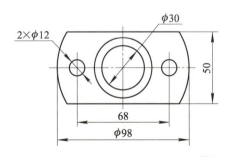

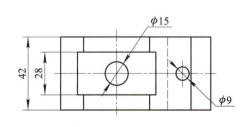

图 7-65 "拉伸实体"创建

15. 使用"实体旋转"命令完成如图 7 - 66 所示实体创建。

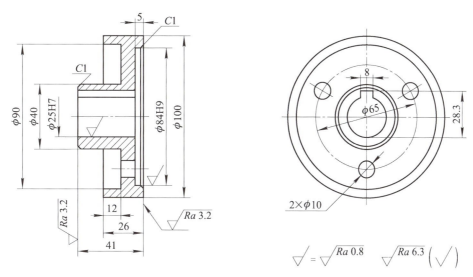

图 7 - 66　"旋转"实体创建

16. 使用"举升实体"命令完成如图 7 - 67 所示实体创建。

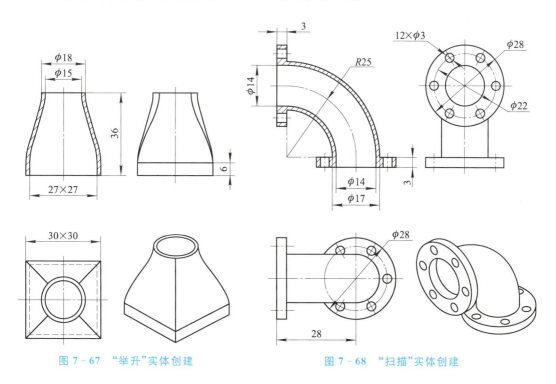

图 7 - 67　"举升"实体创建　　　　图 7 - 68　"扫描"实体创建

17. 使用"扫描"命令完成如图 7 - 68 所示实体创建。
18. 使用实体创建命令完成如图 7 - 69 所示实体创建。
19. 使用线框和曲面命令完成如图 7 - 70 所示实体创建。
20. 使用实体创建和编辑命令完成如图 7 - 71、图 7 - 72、图 7 - 73 所示实体创建。

● 微视频

第 18 题解答 ●

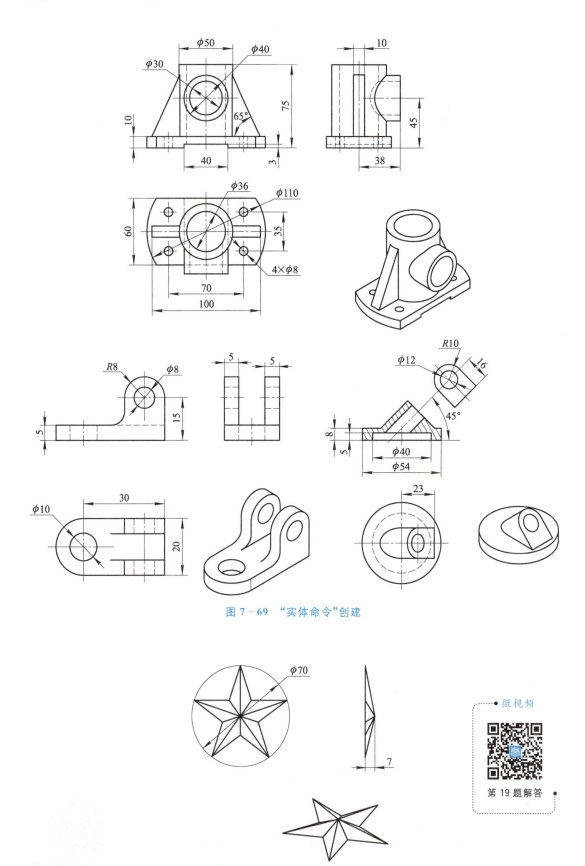

图 7 - 69 "实体命令"创建

图 7 - 70 "曲面命令"创建

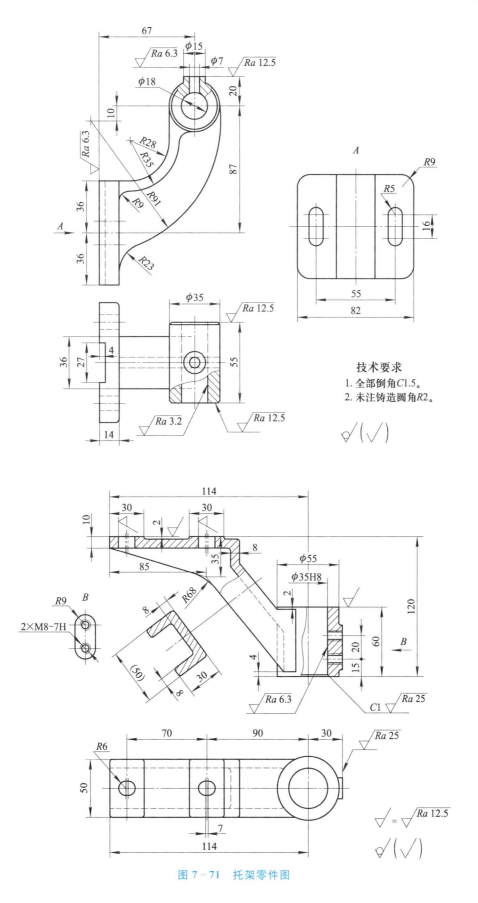

技术要求
1. 全部倒角C1.5。
2. 未注铸造圆角R2。

图 7-71　托架零件图

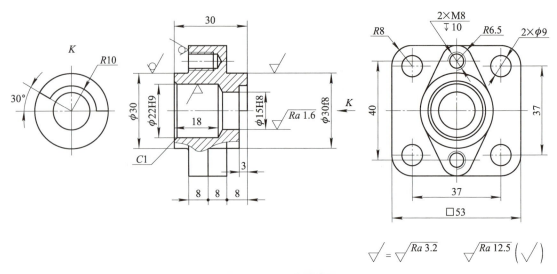

图 7 - 72 端盖零件图

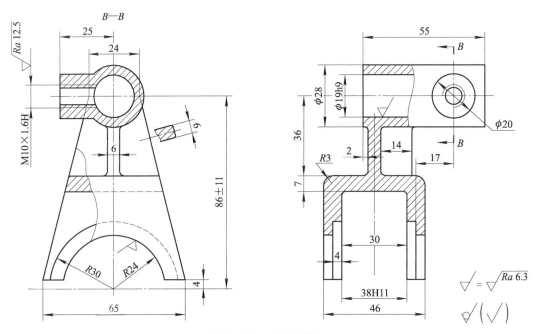

图 7 - 73 拨叉零件图

第8章 几何对象分析

在 Mastercam 系统中,可以对几何对象的参数进行分析,有时还可以用来编辑修改几何对象。

通过单击"主页"选项卡中"分析"组的命令或命令下拉菜单中的命令选项,调用几何对象分析命令,如图 8-1 所示。

图 8-1 "主页"选项卡"分析"组命令

微视频

图素分析和点分析

8.1 几何对象分析命令(一)

8.1.1 "图素分析"命令

"图素分析"命令的功能是能够给出分析对象的属性,例如颜色、线型、线宽、所处图层、所处视图等。

通过在"分析"组中,选择"图素分析"命令,调用该命令。系统提示"选择要分析的图素",完成选择后,系统弹出选择的图素"属性"对话框。不同的图素,"属性"对话框也不相同,如某一圆的"圆弧属性"对话框,如图 8-2 所示。在该对话框中,详细列出该圆的中心点坐标、半径、直径、圆弧弧长(3D 长度)、颜色、图层、线型、线宽等属性,在"圆弧属性"对话框中可以修改相应的属性,如圆的直径、线型等。

8.1.2 "位置分析"命令

"位置分析"命令的功能是能够给出所选择点的 X、Y、Z 轴坐标。

通过在"分析"组中选择"动态分析"下拉菜单的"位置分析"命令。系统提示"选择点位置",完成选择后,系统弹出选择位置的"点属性"对话框,如图 8-3 所示。该对话框显示该点的 X、Y、Z 坐标值、单位和精度。

8.1.3 "距离分析"命令

"距离分析"命令的功能是分析所选两点的坐标、距离及在当前构图面的投影距离(若为 3D 构图面则为顶视图的投影),并且还可以计算两点连线与构图面 X 轴的夹角。

通过在"分析"组中选择"距离分析"命令,调用该命令。系统提示"选择一点或曲线",完成选择后,系统继续提示"选择第二点或曲线",完成选择后,系统弹出选择两点间的"距离分析"对话框,如图 8-4 所示。在该对话框中,显示出两点间的 2D 距离、3D 距离、单位、精度、夹角、两点的 X、Y、Z 坐标以及坐标增量等。

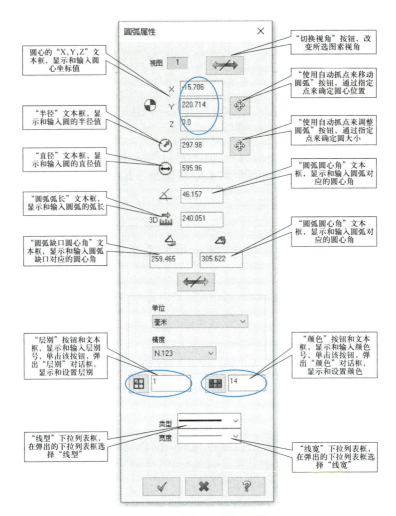

图 8-2 "圆弧属性"对话框

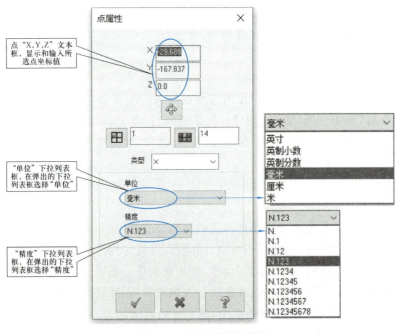

图 8-3 "点属性"对话框

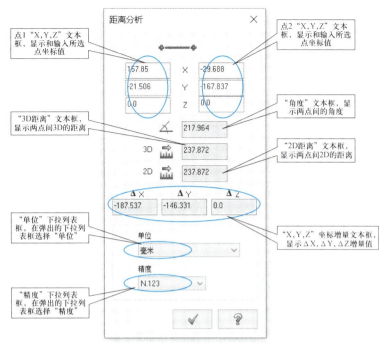

图 8-4　"距离分析"对话框

8.1.4　"面积分析"命令

"面积分析"命令的功能是分析 2D 图形的面积和三维实体造型的特性。

通过在"分析"组中选择"2D 区域"下拉菜单选择相应命令选项,调用命令。

● 微视频

距离分析和面积分析

1."2D 区域"命令

在"分析"组单击"2D 区域"命令,系统弹出"线框串连"对话框,并提示"选择串连 1", 选择要分析的曲线串连,完成选择后,可以继续选择曲线串连或单击对话框的"确定"按钮,退出对话框。此时,系统弹出"分析 2D 平面面积"对话框,如图 8-5 所示。在对话框

图 8-5　"分析 2D 平面面积"对话框

中,显示封闭区域按弦差计算的轮廓内的面积,周长,质心位置,绕 X、Y 轴及质心的惯性力矩,弦差设置越小,计算精度越高。

2."曲面面积"命令

在"分析"组"2D 区域"下拉菜单中,选择"曲面面积"命令,系统提示"选择实体面或曲面",可选择多个曲面,完成选择后,弹出"曲面面积分析"对话框,如图 8-6 所示。在该对话框中,显示该曲面按设置弦差计算的面积,弦差设置得越小,计算精度越高,改变弦差值后,系统自动按新的弦差值重新进行面积计算。

曲面面积分析	×
全部曲面面积	780.599
弦差:	0.002
单位	
毫米	
精度	
N.123	

图 8-6 "曲面面积分析"对话框

8.1.5 "实体属性"命令

在"分析"组"实体检查"下拉菜单中,选择"实体属性"命令,系统提示"选择实体主体",完成实体选择后,弹出"分析实体属性"对话框,如图 8-7 所示。在该对话框中,显示该三维实体造型的体积、质量、重心坐标和惯性力矩。设置模型材料密度后,系统自动计算质量和惯性力矩。可以单击惯性力矩"选择轴线"按钮,系统提示"请选择一直线作为参考轴",完成选择后,系统计算出以该直线为旋转轴线的惯性力矩。

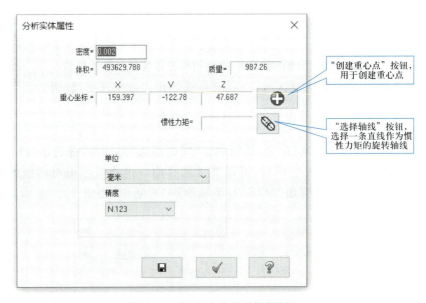

图 8-7 "分析实体属性"对话框

8.2 几何对象分析命令(二)

8.2.1 "串连分析"命令

"串连分析"命令的功能是能够分析串连几何图形的参数。

在"分析"组中选择"串连分析"命令,调用该命令。系统弹出"线框串连"对话框,并提示"分析串连 1",完成选择后,系统继续提示"已到达分支点。选择下一分支或选择图素以开始新串连(2)",连续提示,当完成选择后,系统弹出"串连分析"对话框,如图 8-8 所示,该对话框显示串连分析的结果。若串连几何图形存在串连错误,系统将在每个串连起点显示串连错误,并可以设置在错误的区域创建新的几何图形。

图 8-8　"串连分析"对话框　　　　　　　图 8-9　"外形分析"对话框

8.2.2　"外形分析"命令

"外形分析"命令的功能是分析构成外形的各几何对象。

微视频

外形分析

在"分析"组的"串连分析"下拉菜单选择"外形分析"命令,调用该命令。系统弹出"线框串连"对话框,并提示"分析外形:选取串连 1",完成选择后,系统继续提示"已到达分支点。选择下一分支或选择图素以开始新串连(2)",连续提示,当完成选择后,系统弹出"外形分析"对话框,如图 8-9 所示。在该对话框中,单击确定按钮,弹出一个"分析外形"文本窗口,如图 8-10 所示。在该窗口中,显示构成外形的各几何对象的参数,可以将这些参数存储为一个文件,也可以打印输出。

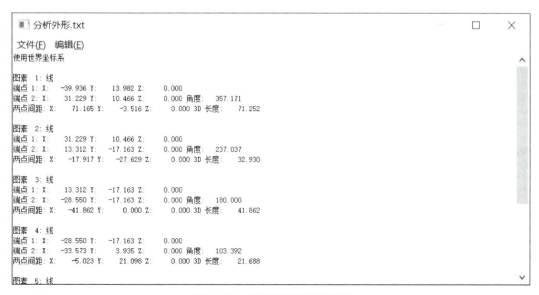

图 8-10　"分析外形"文本窗口

8.2.3 "角度分析"命令

"角度分析"命令的功能是分析选定的两直线的夹角或三点之间的夹角。

在"分析"组中选择"角度分析"命令,调用该命令。系统弹出"角度分析"对话框,如图 8-11 所示。在该对话框中,选择"两线"单选按钮时,系统提示:"选择直线 1",完成选择后,系统继续提示"选择直线 2",此时,在"角度分析"对话框中,显示两直线的夹角;选择"三点"单选按钮时,系统提示"选择点 1",完成选择后,系统提示:"Select intersection point",完成选择后,系统提示"选择点 3",完成选择后,在"角度分析"对话框中,显示三点之间的夹角。

图 8-11 "角度分析"对话框

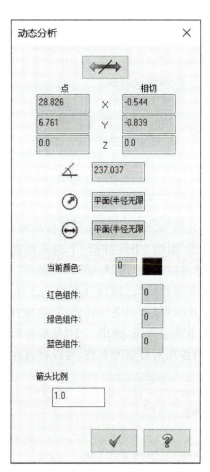

图 8-12 "动态分析"对话框

8.2.4 "动态分析"命令

"动态分析"命令的功能是通过光标的动态选择,显示几何对象的参数。

在"分析"组中选择"动态分析"命令,调用该命令。系统提示"选择要分析的图素",当完成选择后,系统弹出"动态分析"对话框,如图 8-12 所示。系统显示出一个箭头提示出点的位置和该点的法线方向,可以通过移动光标来改变点在选取对象上的位置。对于 2D 几何对象,在提示区显示出光标点处点的坐标、切线的矢量及弯曲半径,对于 3D 几何对象,在提示区显示出光标点处点的坐标、法线矢量、最小弯曲半径。

8.2.5 "实体检查"命令

在"分析"组中选择"实体检查"命令下拉菜单,选择对应命令选项,调用命令。

1. "实体检查"命令

在"实体检查"命令下拉菜单中,选择"实体检查"命令,当选取实体后,系统对实体进行检查,以发现是否存在错误,完毕后给出实体是否存在错误的提示,如图 8-13 所示。

图 8-13　"实体检查"命令提示窗口

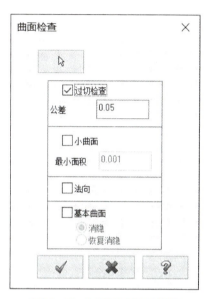

图 8-14　"曲面检查"对话框

2. "曲面检查"命令

在"实体检查"命令下拉菜单中,选择"曲面检查"命令,系统弹出"曲面检查"对话框,如图 8-14 所示。该命令能对曲面进行基础曲面检测、过切检查和正向切换等操作。

3. "圆弧分析"命令

在"实体检查"命令下拉菜单中,选择"圆弧分析"命令,系统弹出"圆弧分析"对话框,如图 8-15 所示,该命令用于分析曲线、曲面、实体中的圆弧。

8.2.6 "拔模角度"命令

在"角度分析"命令下拉菜单中,选择"拔模角度"命令,系统弹出"拔模角度分析"对话框,如图 8-16 所示,该命令用于分析曲面或实体的角度,包括水平、垂直或负的拔模角度。

8.2.7 "统计"命令

"统计"命令的功能是分析当前文件显示图素的摘要信息,包括总数可见的图素类型,操作和刀具数量。

单击"分析"组的"统计"命令,调用该命令,系统弹出"统计"对话框,如图 8-17 所示。

机械 CAD / CAM(Mastercam)

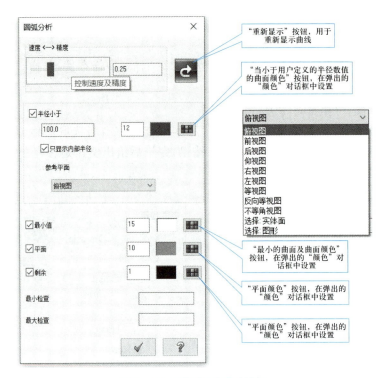

图 8-15 "圆弧分析"对话框

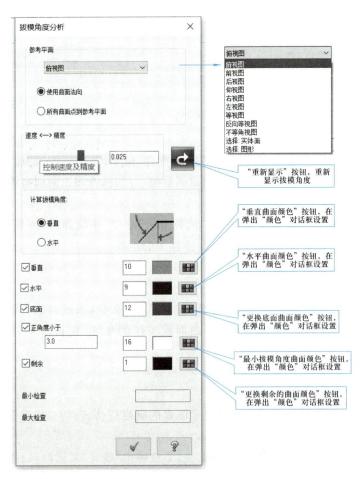

图 8-16 "拔模角度分析"对话框

170

微视频

"统计"命令

图 8-17　"统计"命令提示窗口

1. 常用的几何对象分析命令有哪些？简述其操作过程。

2. 调出前面做过的平面、曲面及三维实体造型的图例，进行几何对象的有关分析。

3. 选择合适的几何对象分析命令，完成图 8-18，对圆弧 A 完成"图素分析"、对点 B 完成"点分析"。对点 B 和点 C 的距离作"距离分析"，分析曲面 D 的表面积。

微视频

第 3 题解答

图 8-18　几何对象分析命令

第9章　Mastercam 系统加工基础

Mastercam 系统是集设计与制造于一体的系统(CAD/CAM)，其最终目的是在数控设备上完成零件加工，因此要生成计算机数字控制器(CNC)可以解读的数控(NC)代码，其过程是：计算机辅助设计(CAD)、计算机辅助制造(CAM)及后处理器(POST)。CAD 的主要功能是建立零件的几何模型；CAM 的功能是生成一种通用的刀具位置(刀具路径)数据文件(NCI)，该文件包括一系列刀具路径的坐标、进刀量、主轴转速、冷却液控制指令等；后处理器则是将 NCI 文件转换为 CNC 控制器可以解读的 NC 代码。

Mastercam 2020 系统可生成用于不同加工设备的 NC 加工程序，它的加工方式和参数非常丰富，在加工领域应用十分广泛。因此，本章主要介绍系统数控加工的共同部分，如：设置刀具，设置加工工件及加工操作管理等内容。

9.1　机床设备的选择

Mastercam 2020 系统的加工模块包括：铣床(铣削加工 Mill)、车床(车削加工 Lathe)、木雕(特型铣 Router)和线切割(Wire)。进行加工时，首先选择加工模块(加工设备)，不同的加工设备对应不同的加工方式和后处理文件。

微视频

机床设备的选择

机床设备的选择方法：在"机床"选项卡"机床类型"组中选择相应的加工模块(图 9-1)，在加工模块下拉菜单中选择"管理列表"命令，弹出"自定义机床菜单管理"对话框，如图 9-2 所示。在该对话框中，选择加工设备，如选择铣床(铣削加工 Mill)。

图 9-1　"机床"选项卡"机床类型"组

9.2　刀　具　设　置

在 Mastercam 2020 系统中，选择了相应的加工模式进行加工时，首先要对加工刀具进行设置和编辑，可以直接从系统刀具库中调用刀具，也可以修改刀具库中的刀具，另外，也可以自定义新的刀具。

"浏览"按钮，弹出"浏览文件夹"，选择新的机床目录

图 9 - 2　"自定义机床菜单管理"对话框

9.2.1　刀具设置简介

在"刀路"管理器中打开"机床群组"展开菜单，打开"属性"展开菜单，单击"刀具设置"命令，系统弹出"机床群组属性"对话框的"刀具设置"的选项卡，如图 9-3 所示。在该选项卡中，可以完成刀具的进给速率设置、刀路设置、高级选项、行号设置和材质设置等。

微视频

刀具设置

1."进给速率设置"栏

（1）"依照刀具"单选按钮　以在"刀具设置"中设置的进给速度作为加工的进给速度。

（2）"依照材料"单选按钮　以材料厂中设置的进给速度作为加工的进给速度。

（3）"依照默认"单选按钮　以默认文件中的进给速度作为加工的进给速度。

（4）"用户定义"单选按钮　以用户设定的速度作为加工的进给速度。

① "主轴转速"文本框：设置主轴转速。

② "进给速率"文本框：设置加工进给速率。

③ "提刀速率"文本框：设置加工中退刀速度。

④ "下刀速率"文本框：设置加工中下刀速度。

（5）"调整圆弧进给速率"复选框　圆弧加工进给速度调整，一般情况下圆弧加工进给速度低于直线切削进给速度。

"最小进给速率"文本框：设置进行圆弧加工最小进给速度。

2."刀路设置"栏

（1）"按顺序指定刀号"复选框　设置自动按照程序顺序指定刀号。

（2）"刀具号重复时显示警告信息"复选框　设置刀具号重复时，显示警告信息。

（3）"使用刀具步进量冷却液等数据"复选框　设置使用刀具的步进量冷却液等数据。

（4）"输入刀号后自动从刀库取刀"复选框　设置输入刀号后自动从刀库取刀功能。

图 9-3 "机床群组属性"对话框"刀具设置"选项卡

3. "高级选项"栏

"以常用值取代默认值"复选框,设定常值取代默认数值。

(1)"安全高度"复选框　设置刀具加工的安全高度。

(2)"提刀高度"复选框　设置刀具的退刀高度。

(3)"下刀位置"复选框　设置刀具的进给平面。

4. "行号"栏

(1)"起始"文本框　设置程序的起始行号。

(2)"增量"文本框　设置程序的行号增量。

9.2.2 刀具管理

　　刀具管理是系统自带的,用于管理刀具,它可以管理零件所有的加工操作,进行加工模拟、后处理等操作。在刀具管理器的刀库内,包含各种刀具,要根据需要选择刀具的类型,同时也可以将加工中使用的刀具保存到刀库中。

调用方法：单击"刀路"选项卡"工具"组中"刀具管理"命令，系统弹出"刀具管理"对话框，如图 9-4 所示。在该对话框中，可以设置加工刀具。

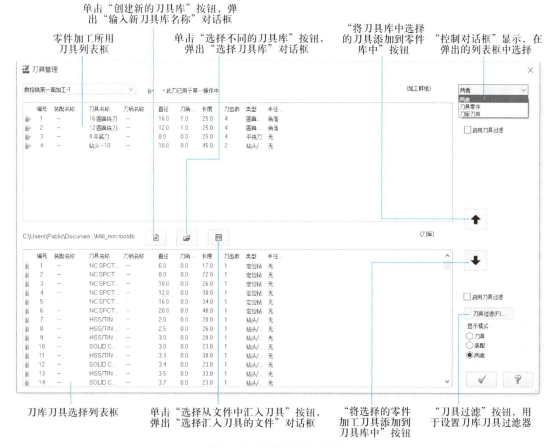

图 9-4 "刀具管理"对话框

9.2.3 刀具过滤器

刀具过滤器用于快速选择刀具，可以通过刀具过滤器按刀具的类型、材料或尺寸等设置过滤条件。

调用方法：在"刀具管理"对话框中，单击"刀具过滤"按钮，系统弹出"刀具过滤列表设置"对话框，如图 9-5 所示。

刀具过滤条件包括：刀具类型、刀具直径、刀角半径和刀具材质。

1. 刀具类型

刀具类型过滤包括刀具几何形状、限定操作和限定单位等选项。

① 限定操作选项包括已使用于操作，未使用于操作和不限定操作等操作限制，如图 9-6 所示。

② 限定单位选项包括英制，公制和不限定单位等单位限制，如图 9-7 所示。

2. 刀具直径

刀具直径过滤包括忽略刀具直径过滤、刀具直径等于、刀具直径小于、刀具直径大于和刀具直径在两者之间。除忽略刀具直径过滤限制外，选择其余选项将出现直径文本框，如图 9-8 所示。

• 微视频

刀具管理与刀具过滤器

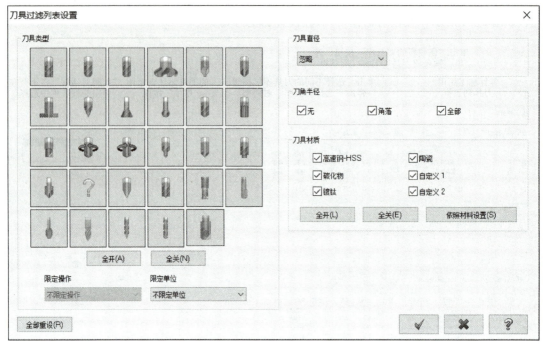

图 9-5　"刀具过滤列表设置"对话框

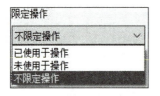

图 9-6　限定操作列表

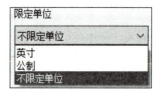

图 9-7　限定单位列表

图 9-8　直径文本框

3. 刀角半径

刀角半径过滤类型包括无(无圆角)、角落(部分圆角)和全部(全圆角)。

4. 刀具材质

刀具材质过滤包括高速钢-HSS、碳化物、镀钛、陶瓷、自定义 1、自定义 2 等。

9.2.4　自定义新刀具

在"刀具管理"对话框中,在空白处单击鼠标右键,在弹出的右键菜单(图 9-9)中选择"创建刀具"选项。系统弹出"定义刀具"对话框,在该对话框中有三个选项卡:选择刀具类型、定义刀具图形和完成属性。在选择刀具类型后，设置刀具图形和刀具参数，设置完成后单击"完成"按钮，自定义的新刀具将显示在"刀具管理"对话框"刀库"列表中。

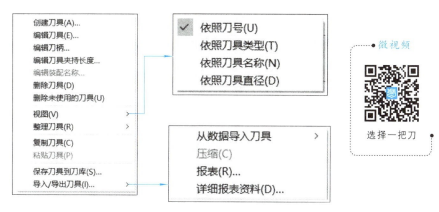

图 9 - 9　在"刀具管理"对话框中单击右键弹出的右键菜单

1."选择刀具类型"选项卡

在"定义刀具"对话框中单击"选择刀具类型"选项卡，如图 9 - 10 所示。

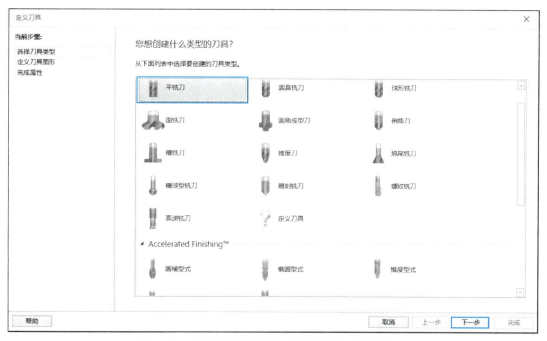

图 9 - 10　"定义刀具"对话框的"选择刀具类型"选项卡

该对话框用于设置刀具类型。一般的操作是先选择刀具类型，然后到"定义刀具图形"选项卡，编辑刀具几何尺寸。各刀具的中文英文名称见表 9 - 1。

表 9 - 1　各刀具的中文英文名称

序号	中文名称	英文名称	序号	中文名称	英文名称
1	平铣刀	End Mill	3	圆鼻刀	Bull Mill
2	球刀	Spher Mill	4	面铣刀	Face Mill

序号	中文名称	英文名称	序号	中文名称	英文名称
5	倒角成型刀	Rad Mill	14	右牙刀	Tap RH
6	倒角刀	Chfr Mill	15	左牙刀	Tap LH
7	键槽刀	Slot Mill	16	中心钻	Ctr Drill
8	斜度刀	Taper Mill	17	点钻	Spot Drill
9	燕尾铣刀	Dove Mill	18	沉头钻	Cntr Bore
10	棒状铣刀	Lol. Mill	19	鱼眼孔钻	C.Sink
11	钻孔刀	Drill	20	雕刻刀	Engrave tool
12	绞孔刀	Reamer	21	平头钻	Bradpt drill
13	镗孔刀	Bore Bar	22	未定义	Undefined

2. "定义刀具图形"选项卡

在"定义刀具"对话框中,单击"定义刀具图形"选项卡,如图 9－11 所示。

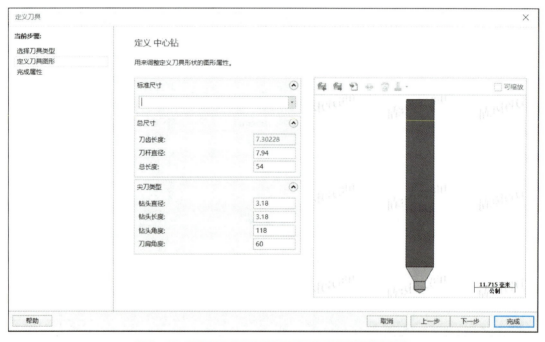

图 9－11　"定义刀具"对话框的"定义刀具图形"选项卡

该选项卡用于定义或编辑刀具几何尺寸,对于不同外形的刀具,该选项的内容也不尽相同,一般包括以下参数:

（1）刀齿长度　设置刀刃长度。

（2）刀杆直径　设置刀具刀杆处直径。

（3）总长度　设置刀具深处夹头部分的总长度。

（4）钻头直径　设置刀具直径。

（5）钻头长度　设置刀具伸出夹头部分到刀肩处的长度。

（6）钻头角度　设置刀尖部分的夹角。

3. "完成属性"选项卡

在"定义刀具"对话框中单击"完成属性"选项卡,如图 9 - 12 所示。

该对话框用于设置刀具进给率、刀具材料和冷却方式等参数。有关选项说明如下:

● 微视频

"定义刀具"对话框"完成属性"选项卡

(1) 刀号　设置刀具在刀库中的编号。

(2) 刀长补正　设置刀具长度补正编号。在采用控制器控制时补偿号才有用,此时,程序会出现 G43、G44 等代码。

图 9 - 12　"定义刀具"对话框的"完成属性"选项卡

(3) 半径补正　设置刀具半径补偿编号。在采用控制器控制时补偿号才有用,此时,程序会出现 G41、G42 等代码。

(4) 刀座编号　对刀具位置编号,便于编辑及加工时对刀具的管理。数控机床按刀具位置编号选择刀具,它可与刀具号使用相同的编号,也可以对刀具重新进行编号。

(5) 刀齿数　设置刀刃数。

(6) 提刀速率　设置退刀速度。此参数的设置也要考虑两点,一是退刀安全,不会碰到已加工的工件和夹具等,二是加工效率。

(7) 主轴转速　设置主轴或刀具转速。主轴和刀具转速设置要考虑刀具寿命,因为主轴转速决定切削速度,切削速度对刀具寿命的影响非常严重。另外还要考虑加工效率,因为在主轴转速较低的情况下,进给速度也不能太快。

(8) 主轴方向　设置刀具或主轴的旋转方向。

(9) 名称　设置刀具名称。为刀具命名,方便调用和管理。

(10) 首次啄钻(直径%)　设置首次钻孔进给量占直径的百分比。

(11) 副次啄钻(直径%)　设置再次钻孔进给量占直径的百分比。

(12) 安全间隙(%)　设置安全间隙占直径的百分比。

(13) 回退量(直径%)　设置钻头回退量占直径的百分比。

(14)"冷却液"按钮　设置刀具的冷却方式。单击"操作"栏"显示更多选项",单击"冷却液"按钮,系统弹出"冷却液"对话框,如图 9－13 所示。通过该对话框,可以选择合适的冷却方式。

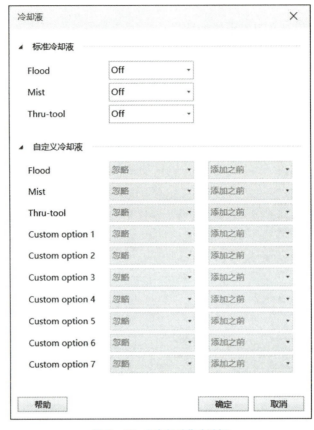

图 9－13　"冷却液"对话框

Flood:选择 on 时,采用喷油冷却方式。

Mist:选择 on 时,采用喷雾冷却方式。

Thru-tool:选择 on 时,采用从刀内流出冷却液的冷却方式。

9.2.5　编辑刀具

在"刀具管理"对话框中,选择一把刀具并单击鼠标右键,在弹出的右键菜单中选择"编辑刀具"选项,系统弹出"编辑刀具"对话框,分别设置刀具图形和刀具参数,设置完成后单击"完成"按钮,编辑后的刀具将保存并显示在"刀具管理"对话框"刀库"列表中。

9.2.6　设置刀路参数

刀路参数是生成刀具加工操作最基础的公共参数,选择了加工对象后,系统弹出刀具路径参数对话框,一般情况下,不同的加工方式下刀具路径参数基本相同。以外形铣削为例(图 9－14),介绍刀路的基本参数。

各参数含义:

(1)刀具直径　输入刀具直径。

(2)刀角半径　输入刀角半径。

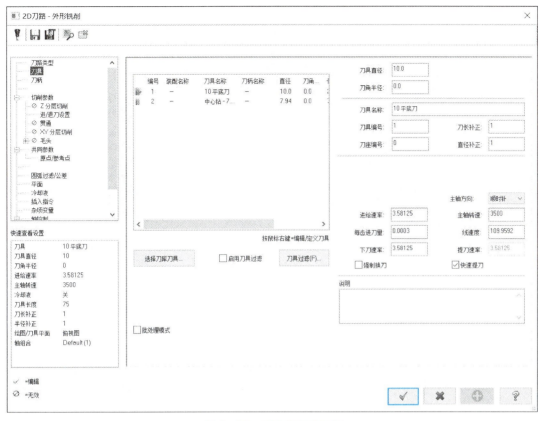

图 9 - 14　刀路的基本参数

（3）刀具名称　输入刀具名称。

（4）刀具编号　输入刀具编号。

（5）刀座编号　输入刀座编号。

（6）刀长补正　输入刀具长度补偿。

（7）直径补正　输入刀具半径补偿。

（8）进给速率　输入刀具在 X、Y 轴方向的进给速度。

（9）下刀速率　输入刀具在 Z 轴方向的进给速度（下刀速度）。

（10）主轴转速　输入刀具或主轴转速。

（11）提刀速率　输入退刀速度。

（12）强制换刀　强迫刀具改变。即选择此复选框后，在连续加工操作中使用相同的加工刀具时，系统在 NCI 文件中以代码 1002 代替 1000。

（13）快速提刀　快速退刀。选择此复选框后，加工完毕后系统以机床最快速度退刀，未选择此复选框时，加工完毕后系统以设置的退刀速度退刀。

（14）说明　输入刀具路径注释，以方便将来 NC 程序的阅读。

（15）"选择刀库刀具"按钮　从刀具库中选择刀具，单击此按钮后，系统弹出"选择刀具"对话框，如图 9 - 15 所示。在该对话框中，选择需要的刀具。

（16）"刀具过滤"按钮　用于设置刀具过滤器，单击该按钮，系统弹出"刀具过滤列表设置"对话框，用于选择刀具。

（17）批处理模式　选择此复选框后，系统将对 NC 文件进行批处理。

（18）杂项变量　单击"杂项变量"选项后，系统弹出"杂项变量"选项卡，如图 9 - 16 所示。

微视频

设置刀具路径参数

181

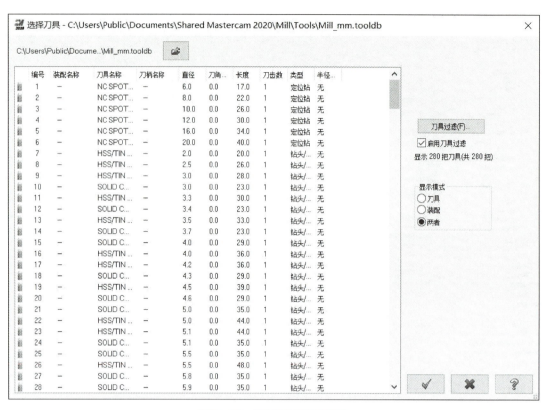

图 9－15　"选择刀具"对话框

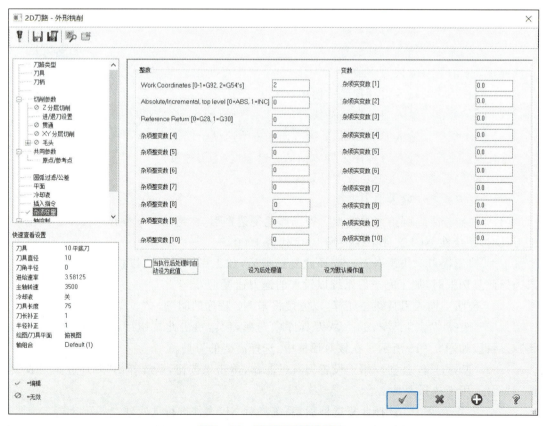

图 9－16　"杂项变量"选项卡

（19）原点/参考点　"原点/参考点"选项后,系统弹出"原点/参考点"选项卡,用于设置机械(刀具)原点,如图 9－17 所示。

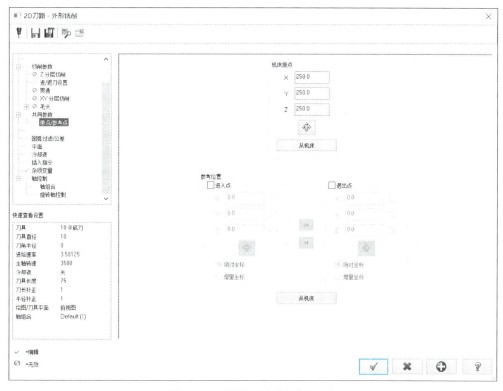

图 9－17　"原点/参考点"选项卡

用户可以直接在选项卡中输入机械原点 X、Y、Z 坐标值,或单击"选择"按钮,用鼠标在绘图区域中选定的一点确定机械原点,或单击"从机床"按钮,由机床决定机械原点。机械原点常用于:

① 刀具交换,大多数数控加工设备的刀具交换都必须在机械原点进行。

② NC 程序的结尾,使主轴和机床都移到机械原点,便于装卸工件,同时为下一次加工做好准备。

参考点主要用来控制在加工开始和结束时的刀具移动。加工开始时,刀具从刀具原点移动到进刀参考点设置的点;退刀时,刀具先移到退刀参考点设定的点,再回到刀具原点。

（20）旋转轴控制　设置旋转轴,单击"旋转轴控制"选项后,系统弹出"旋转轴控制"选项卡,如图 9－18 所示。可以设置旋转轴的类型、指定旋转轴、设置代替旋转、旋转方向等有关参数。

（21）进/退刀设置　单击"进/退刀设置"选项,系统弹出"进/退刀设置"选项卡,如图 9－19所示。该对话框用于设置刀具路径模拟时刀具进/退刀的方式。

（22）平面　设置加工刀具面。单击"平面"选项后,系统弹出"平面"选项卡,如图 9－20所示。在加工中必须确定加工平面,即用来确定刀具路径的生成平面。

（23）插入指令　修改系统指令。单击"插入指令"选项,系统弹出"插入指令"选项卡,如图 9－21 所示。用户可以在"控制代码选项"栏中选择指令后单击"添加之前"按钮,将其加入"选择之前指令"列表中,也可以单击"添加之后"按钮添加到"选择之后指令"列表中,也可以选择"添加同行"按钮添加到"选择同行指令"列表中。单击"移除"按钮可将其删除。

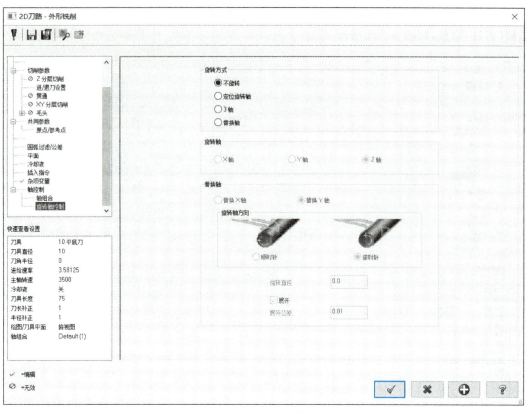

图 9－18 "旋转轴控制"选项卡

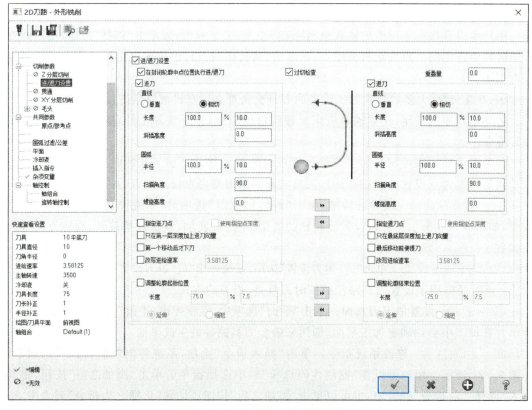

图 9－19 "进/退刀设置"选项卡

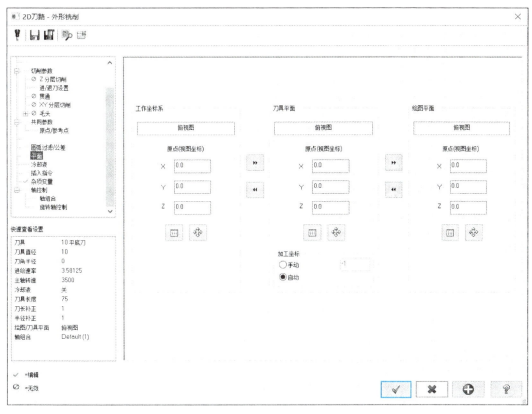

图 9 - 20　"平面"选项卡

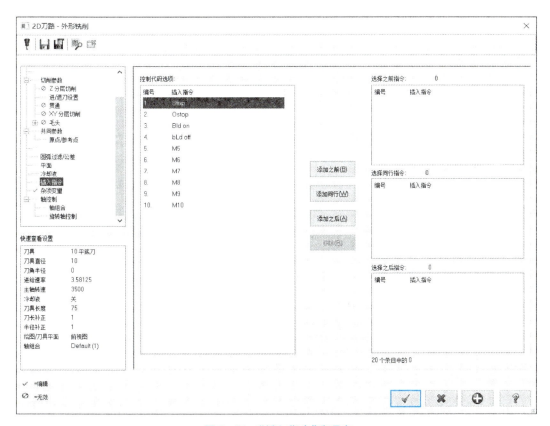

图 9 - 21　"插入指令"选项卡

9.3 加工毛坯设置

在模拟加工时,为了使仿真更真实,要对毛坯进行设置。另外,如果需要系统自动计算进给速度和进给率时,也需要设置毛坯。

毛坯设置包括工件尺寸、原点、材料、形状和显示等参数。

调用方法:在"刀路"管理器中,单击"毛坯设置"命令,系统弹出"机床群组属性"对话框的"毛坯设置"选项卡,如图 9-22 所示。

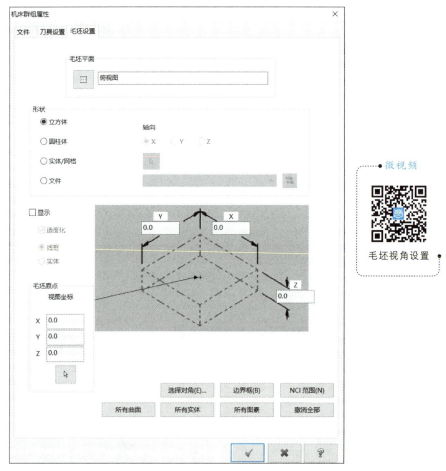

微视频

毛坯视角设置

图 9-22 "机器群组属性"对话框的"毛坯设置"选项卡

9.3.1 毛坯平面设置

在"毛坯平面"文本框左侧,单击"平面选择"按钮,系统弹出"选择平面"对话框,如图 9-23 所示。在该对话框中可以设置毛坯的加工视角,一般情况下,采用系统默认的俯视图视角。

9.3.2 毛坯形状及尺寸设置

用于毛坯的形状的设置有四个单选按钮:立方体、圆柱体、实体/网格和文件(STL 格式文件)。

在三维加工时,为了更好地观察每个操作刀具路径切削情况,在每个操作模拟后可以保存一个 STL 格式的文件。下次加工时,调用上次加工的结果作为本次加工的毛坯。因此,可以采用文件(STL 格式的文件)方式选择毛坯形状。

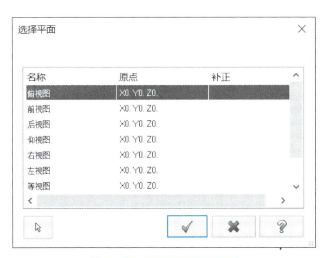

图 9-23　"选择平面"对话框

图 9-24　"边界框"管理器

以选择立方体毛坯形状为例,介绍工件尺寸设置。

当选择立方体毛坯形状时,则尺寸设置有 4 种方式:X/Y/Z 文本框、选择对角、边界框、NCI 边界。

① 直接在 X/Y/Z 文本框中输入工件尺寸数值。

② 利用选择对角方式设置毛坯尺寸。单击"选择角点"按钮后,在绘图区用鼠标确定工件对角点。

③ 利用边界框方式设置毛坯尺寸。单击"边界框"按钮后,系统弹出"边界框"管理器,如图 9-24 所示。

④ 利用 NCI 范围方式设置毛坯尺寸。单击"NCI 范围"按钮,则 NCI 刀具路径的边界尺寸自动被测量为毛坯尺寸。

· 微视频

毛坯形状及尺寸设置

9.3.3　毛坯原点设置

毛坯原点设置方法:

① 在"毛坯原点"栏的 X/Y/Z 文本框中,直接输入坐标值。

② 单击原点,选择 (选点)按钮,在屏幕上用鼠标直接指定一点作为坐标原点。

③ 移动坐标原点指向箭头,如图 9-22 所示,选择长方体的特殊点作为坐标原点。长方体的特殊点包括长方体的 8 个角点和上下面的中心点等 10 个点。

9.3.4　毛坯显示

毛坯尺寸和原点设置完毕后,选择"显示"复选框,毛坯显示区域,将显示所设置的毛坯轮廓。此时,毛坯显示区域的各项选择变为可选,如图 9-25 所示。

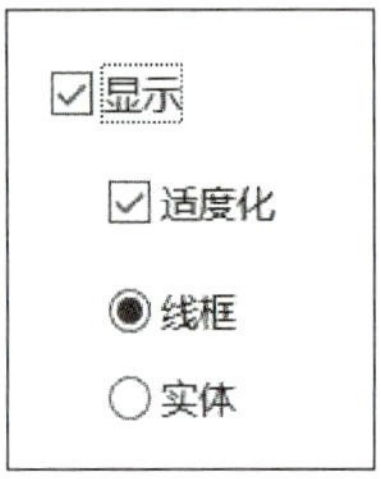

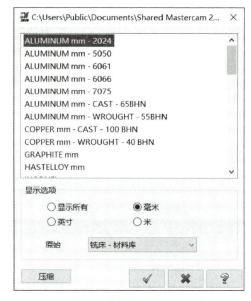

图 9-25　毛坯显示区域
的各选择项

图 9-26　"材质设置"对话框

9.3.5　设置毛坯材质

在"机器群组属性"对话框的"刀具设置"选项卡中,单击材质"选择"按钮(图 9-3),系统弹出"材质设置"对话框,如图 9-26 所示。在该对话框的材质列表中,根据需要选择工件材质。

9.4　刀　路　设　置

当所有的加工参数和毛坯参数设置完成后,可以利用"刀路"管理器进行刀具路径模拟和加工模拟以验证刀具路径是否正确,同时还可以用"刀路"管理器对刀具路径进行编辑和修改,当参数符合要求后,可利用后处理器(POST)生成正确的 NC 加工程序。

9.4.1　"刀路"管理器操作按钮

"刀路"管理操作按钮以及部分对应序号,如图 9-27 所示。

● 微视频

"刀路"管理器
操作按钮

图 9-27　"刀路"管理器操作按钮以及部分对应符号

"刀路"管理器部分操作按钮含义见表 9-2。

表 9 - 2　"刀路"管理器部分操作按钮含义

表 9 - 2　"刀路"管理器部分操作按钮含义

序号	含　　义	序号	含　　义
1	选择全部操作	11	切换锁定选择的操作
2	选择全部失败操作	12	切换显示已选择的刀路操作
3	重新生成全部已选择的操作	13	切换已选择的操作不后处理
4	重新生成所有无效操作	14	移动插入箭头到下一操作
5	模拟已选择的操作	15	移动插入箭头到上一操作
6	验证已选择的操作	16	插入箭头位于指定操作或群组之后
7	执行选择的操作进行后处理	17	滚动箭头插入指定操作
8	省时高效率加工	18	仅显示已选择的刀路
9	删除所有操作群组和刀具	19	仅显示关联图形
10	帮助		

9.4.2　刀具路径模拟(仿真)

单击"模拟已选择的操作"按钮,系统弹出"路径模拟"对话框,如图 9 - 28 所示。同时,弹出刀具路径模拟播放工具栏,如图 9 - 29 所示。刀具路径模拟对于数控加工非常有用,可以在机床加工前进行检验,以便发现错误。

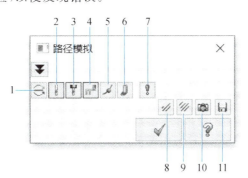

图 9 - 28　"路径模拟"对话框

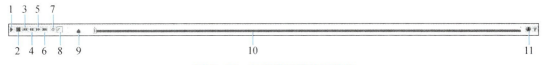

图 9 - 29　刀路模拟播放工具栏

"路径模拟"对话框按钮名称含义见表 9 - 3。

表 9 - 3　"路径模拟"对话框按钮名称及含义

序号	名　　称	含　　义
1	显示颜色切换	彩色显示刀具路径
2	显示刀具	刀具路径模拟过程中显示刀具
3	显示刀柄	刀具路径模拟过程中显示刀具夹头
4	显示快速移动	加工过程中当刀具从一点移至另一点需要抬刀时,并没有切削工件,将显示快速位移路径

续　表

序号	名　称	含　义
5	显示端点	显示几何图形对象端点刀具路径
6	着色验证	在模拟过程中对刀具涂色进行快速检验
7	选项	配置刀具模拟参数。单击此按钮,系统弹出模拟配置对话框,用于模拟参数设置
8	限制描绘	打开受限制的图形
9	关闭路径限制	关闭受限制的图形
10	将刀具保存为图形	保存刀具路径为几何图素
11	将刀路保存为图形	将 Save tool geometry 生成的几何图素另存至指定图层中

刀路模拟播放工具栏按钮名称及含义见表 9－4。

表 9－4　刀路模拟播放工具栏按钮名称及含义

序号	名　称	含　义
1	开始	播放
2	停止	暂停播放
3	回到最前	返回前一个状态
4	单节后退	后退
5	单节前进	前进
6	到最后	下一个停止位置
7	路径轨迹模式	执行时显示全部的刀具路径
8	运行模式	执行时只显示执行段的刀具路径
9	播放速度	播放速度控制
10	可视运动位置	可视运动位置,即模运动过程
11	设置停止条件	设置停止条件

单击"设置停止条件"按钮,系统弹出"暂停设定"对话框,如图 9－30 所示。

图 9－30　"暂停设定"对话框

9.4.3　实体加工模拟(仿真)

在"刀路"管理操作按钮中,单击"验证已选择的操作"按钮,系统弹出"验证"选项卡,如图 9-31 所示。

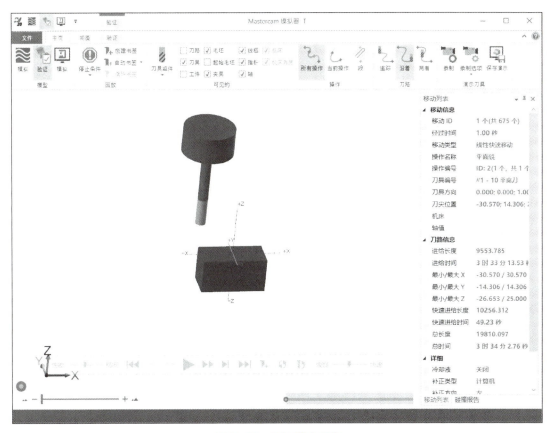

图 9-31　"验证"选项卡

微视频

"验证"选项卡

9.4.4　后处理

生成刀具路径后,经过加工模拟,若未发现任何问题,就可以进行后处理操作,生成 NC 程序,即将编制的刀具路径转换为 G 代码程序。

在"刀路"管理操作按钮中,单击"执行选择的操作进行后处理"按钮,系统弹出"后处理程序"对话框,如图 9-32 所示。

(1)"当前使用的后处理"显示框　显示系统当前使用的后处理器名称,系统默认的后处理名称为所选机床的类型名,如 GENERIC FANUC 3X MILL.PST。

(2)"选择后处理"按钮　用于选择所需要的后处理器,但此按钮只有在未指定任何后处理器的情况下才可用。

(3)"输出 MCX 文件的信息"复选框　对 MCX 文件的注解描述将在 NC 程序中反映出来,单击"属性"(Properties)按钮,还可以对注解描述进行编辑。

(4) NC 文件区域

① "覆盖"单选按钮:在生成 NC 程序文件时,系统可直接覆盖已存在的同名 NC 文件。

② "询问"单选按钮:在生成 NC 程序文件时,若存在同名的 NC 文件,系统在覆盖时,

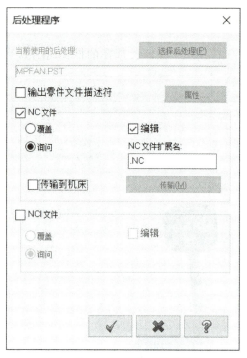

微视频

"后处理程序"
对话框

图 9‑32 "后处理程序"对话框

提示是否覆盖。

③"编辑"复选框：系统在保存 NC 文件后还弹出 NC 文件编辑器，供用户检查和编辑 NC 程序。

④"NC 文件扩展名"文本框：用于输入 NC 文件的扩展名。

⑤"传输到机床"复选框：系统将生成的 NC 程序通过通信电缆发送到加工机床。

⑥"传输"按钮：单击此按钮，系统弹出"传输"对话框，如图 9‑33 所示。该对话框用于进一步设置传输参数。

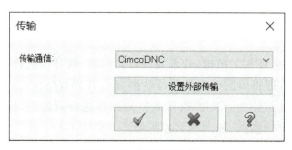

图 9‑33 "传输"对话框

(5) NCI 文件区域

①"覆盖"单选按钮：在生成 NCI 程序文件时，系统可直接覆盖已存在的同名 NCI 文件。

②"询问"单选按钮：在生成 NCI 程序文件时，若存在同名的 NCI 文件，系统在覆盖时，提示是否覆盖。

③"编辑"复选框：系统在保存 NCI 文件后还弹出 NCI 文件编辑器，供用户检查和编辑 NCI 程序。

 **思 考 题**

1. Mastercam 2020 包括哪些加工模块？如何选择加工机床类型？

2. 刀具设置包括哪些内容？请自定义刀具外形。

3. 设置毛坯的作用是什么？如何设置毛坯？

4. 以外形铣削为例,简述刀具路径基本参数设置的内容。

5. "刀路"管理器操作按钮有哪些？简述其功能。

6. 后处理的作用是什么？如何实现？

7. 刀具路径模拟(仿真)的作用是什么？如何实现？

8. 完成如图 9-34 所示的加工刀路、模拟仿真后处理。

图 9-34　习题 8 配图

● 微视频

第 8 题解答 ●

第 10 章　Mastercam 铣床二维加工

二维加工是在某一刀具路径的加工过程中只有二维移动,即构成零件的几何对象位于同一构图面上。铣床二维加工包括外形铣削、挖槽、钻孔、面铣削、全圆铣削和雕刻等。在铣床二维零件加工编程时,需设置刀具路径、生成后处理程序和模拟加工等步骤,设置刀具路径是关键的内容。

● 微视频

铣床"刀具路径"下拉菜单

(1) 通过在"刀路"管理器中右击空白处,调用铣床二维加工刀路设置,如图 10 - 1 所示。

图 10 - 1　铣床二维加工刀路设置

(2) 通过在"刀路"选项卡"2D"组中右击空白处,选择"自定义快速访问工具栏"命令,弹出"选项"对话框,选择"下拉菜单"选项,将铣床二维加工各刀路设置添加到鼠标右键菜单中,设置完成后,可通过鼠标在绘图区右击空白处,调用铣床二维加工各刀路设置。"下拉菜单"选项卡中各类别包含的刀路设置如下。

① "2D 刀路"类别如图 10 - 2 所示。

图 10 - 2　"2D 刀路"类别

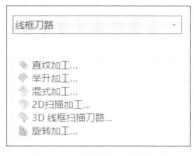

图 10 - 3　"线框刀路"类别

图 10 - 4　"孔加工"类别

② "线框刀路"类别如图 10 - 3 所示。

（3）通过单击"刀路"选项卡"2D"组或"3D"组下拉箭头,在下拉菜单中选择不同类别,来调用各加工刀路设置。

① "孔加工"类别如图 10 - 4 所示。

② "粗切"类别如图 10 - 5 所示。

③ "精切"类别如图 10 - 6 所示。

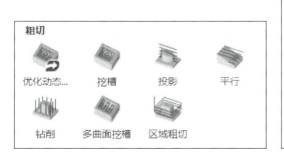

图 10 - 5　"粗切"类别

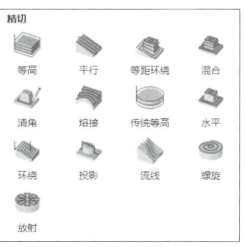

图 10 - 6　"精切"类别

10.1　外形铣削加工刀路

外形铣削加工是沿选择的边界轮廓生成刀具路径,用于外形粗加工或精加工,主要用来铣削轮廓外边界、倒直角、清除边界残料等。外形铣削加工在数控铣削中应用十分广泛,所用刀具通常有平刀、圆角刀、斜度刀等。

外形铣削刀路是由沿着工件外形的一系列线和弧组成的刀具路径。外形铣削加工模组用于加工二维或三维工件的外形,二维外形铣削刀路的切削深度固定不变,而三维外形铣削刀路的切削深度随外形的位置变化。

在"刀路"选项卡中,选择"外形"命令,或右击"刀路"管理器空白处,选择"铣床刀路"菜单中"外形铣削"命令,系统弹出"线框串连"对话框,如图 10-7 所示。根据该对话框,在绘图区选择构成工件外形的串连轮廓和串连方向,确认后,弹出"2D 刀路-外形铣削"对话框。在该对话框中,左上侧是刀路的设置框,当在展开的树状菜单中选择不同选项时,右侧窗格中显示的是相应选项卡的设置内容,如图 10-8 所示。

10.1.1　切削参数

1. 刀具半径偏移

在零件图形绘图时,都是按照零件的实际轮廓绘制的,加工时必须保证刀具中心自动从零件实际轮廓上偏离一个指定的刀具半径值(偏移量),使刀具中心在这个偏移后的轨迹上运动,从而把工件加工成图纸上要求的轮廓。

一般来说,有刀具半径偏移功能的数控机床比没有半径偏移功能的数控机床要好。其主要原因是有半径偏移功能的数控机床上,当刀具磨损时只需要修改偏移半径值,从半径值中减少一个磨损量,不需要更换数控程序。有半径偏移功能的数控机床使用同一个程序,只需改变半径偏移值就能加工出模具中的凸模和凹模来。

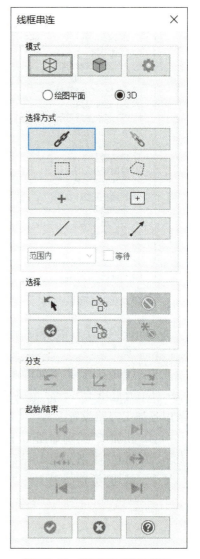

图 10-7　"线框串连"对话框

刀具偏移的方向(补正方向)有左补偿(偏移)、右补偿(偏移),如图 10-9 所示。当设置为左补偿(偏移)时,刀具的切刃在路径的左边;设置为右补偿(偏移)时,刀具的切刃在路径的右边。

2. 校刀位置

在加工过程中,一般要使用数把刀具,每一把刀具的长度不可能相同,要使这些刀具协同工作,如果没有刀具长度偏移,必须为每一把刀具分别编程,这样就大大增加了编程工作量。所谓刀具长度偏移,就是在编程时只考虑把某一把刀具的长度作为标准进行编程,其他刀具的长度可以和标准刀具进行比较,将其与标准刀具的长度差记录下来,像半径偏移一样写到数控机床的寄存器中,加工时由数控机床按照不同的刀号自动进行偏移。

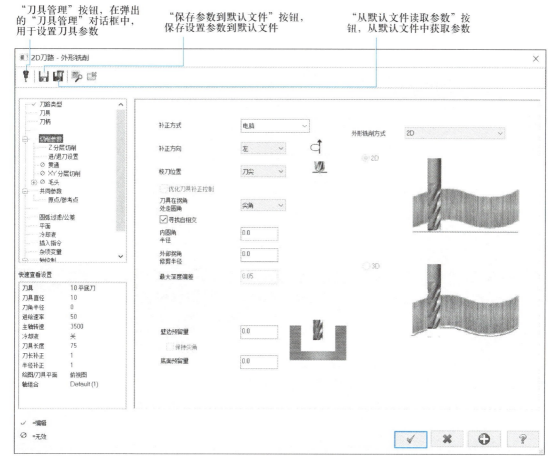

"刀具管理"按钮，在弹出的"刀具管理"对话框中，用于设置刀具参数

"保存参数到默认文件"按钮，保存设置参数到默认文件

"从默认文件读取参数"按钮，从默认文件中获取参数

图 10－8　"2D 刀路–外形铣削"对话框

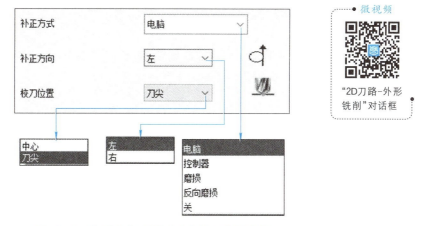

图 10－9　补正方式、补正方向和校刀位置选择

微视频

"2D刀路–外形铣削"对话框

刀具长度偏移的校刀位置有中心、刀尖，如图 10-9 所示。它用于指定刀具长度偏移的参考位置。

3. 补正方式［补偿（偏移）类型］

在加工时系统提供了五种补正方式，如图 10-9 所示。

Mastercam 系统中最常用的补偿方式是电脑刀具补偿，由 Mastercam 系统自动计算出刀具中心轨迹,根据刀具的中心轨迹进行编程;控制器刀具补偿,是根据零件的轮廓尺寸进行编程,编程时不考虑所使用的刀具尺寸,刀具中心轨迹由数控机床的控制器进行运算,控制器刀具补偿根据选择在工件程序中产生一个刀具补偿指令 G40(关)、G41(左)、G(42)右,并指定一个补偿寄存器存储补偿值,补偿值可以是实际刀具直径,也可以是指定刀具直径和实际刀具路径之间的差值。

4. 刀具路径优化

当采用控制器补偿方式时,可以选择"优化刀具补正控制"复选按钮,用以消除刀具路径中小于或等于刀具半径的圆弧,避免轮廓边界的过切。

5. 寻找相交性

当选择"寻找自相交"复选框后,系统在创建切削轨迹前检验几何图形对象的自身相交,若出现相交,则在交点后的几何图形对象不产生切削轨迹,以防止刀具误切而破坏轮廓表面。

6. 刀具转角设置

系统在几何图形的转角处进行圆弧切削轨迹的设置。在"刀具在拐角处走圆角"下拉列表中选择选项,如图 10-10 所示。

图 10-10 "刀具在拐角处走圆角"
下拉列表

7. 最大深度偏差

在"最大深度偏差"文本框中,输入最大深度偏差值,用于确定外形轮廓为 3D 时得到的加工精度。数值越小,加工精度越高,但会花费更多的时间生成加工轨迹,并使 NC 程序加长。

8. 外形铣削方式

"外形铣削方式"下拉列表用来设置轮廓的加工类型,有 2D 加工、2D 倒角加工、斜插加工、残料加工和摆线式加工。

(1) 2D 加工

当选择一个二维曲线串连时,进行二维轮廓的加工。

(2) 2D 倒角加工

当选择该选项后,外形铣削方式"2D 倒角"对话框如图 10-11 所示。该对话框用于设置倒角加工参数。该加工方式的刀具应选择切角铣刀。

(3) 斜插加工

用来加工铣削深度较大的外形。当选择该选项后,外形铣削方式"斜插"对话框如图 10-12 所示。系统提供了三种走刀方式,当选中"角度"或"深度"单选按钮时,都为斜线走刀方式(刀具在 XY 平面移动的同时,进刀深度逐渐增加),而选中"垂直进刀"单选按钮时,刀具先进到设置的铣削深度,再在 XY 平面移动。对于"角度"和"深度"单选按钮,定义刀具路径与 XY 平面的夹角方式各不相同,"角度"选项直接采用设置的角度,而"深度"选项是设置每一层铣削的总进刀深度。

(4) 残料加工

用来铣削上一次外形铣削加工后留下的残余材料。为了提高加工速度,当铣削加工的铣削量较大时,开始时可以采用大尺寸刀具和大进刀量,再采用残料加工来得到最终的光滑外形。残料可以是以前加工中预留的部分,也可以是以前加工中由于采用大直径的刀具在转角处不能被铣削的部分。当选择该选项后,外形铣削方式"残料"对话框如图 10-13 所示,用来进行残料加工的参数设置。

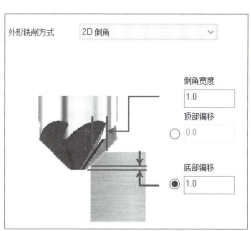

图 10 - 11　外形铣削方式"2D 倒角"对话框

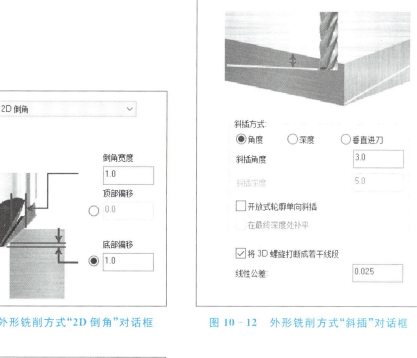

图 10 - 12　外形铣削方式"斜插"对话框

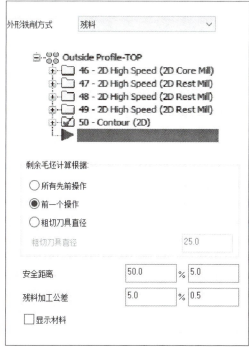

图 10 - 13　外形铣削方式"残料"对话框

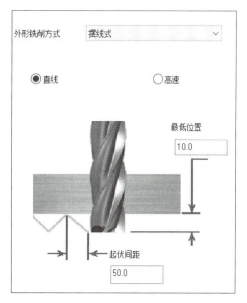

图 10 - 14　外形铣削方式"摆线式"对话框

（5）摆线式加工

　　用来设置刀具走刀为摆线方式。在该方式下有两个单选按钮：直线和高速，用来确定摆线走刀的形式。当选择该选项后，外形铣削方式"摆线式"对话框如图 10 - 14 所示，用来进行摆线式加工的参数设置。

10.1.2　XY 分层切削

在"2D 刀具路径-外形铣削"对话框中,在"切削参数"的树状展开菜单中,选择"XY 分层切削"选项,如图 10-15 所示,可用来设置 XY 平面内的切削次数和切削用量。

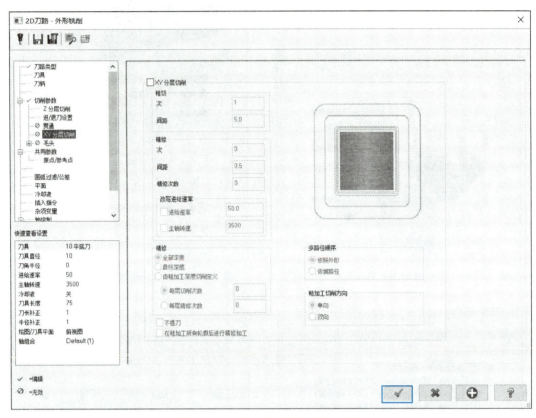

图 10-15　"XY 轴分层铣削"选项卡

1."粗切"栏

在该栏的"次"和"间距"文本框中,分别输入切削平面中粗切削的次数及进刀间距。粗切削的进刀间距是由刀具直径决定,通常间距是刀具直径的 60%～75%。

2."精修"栏

在该栏的"次"和"间距"文本框中,分别输入切削平面中精切削的次数及进刀间距。

3."精修"单选栏

用来设置是在最后深度进行精切削,还是在每层都进行精切削。当选中"最终深度"单选按钮时,只在最后深度产生精切削路径;当选中"全部深度"单选按钮时,在每一个深度下均产生精切削路径。

4."不提刀"复选框

用来设置刀具在每一个切削后,是否会返回到下刀位置的高度。当选中该框时,刀具会从目前的深度直接移到下一个切削深度;当未选中该框时,则刀具会返回到原来下刀位置的高度,而后刀具才移到下一个切削的深度。

10.1.3　进/退刀设置

在"2D 刀路-外形铣削"对话框中,在"切削参数"的树状展开菜单中,选择"进/退刀设

置"选项,如图 10 - 16 所示,可用来在刀具路径的起始及结束位置,加入一直线或圆弧使其
与工件及刀具平滑连接,以保证切入和切出时的切削质量。

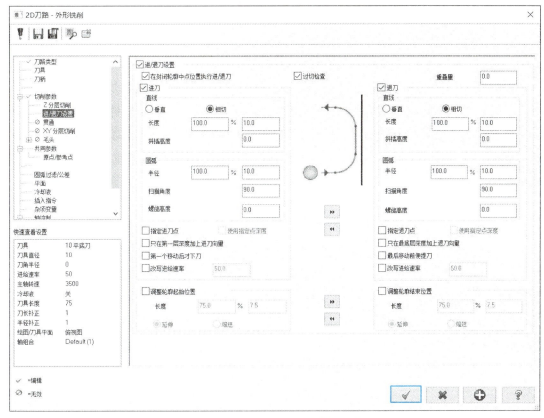

图 10 - 16　"进/退刀设置"选项卡

1. "直线"栏

用于设置线性进刀/退刀。在线性进刀/退刀中,直线刀具路径的移动
有两个模式:"垂直",所增加的进刀/退刀直线刀具路径与其相邻的刀具路
径垂直;"相切",所增加的进刀/退刀直线刀具路径与其相邻的刀具路径相
切。"长度"文本框,用来输入直线刀具路径的长度,第一个文本框用来输
入路径的长度与刀具的直径的百分比;后面的文本框用来输入刀具路径的

微视频

"进/退刀参
数"设置

长度。这两个文本框只需输入其中任意一个即可。"斜插高度"文本框,用来输入所加入的
进刀直线路径的起始点和退刀直线路径的末端高度。

2. "圆弧"栏

用于设置圆弧进刀/退刀。该模式的进刀/退刀路径中,有三个定义参数:"半径",进刀/
退刀刀具路径的百分比或圆弧半径值;"扫描角度",进刀/退刀刀具路径的角度;"螺旋高
度",进刀/退刀刀具路径的螺旋(圆弧)的深度。

10.1.4　圆弧过滤/公差

在"2D 刀路-外形铣削"对话框中,在树状展开菜单中,选择"圆弧过滤/公差"选项卡,如
图 10-17 所示。该对话框用于设置 NCI 文件的过滤参数,删除共线的点和不必要的刀具移
动来优化和简化 NCI 文件。

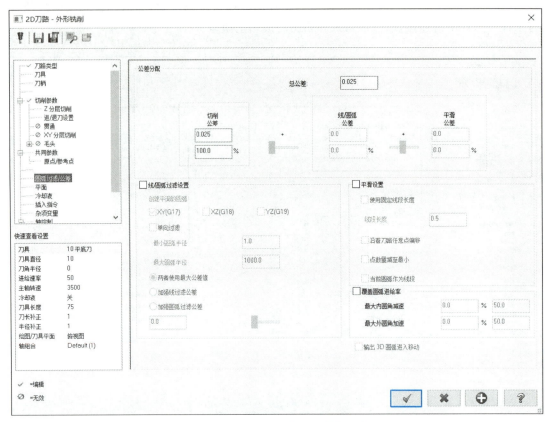

图 10-17　"圆弧过滤/公差"选项卡

1."总公差"文本框

用于优化误差。在该文本框中输入误差值后,当刀具路径中某点与直线或圆弧的距离小于等于该误差值时,系统将自动去除掉该点的刀具移动。

2."切削公差"文本框

用于设置加工精度。在该文本框中输入切削加工公差数值,来确定加工精度,提高或降低加工速度。取值越大,速度越快,但优化效果越差。

3."最小圆弧半径"文本框

用于设置在过滤操作过程中圆弧路径的最小半径,当圆弧半径小于该值时,用直线代替。

4."最大圆弧半径"文本框

用于设置在过滤操作过程中圆弧路径的最大半径,当圆弧半径大于该值时,用直线代替。

5."单向过滤"复选框

该复选框用于设置单向过滤。

10.2　面铣削加工刀路

面铣削用于加工工件的表面。可以对整个工件的表面进行铣削加工,也可以通过选取串连来定义面铣削区域。常用刀具为面铣刀和圆鼻刀。

调用该命令方法是:在"刀路"选项卡中,选择"面铣"命令,或右击"刀路"管理器空白处，选"铣床刀路"下拉菜单中"平面铣"命令，系统弹出"线框串连"对话框，在绘图区选择构成工件外形的串连轮廓和串连方向并确认后，弹出"2D 刀路-平面铣削"对话框。在该对话框中，左上侧是刀路的设置框，当在展开的树状菜单中选择不同选项时，右侧窗格中显示的是相应选项卡的设置内容，如图 10-18 所示。

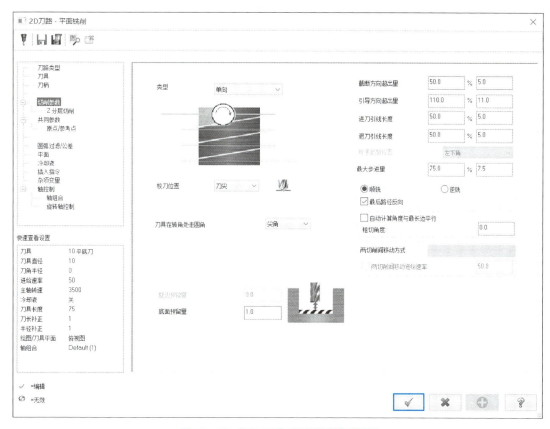

图 10-18　"2D 刀路-平面铣削"对话框

10.2.1 切削参数

1. 铣削类型

在"切削参数"选项卡中，通过"类型"下拉列表，可以设置不同的面铣削铣削类型，如图 10-19 所示。

● 微视频

"切削参数"选项卡

（1）双向　刀具在加工中来回走刀。

（2）单向　刀具仅沿一个方向走刀。

（3）一刀式　仅进行一次铣削，刀路的位置为几何模型中心位置，这里刀具的直径必须大于或等于需要进行面铣削加工的模型的宽度。

（4）动态　在铣削时，刀具以动态的方式进行切削。

2. 刀具移动方式

通过"两切削间位移方式"下拉列表，可以设置面铣削加工的刀具移动方式，如图 10-20 所示。

（1）高速回圈　刀具按圆弧的方式移动到下一次铣削的起点。

（2）线性　刀具以直线的方式移动到下一次铣削的起点。

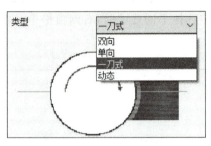

图 10 - 19　面铣削铣削类型

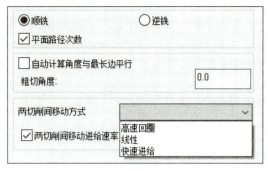

图 10 - 20　面铣削加工刀具移动方式

（3）快速进给　刀具以直线的方式快速移动到下一次铣削的起点。

3. 最大步进量

"最大步进量"文本框用于设置两条刀路间的距离。但实际加工中两条刀路间的距离一般会小于该设定值，这是因为系统在生成刀具路径时首先计算出铣削的次数，铣削的次数等于总铣削宽度（设置的铣削对象宽度＋2 倍垂直刀具路径方向的重叠量）除以设置的"最大步进量"值后，向上取整；实际的刀具路径间距为总铣削宽度除以铣削次数。

10.2.2　Z 分层切削

在"2D 刀路-平面铣削"对话框中，在"切削参数"的树状展开菜单中，选择"Z 分层切削"选项卡，如图 10 - 21 所示。该选项卡用于设置最大粗切步进量、精修次数、精修量等。

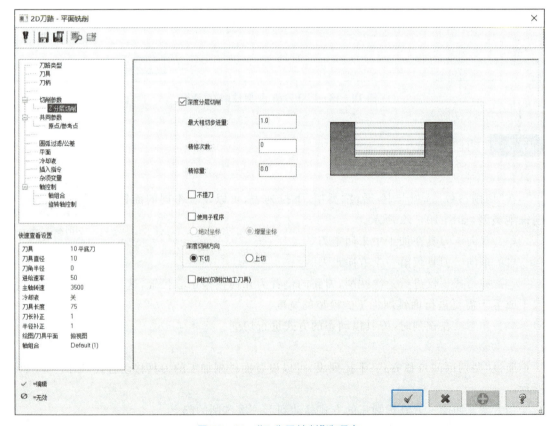

图 10 - 21　"Z 分层铣削"选项卡

10.3　挖槽铣削加工刀路

挖槽铣削用于切除一个封闭外形所包围的材料或切削一个槽。用于定义封闭外形的串连可以是封闭串连,也可以是不封闭串连,但每个串连必须为共面串连且平行于设置的构图面。挖槽加工在坯料上进刀,下刀时选用螺旋或斜向下刀,其走刀方式最常用的是双向走刀。

调用该命令方法:在"刀路"选项卡中"2D"组选择"挖槽"命令,或右击"刀路"管理器空白处选"铣床刀路"下拉菜单中"挖槽"命令,系统弹出"线框串连"对话框,在绘图区选择构成工件外形的串连轮廓和串连方向并确认后,弹出"2D 刀路-2D 挖槽"对话框。在该对话框中,左上侧是刀具路径设置的显示选择框,当选择不同树状的选项时,对话框的显示内容是相应选项卡的设置内容,如图 10-22 所示。

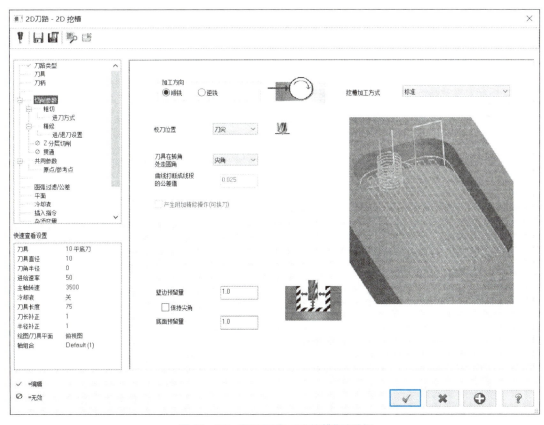

图 10-22　"2D 刀路-2D 挖槽"对话框

10.3.1　切削参数

1. 挖槽加工方式

在"挖槽加工方式"下拉列表中有五种加工类型,如图 10-23 所示。当选取的串连中有未封闭的串连时,仅能选择开放式挖槽加工方式,而其他四种加工方式,用于封闭串连。

（1）标准

标准挖槽方式,即仅铣削定义凹槽内的材料,而不会对边界或岛屿的材料进行铣削。

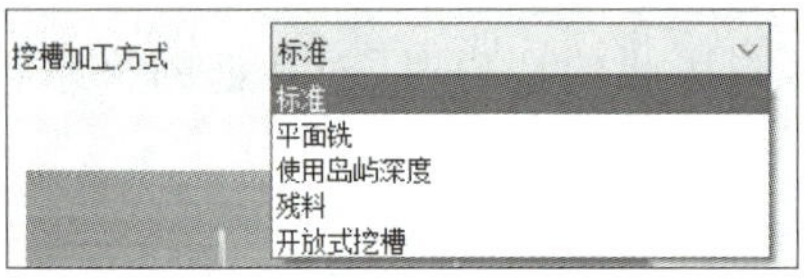

图 10－23 "挖槽加工方式"下拉列表

图 10－24 "平面铣"对话框

（2）平面铣

平面铣相当于面铣削的功能，在加工过程中只保证加工出选择的表面，而不考虑是否对边界外或岛屿的材料进行铣削。选择"平面铣"后，如图 10－24 所示。该对话框用来设置岛屿加工的深度，用于输入岛屿的最终加工深度。

（3）残料

选择"残料"选项进行残料挖槽加工时，其设置方法与残料外形铣削加工中的参数设置相同。

（4）开放式挖槽

当选取的串连中包含有未封闭串连时，只能采用该方式。选择"开放式挖槽"选项后，如图 10－25 所示。该对话框用于设置封闭串连的方式和加工时的走刀方式。当选中"使用开放轮廓切削方法"复选框时，只能采用开放式挖槽加工的走刀方式。

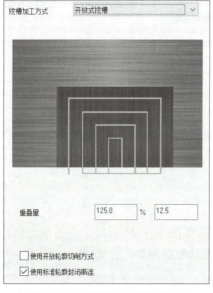

图 10－25 "开放式挖槽"对话框

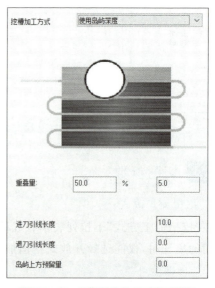

图 10－26 "使用岛屿深度"对话框

（5）使用岛屿深度

选择"使用岛屿深度"选项时，不会对边界外进行铣削，但可以将岛屿铣削到设置的深度。选择"使用岛屿深度"选项后，如图 10-26 所示。该对话框用来指定岛屿的挖槽深度。

2．加工方向

"加工方向"栏，用来选择加工方向。顺铣，按顺铣的方向生成挖槽加工刀具路径；逆铣，按逆铣的方向生成挖槽加工刀具路径。

10.3.2　Z 分层切削

在"2D 刀路-2D 挖槽"对话框中，在"切削参数"的树状展开菜单中，选择"Z 分层切削"选项卡，部分设置与平面铣削中的"Z 分层切削"选项卡相同（图 10-21）。"使用岛屿深度"复选框，用来指定岛屿的挖槽深度。"锥度斜壁"文本框，用来输入铣削斜壁时岛屿刀具路径的角度。

10.3.3　粗切

在"2D 刀路-2D 挖槽"对话框中，在"切削参数"的树状展开菜单中，选择"粗切"选项，如图 10-27 所示。

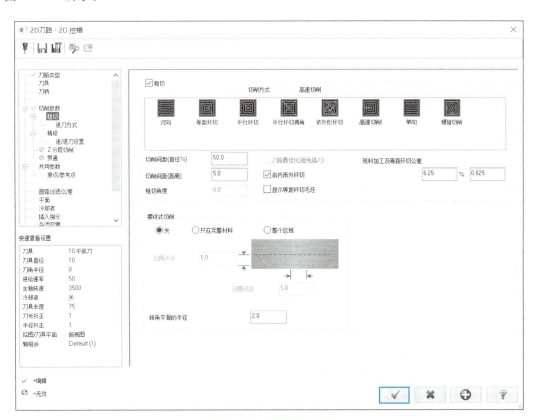

图 10-27　"粗切"选项卡

1．切削方式

当选中"粗切"复选框时，则在挖槽加工中先进行粗切削加工。系统提供了 8 种粗切切削方式：

双向：线性切削，双向切削。

等距环切：旋转切削，等距环切。

"粗切"选项卡

平行环切：旋转切削，环绕切削。

平行环切清角：旋转切削，环切并清角。

依外形环切：旋转切削，依外形环绕。

高速切削：旋转切削，高速环切。

单向：线性切削，单向切削。

螺旋切削：旋转切削，螺旋切削。

这 8 种切削方式又分为直线切削和螺旋切削。直线切削包括双向切削和单向切削，双向切削产生一组来回的直线刀具路径来粗切削凹槽，刀具路径的方向是由粗切角度决定的，粗切角度也决定挖槽刀具路径的起点，切削角度是以正 X 轴为基准，逆时针方向为正，顺时针方向为负；单向切削所产生的刀具路径与双向切削类似，所不同的是单向切削路径按同一方向进行切削。

切削间距是指两条挖槽路径间的距离，"切削间距(直径%)"文本框中输入刀具的百分比来指定切削间距；"切削间距(距离)"文本框中输入数值来指定切削间距。

螺旋切削方式是以挖槽中心或特定挖槽起点进刀并沿着挖槽壁螺旋切削，包括：等距环切，以等距切削的螺旋方式产生挖槽刀具路径；平行环切，以平行螺旋方式产生挖槽刀具路径；平行环切清角，以平行螺旋并清角的方式产生挖槽刀具路径，此模式最少需要一个岛屿；螺旋切削，以圆形、螺旋方式产生挖槽刀具路径；等等。

"由内而外环切"复选框，用来设置螺旋进刀方式时的挖槽起点。当选中该复选框时，切削顺序是从凹槽中心或指定挖槽点开始，螺旋切削至边界；当未选中该复选框时，是由挖槽边界外围开始螺旋切削至凹槽中心。

"刀具路径最佳化(避免插刀)"复选框，用来优化挖槽刀具路径，达到最佳切削顺序。

2. 进刀方式

进刀方式用来指定刀具如何进入工件的。在凹槽的粗切加工中，可采用垂直进刀、斜线进刀和螺旋下刀等 3 种进刀方式。

在"2D 刀路-2D 挖槽"对话框中，在"切削参数"的树状展开菜单中，选择"粗切"下的"进刀方式"。在选项卡中，进刀方式有："关""斜插"和"螺旋"三个单选按钮。

(1) "斜插"进刀方式　在进刀方式对话框中，选择"斜插"单选按钮，如图 10-28 所示。在该模式下刀具以垂直线方式向工件进刀。

在该选项卡中，"最小长度"指定进刀路径的最小长度；"最大长度"指定进刀路径的最大长度；"进刀角度"指定刀具插入的角度；"退刀角度"指定刀具切出时的角度；"自动计算角度与最长边平行"复选框，当选中该复选框时，斜插在 XY 轴方向的角度由系统自动决定，当未选中该复选框时，斜切在 XY 轴方向的角度由 XY 角度文本框输入；"附加槽宽"指定刀具每一快速直落时添加的额外刀具路径；"斜插位置与进入点对齐"复选框，选中该复选框时，进刀点与斜插刀具路径对齐；"由进入点执行斜插"复选框，选中该复选框时，进刀点即为斜插刀具路径的起点。

最大长度、插入角度及切出角度决定了该方式进刀时折线的数目。最大长度需要根据凹槽的尺寸来设置，斜插角度值设置得越小，则折线的数目越大，一般设置为 5°~20°。

(2) "螺旋式"进刀方式　在进刀方式对话框中，选择"螺旋式"单选按钮，如图 10-29 所示。在该方式下刀具会直落于起始高度，随后以螺旋下降的方式切削到设置的深度。

在该选项卡中，"最小半径"指定螺旋的最小半径，可以输入与刀具直径的百分比或直接输入半径值；"最大半径"指定螺旋的最大半径，可以输入与刀具直径的百分比或直接输入半

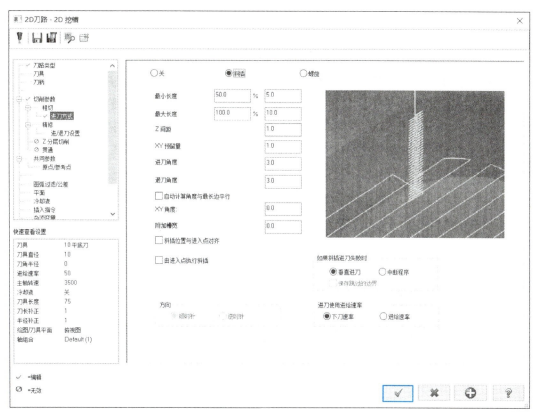

图 10 – 28　"进刀方式"选项卡的"斜插"单选按钮

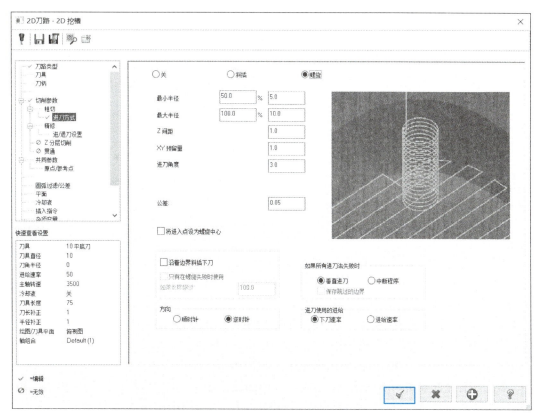

图 10 – 29　"进刀方式"选项卡的"螺旋式"单选按钮

径值;"Z 间距"指定开始螺旋进刀时距工件表面的高度;"XY 预留量"指定螺旋槽与凹槽在 X 向和 Y 向的安全距离;"进刀角度"指定螺旋下刀时螺旋线与 XY 面的夹角,角度越小,螺旋的圈数越多,一般设置为 5°～20°;"方向"指定螺旋下刀的方向,可设置为"顺时针"或"逆时针"方向;"沿着边界斜插下刀"复选框,选中该复选框而未选中"只有在螺旋失败时使用"复选框时,设定刀具沿边界移动,选中"只有在螺旋失败时使用"复选框时,仅当螺旋下刀不成功时,设定刀具沿边界移动;假如无法执行螺旋,当所有螺旋下刀尝试均失败后,设定系统为"直线下刀"或"程序中断";"将进入点设为螺旋中心"复选框,选中该复选框时,以串连的起点为螺旋刀具路径圆心点。

3. 高速切削加工

在"2D 刀路-2D 挖槽"对话框中,选择切削方式为"高速切削"选项,如图 10-30 所示。

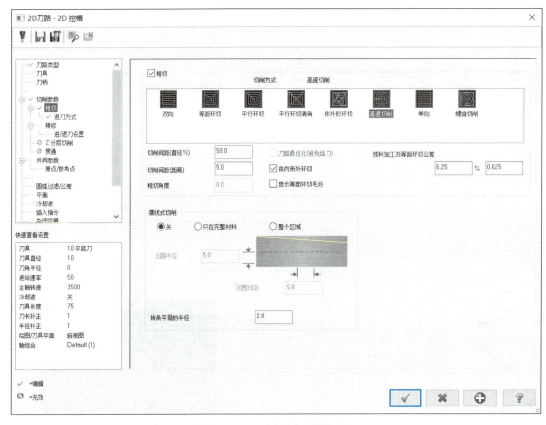

图 10-30 "高速切削"选项

在该选项中,摆线切削方式有:

(1)"关" 将关闭摆线式切削方式,仅在相邻刀具路径间加入摆线或圆弧。

(2)"只在完整材料" 当刀具陷入材料尺寸大于设置的切削间距时,刀具按高速加工走刀方式运动,直到刀具陷入材料尺寸小于刀间距时,才回到原来的走刀方式(直线式走刀)。刀具陷入残料时使用摆线切削方式为高速加工的默认加工方式。

(3)"整个区域" 当刀具间距或步距较大时就使用摆线式切削方式。

摆线切削允许拐角位置走圆弧,当切削方向的改变小于 135°时,为了使刀具切削平稳,将在拐角处走圆角,圆角半径可以在"转角平滑的半径"文本框内设定。

10.3.4　精修

在"2D 刀路 - 2D 挖槽"对话框中,在"切削参数"的树状展开菜单中,选择"精修"选项,如图 10 - 31 所示。

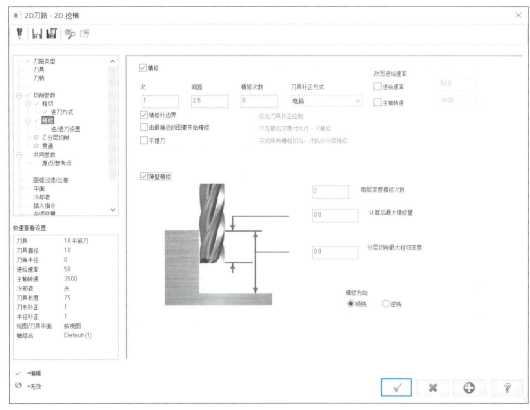

图 10 - 31　"精修"选项卡

选择"精修"复选框后,系统自动启动精加工方式及其相关的参数设置选项,包括精加工次数、精加工量和精加工时机等参数。

(1)"次"文本框　输入精加工次数。

(2)"间距"文本框　输入精加工量。

(3)"精修次数"文本框　输入在精加工次数的基础上再增加的环切次数。

(4)"刀具补正方式"下拉列表　用于选择精加工补偿方式,包括:电脑、控制器、磨损、两者磨损等补偿方式。

(5)"进给速率"文本框　用于输入精加工进给速度,否则与粗加工相同。

(6)"主轴转速"文本框　用于输入精加工的刀具转速,否则与粗加工相同。

(7)"精修外边界"复选框　选中该复选框,将对挖槽边界和岛屿进行精加工,否则只对岛屿进行加工。

(8)"由最接近的图素开始精修"复选框　选中该复选框,精加工从封闭几何图形的粗加工刀具路径终点开始。

(9)"不提刀"复选框　选中该复选框,刀具在切削完一层后直接进入下一层,不抬刀,否则回到参考高度再切削下一层。

（10）"优化刀具补正控制"复选框　当精加工采用控制器补偿方式时,选中该复选框,可以清除小于或等于刀具半径的圆弧精加工路径。

（11）"只在最后深度才执行一次精修"复选框　当粗加工采用深度分层铣削时,选中该复选框,所有深度方向的粗加工完毕后才进行精加工,且是一次性精加工。

（12）"完成所有槽粗切后,才执行分层精修"复选框　当粗加工采用深度分层铣削时,选中该复选框,粗加工完毕后再逐层进行精加工,否则粗加工一层后马上精加工一层。

（13）"薄壁精修"栏　在铣削薄壁零件时,选择"薄壁精修"复选框,可以设置更细致的薄壁零件精加工参数,以保证薄壁件在最后的精加工时不变形。

10.4　钻孔铣削刀路

钻孔铣削用于钻孔、镗孔和攻牙等加工。在该模组下,以点或圆弧中心确定加工位置。

调用该命令的方法：在"刀路"选项卡"2D"组选择"钻孔"命令,或右击"刀路"管理器空白处选"铣床刀路"下拉菜单中"钻孔"命令,系统弹出"刀路孔定义"管理器,如图 10-32 所示。

● 微视频

"刀路孔定义"
管理器

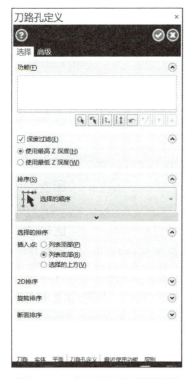

图 10-32　"刀路孔定义"管理器

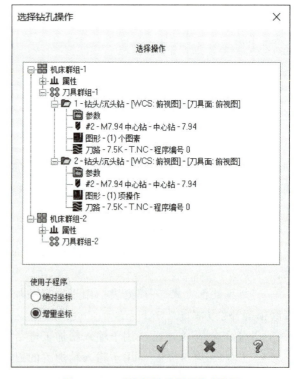

图 10-33　"选择钻孔操作"对话框

10.4.1　钻孔点选择方式

钻孔点选择方式有：

① 用鼠标在屏幕上选择已有的点。

② 自动选择点。用鼠标选择第 1 点、第 2 点和最后一点，然后系统按顺序自动选择一系列相关点。

③ 选择实体特征点。选择直线或圆弧，则直线端点或圆弧圆心会成为钻孔点。

④ 用窗口方式。用鼠标拾取窗口的对角点，则窗口内的点全部选中为钻孔点。

⑤ "限定圆弧"按钮。用窗口选取圆或圆弧，则圆或圆弧的圆心将成钻孔点。

⑥ "子程序"按钮。在钻孔加工中，经常要对某一个孔或一组孔系进行钻、扩、铰加工，钻、扩、铰加工的数控程序除了刀具不一样外，其他内容几乎是相同的，为了节省编程时间，系统提供了调用子程序功能。单击"子程序"按钮，弹出"选择钻孔操作"对话框，如图 10-33 所示。在该对话框中可进行刀具的设置。

⑦ "复制之前的点"按钮。使用上一次选择点方式。上次选择的点及排序方法将作为此次的钻孔点和排序方法。

⑧ "模板"复选框。有两种图案模式"网格点"和"圆周点"单选按钮，可供选择。

10.4.2　钻孔加工顺序设置

在"刀路孔定义"管理器中，单击"选择的顺序"按钮，展开"选择的顺序"下拉列表。在该下拉列表中有"2D 排序""旋转排序"和"断面排序"三个组，如图 10-34 所示。

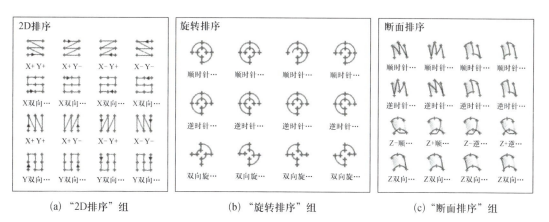

(a) "2D 排序"组　　　　(b) "旋转排序"组　　　　(c) "断面排序"组

图 10-34　"选择的顺序"下拉列表

10.4.3　"编辑"钻孔点

在刀具分组模型树中展开"钻头/沉头钻"，单击"图形"按钮，如图 10-35 所示，完成选择后，弹出"定义刀路孔"对话框。该对话框用于钻孔点的编辑操作。

10.4.4　钻孔切削参数设置

当完成"刀路孔定义"管理器设置，确定钻孔的点的位置后，弹出"2D 刀路-钻孔/全圆铣削　深孔钻-无啄孔"对话框。在该对话框中，在展开的树状菜单中选择不同选项时，右侧窗格中显示的是相应选项设置内容，如图 10-36 所示。

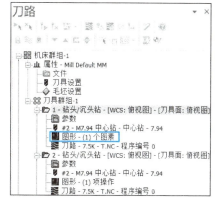

图 10-35　"编辑"钻孔点

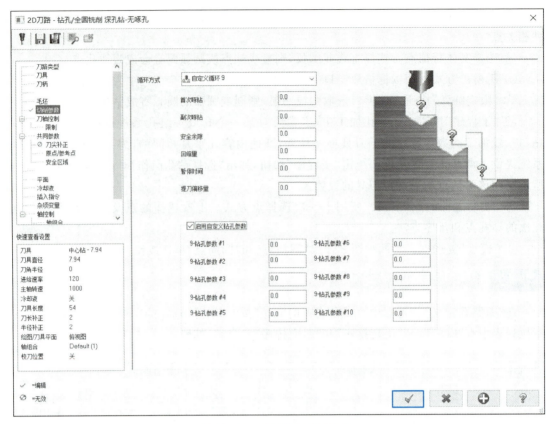

图 10-36 "切削参数"选项卡

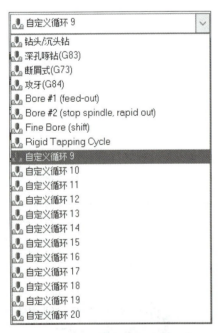

图 10-37 "循环方式"下拉列表

1. 钻孔循环方式

可在"循环方式"下拉列表中选择,如图 10-37 所示。

(1) 钻头/沉头钻 钻孔或镗沉头孔,其孔深一般小于 3 倍的刀具直径。

(2) 深孔啄钻(G83) 钻孔深度大于 3 倍刀具直径的深孔,特别适用于碎屑不易移除的情况。

(3) 断屑式(G73) 断层式钻孔。钻孔深度大于 3 倍刀具直径的深孔。与深孔啄钻不同的是钻头不需要退回到安全高度或参考高度,而只需要退回缩量的高度。

(4) 攻牙(G84) 主要用于攻左旋或右旋内螺纹孔。

(5) Bore #1 (feed-out) 用进给进刀和进给退刀镗孔,该方法得到表面较光滑的直孔。该方式以设置的进给速度进刀到孔底,然后又以设置的进给速度退刀到孔表面(即对孔进行两次镗孔)。

(6) Bore #2 (stop spindle,rapid out) 用进给进刀和快速退刀镗孔。该方式以设置的进给速度进刀到孔底,然后主轴停止旋转并快速退刀(即只对孔进行一次镗孔)。

(7) Fine Bore(shift) 高级镗孔方式。以设置的进给速度进刀到孔底,然后主轴停止旋转并将刀具旋转一定角度,使刀具离开孔壁(避免在快速退刀时,刀具划伤孔壁),然后快速退刀;需要输入快速退刀时刀具离开孔壁的距离。主要用于精镗加工。

(8) Rigid Tapping cycle　混合钻孔方式,可以综合设置以上几种钻孔方式的参数进行钻孔。

(9)"自设循环 9"~"自设循环 20"　自定义钻孔方式。

2. 自定义钻孔参数设置

在"循环方式"下拉列表中,选择"自设循环 9"~"自设循环 20",此时,自定义参数选项可用,通过各选项,完成自定义钻孔有关参数的设置。

3. 刀尖补正

在"2D 刀路-钻孔/全圆铣削　深孔钻-无啄孔"对话框中,在"共同参数"的展开菜单中,选择"刀尖补正"选项,如图 10 - 38 所示。其中,"刀具直径"用于设置钻头直径;"贯穿距离"用于设置刀具穿过工件的距离;"刀尖长度"用于设置刀尖的长度;"刀尖角度"用于设置刀尖的角度。

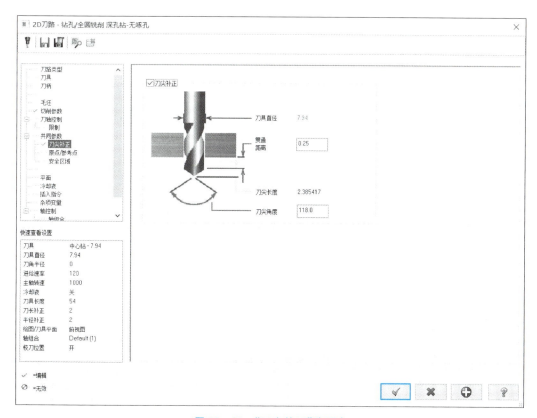

图 10 - 38　"刀尖补正"选项卡

10.5　全圆铣削加工刀路

全圆铣削加工包括全圆铣削、螺纹铣削、自动钻孔、钻起始孔、铣键横槽和螺旋铣孔等。

调用该命令的方法:右击"刀路"管理器空白处选择"铣床刀路"下拉菜单中"全圆铣削刀路"命令。

10.5.1 全圆铣削

选择全圆铣削命令后,系统弹出"刀路孔定义"对话框,当完成选择后(直接选择圆心即可,系统会自动计算该圆心对应的圆边界),系统弹出"2D 刀路-全圆铣削"对话框。在该对话框中,在展开的树状菜单中选择不同选项时,右侧窗格中显示相应选项卡的设置内容。

1. "切削参数"选项卡

选择"切削参数"选项,如图 10-39 所示。

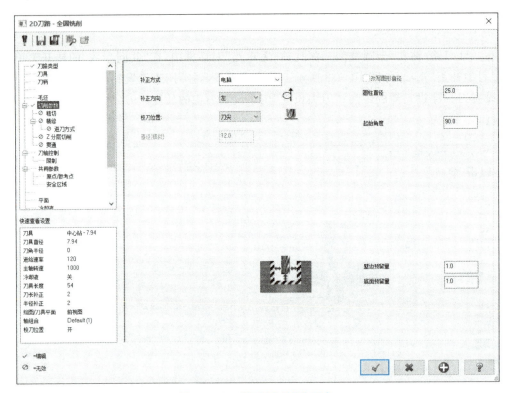

图 10-39 "切削参数"选项卡

(1)"圆柱直径"文本框 当选取的几何对象为点时,用于输入圆刀路的直径。若选取的几何对象为圆或圆弧时,则采用选取的圆或圆弧的直径。

(2)"起始角度"文本框 设置圆刀路的起始角度。

2. "进刀方式"选项卡

选择"进刀方式"选项,如图 10-40 所示。

(1)"进退刀圆弧扫描角度"文本框 设置进刀/退刀圆弧的刀路角度,设置值应小于180°。

(2)"由圆心开始"复选框 当选中该复选框时,以圆心作为刀具路径的起点,直线移到进刀圆弧刀路的起点;否则刀路的起点为进刀圆弧刀路的起点。

(3)"垂直进刀"复选框 当选中该复选框时,在进刀/退刀圆弧刀路起点/终点处增加一段垂直于圆弧的直线刀路。

3. "粗切"选项卡

选择"切削参数"的展开菜单中的"粗切"选项,如图 10-41 所示。该选项卡用于设置粗加工刀具路径。

微视频

全圆切削

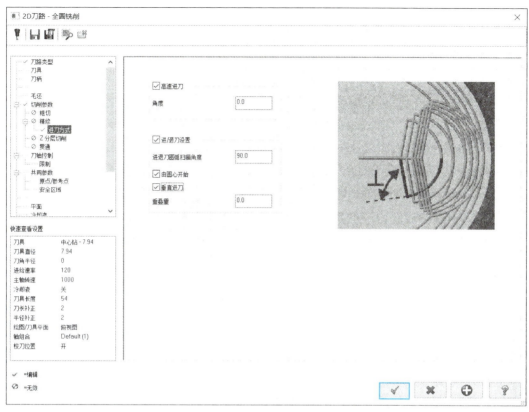

图 10 - 40　"进刀方式"选项卡

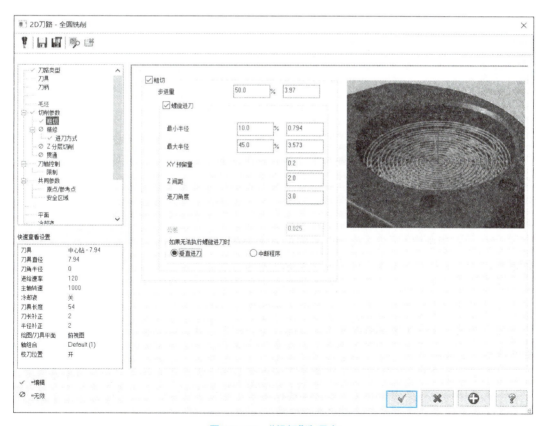

图 10 - 41　"粗切"选项卡

4."精修"选项卡

选择"切削参数"的展开菜单中的"精修"选项,如图 10 - 42 所示。该选项卡用于设置精加工刀具路径。

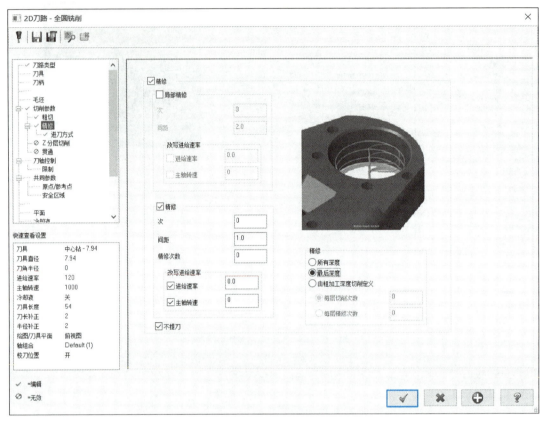

图 10 - 42 "精修"选项卡

10.5.2 螺纹铣削

螺纹铣削刀路为一系列的内螺纹或外螺纹铣削刀路,在铣削外螺纹时应先生产圆柱体,此圆柱体的直径为螺纹的大径,而铣削内螺纹时应先生产一个基础孔,此孔的直径为螺纹的小径。在选择螺纹铣削的对象时,铣削外螺纹时应选择小径圆的圆心,而铣削内螺纹时应选择大径圆的圆心。

选择"螺纹铣削"加工命令后,系统弹出"刀路孔定义"对话框,完成点的选择并确认后,系统弹出"2D 刀路-螺旋铣削"对话框。在该对话框中,在展开的树状菜单中选择不同的选项时,右侧窗格中显示的是相应选项卡的设置内容。

1."切削参数"选项卡

选择"切削参数"选项,如图 10 - 43 所示。该选项卡用于设置螺纹切削参数。

2."进/退刀设置"选项卡

选择"切削参数"展开菜单中的"进/退刀设置"选项,如图 10 - 44 所示。该选项卡用于设置螺纹切削进/退刀参数。

• 微视频

螺纹切削

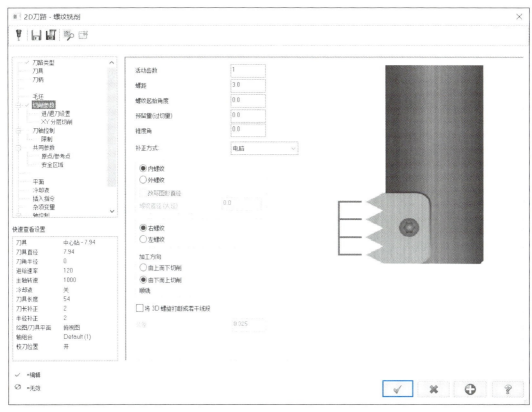

图 10 - 43　"切削参数"选项卡

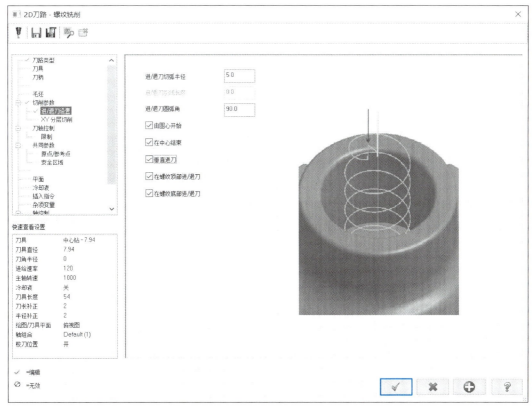

图 10 - 44　"进/退刀设置"选项卡

3. "XY 分层切削"选项卡

选择"切削参数"展开菜单中的"XY 分层切削"选项,如图 10 - 45 所示。该选项卡用于设置螺纹切削 XY 分层切削参数。

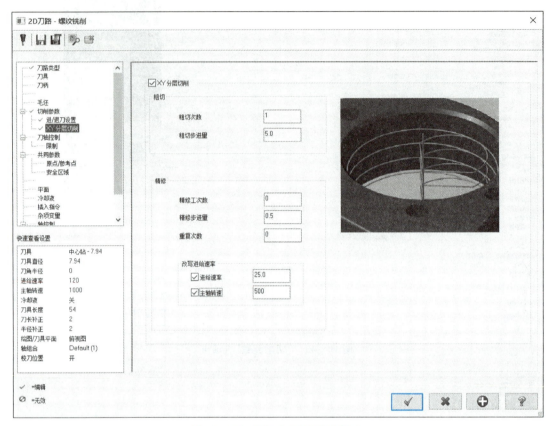

图 10 - 45 "XY 分层切削"选项卡

10.5.3 铣键横槽

铣键横槽加工主要对槽形结构进行加工铣削,与挖槽加工相比,槽形结构的铣键横槽加工效率更高,参数设置与挖槽加工十分相似。

选择铣键横槽加工命令后,系统弹出"线框串连"对话框,在绘图区选择构成工件外形的串连轮廓和串连方向并确认后,弹出"2D 刀路-铣槽"对话框。在该对话框中,在展开的树状菜单中选择不同选项时,右侧窗格中显示相应选项卡的设置内容。

● 微视频

铣键横槽 ●

1. "切削参数"选项卡

选择"切削参数"选项,如图 10 - 46 所示。该选项卡用于设置铣键槽切削参数。

2. "粗/精修"选项卡

选择"切削参数"下的"粗/精修"选项,如图 10 - 47 所示。该选项卡用于设置铣键槽粗/精修切削参数。

3. "Z 分层切削"选项卡

选择"切削参数"下的"Z 分层切削"选项,如图 10 - 48 所示。该对话框用于设置铣键槽切削 Z 分层切削参数。

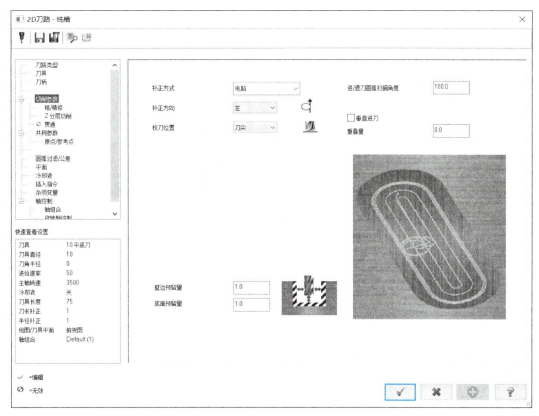

图 10 - 46　"切削参数"选项卡

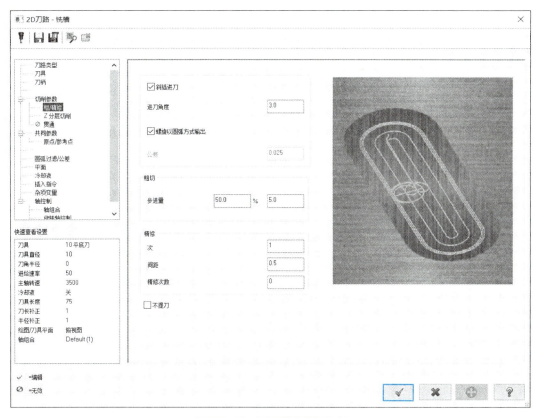

图 10 - 47　"粗/精修"选项卡

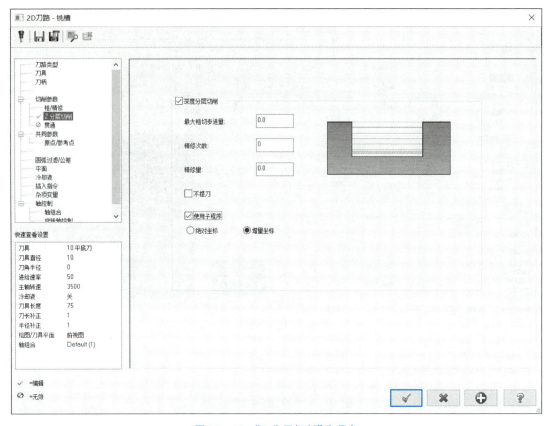

图 10 - 48　"Z 分层切削"选项卡

10.5.4　螺旋铣孔

螺旋铣孔加工是以螺旋进刀方式生成铣孔路径。

选择"螺旋铣孔"加工命令后,系统弹出"刀路孔定义"对话框,完成点的选择并确认后,系统弹出"2D 刀路-螺旋铣孔"对话框。在该对话框中,在展开的树状菜单中选择不同选项时,在右侧窗格中显示相应选项卡的设置内容。

1. "切削参数"选项卡

选择"切削参数"选项,如图 10 - 49 所示。该选项卡用于设置螺旋铣孔切削参数。

• 微视频

螺旋铣孔

（1）"圆柱直径"文本框　输入所加工孔的直径。

（2）"起始角度"文本框　输入转角起始位置。

（3）"由圆心开始"复选框　从圆心开始进刀。

（4）"垂直进刀"复选框　垂直下刀加工。

（5）"重叠量"文本框　两次下刀间的重叠量。

2. "粗/精修"选项卡

选择"切削参数"下的"粗/精修"选项,如图 10 - 50 所示。该选项卡用于设置螺旋铣孔粗/精修切削参数。

图 10－49　"切削参数"选项卡

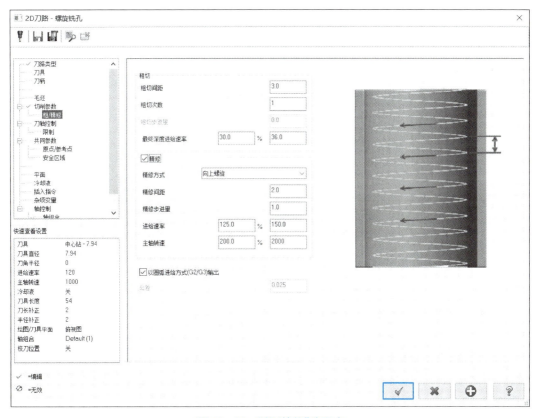

图 10－50　"粗/精修"选项卡

10.6　刀具路径转换

当加工对象有很多相似的加工部分,并且各部分变化很有规律时,可以对一个加工部分编写刀具路径,然后通过刀具路径转换实现对其他部分的加工。刀具路径转换有刀具路径旋转、刀具路径平移和刀具路径镜像。

微视频

刀具路径转换

调用该命令的方法:在"刀路"选项卡"工具"组中,选择"刀路转换"命令,弹出"转换操作参数设置"对话框。在"转换操作参数设置"对话框中,单击"刀路转换类型与方式"选项卡,如图 10-51 所示。

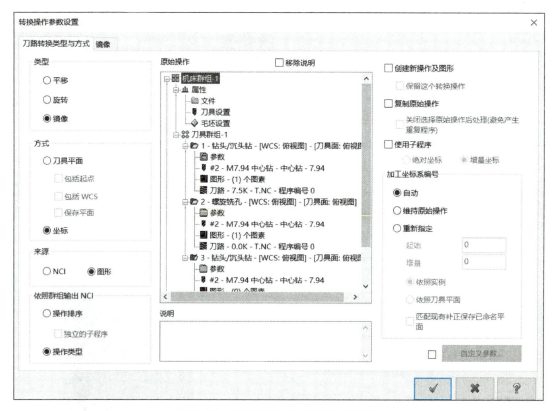

图 10-51　"刀路转换类型与方式"选项卡

1. "平移"类型

在"转换操作参数设置"对话框的"刀路转换类型与方式"选项卡中,在"类型"栏中,选中"平移"单选按钮,"转换操作参数设置"对话框的另一选项卡变为"平移"选项卡,单击该选项卡,如图 10-52 所示。在该选项卡中,完成刀路的平移设置。

2. "旋转"类型

在"转换操作参数设置"对话框的"刀路转换类型与方式"选项卡中,在"类型"栏中,选中"旋转"单选按钮,此时,"转换操作参数设置"对话框的另一选项卡变为"旋转"选项卡,单击该选项卡,如图 10-53 所示。在该选项卡中,完成刀路的旋转设置。

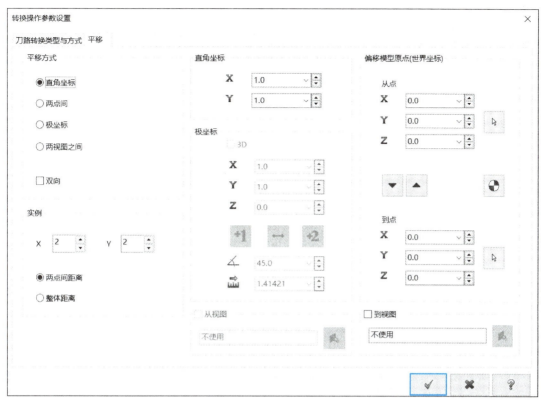

图 10-52　"平移"选项卡

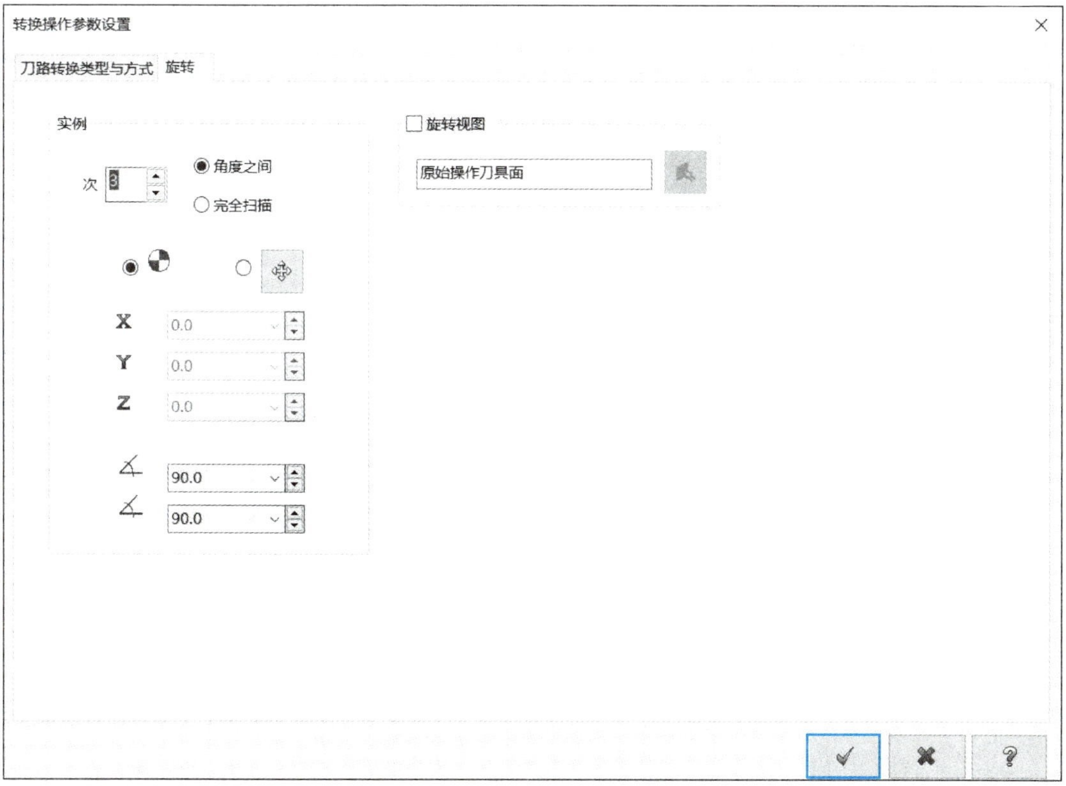

图 10-53　"旋转"选项卡

3."镜像"类型

在"转换操作参数设置"对话框的"刀路转换类型与方式"选项卡中,在"类型"栏中,选中"镜像"单选按钮,此时,"转换操作参数设置"对话框的另一选项卡变为"镜像",单击该选项卡,如图 10 - 54 所示。在该选项卡中,完成刀路的镜像设置。

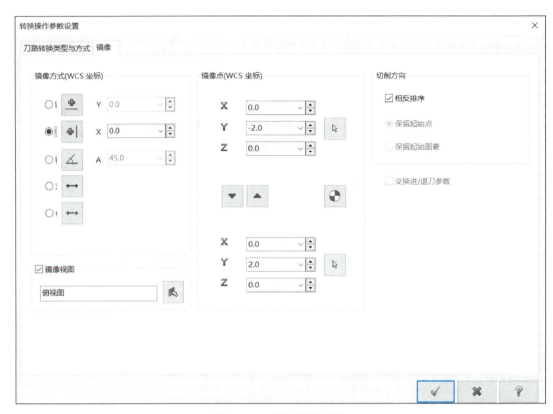

图 10 - 54 "镜像"选项卡

10.7 实 例

完成图 10 - 55 所示零件图形的加工。

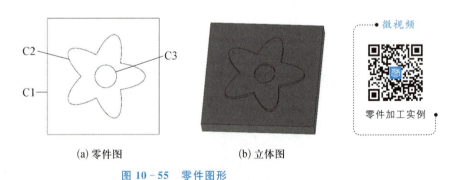

(a) 零件图   (b) 立体图

• 微视频

零件加工实例

图 10 - 55 零件图形

1.加工分析

完成该零件加工需要使用钻孔加工、全圆铣削、挖槽加工、外形铣削、面铣削等刀路设置。

2. 选择加工设备和设置毛坯

(1) 选择加工设备

在"机床"选项卡"机床类型"组"铣床"下拉菜单中选择"MILL3 – AXISVMX MM.
MMD",选择加工设备为立式三轴铣床。

(2) 设置毛坯

在"机床群组属性"对话框的"毛坯设置"选项卡中(图 10 - 56),单击"边界框"按钮,系统弹
出"边界框"管理器,如图 10 - 57 所示。在该管理器中,在"Z"坐标文本框中输入"25",在"X"
"Y"坐标文本框中输入"200",取消选中"显示"单选按钮,点击"确定",回到"毛坯设置"选项卡中。

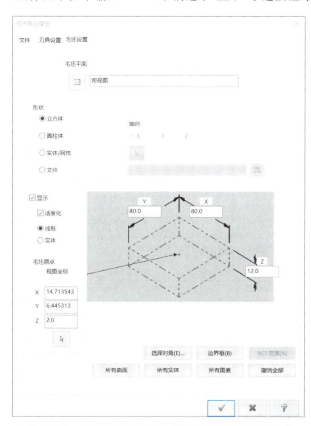

图 10 - 56　"机床群组属性"对话框"毛坯设置"选项卡 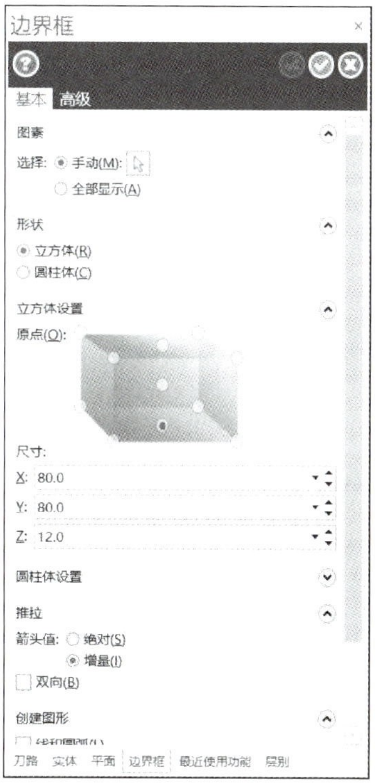　　　　图 10 - 57　"边界框"管理器

3. 面铣削加工

(1) 调用面铣削命令

选择"刀路"选项卡"2D"组的"面铣"命令,弹出"线框串连"对话框,选择如图 10 - 55 所
示的图形 C1,并单击"确认"按钮。

(2) 设置加工刀具

在弹出的"2D 刀路-平面铣削"对话框的"刀具"选项卡中单击"选择刀具刀库"按钮,弹出"选
择刀具"对话框。在该对话框中,单击"刀具过滤"按钮,弹出"刀具过滤列表设置"对话框,设置刀
具为圆鼻刀,并单击"确认"按钮。移动光标,选择 $\phi 16$ mm 的圆鼻刀,圆角半径为 1 mm,并单击
"确认"按钮,返回"2D 刀路-平面铣削"对话框的"刀具"选项卡,双击选择的刀具,此时弹出"编
辑刀具"对话框。在该对话框的"定义刀具图形"选项卡和"完成属性"选项卡中进行参数设置。

在"2D 刀路-平面铣削"对话框的"共同参数"选项卡(图 10 - 58)和"切削参数"选项卡
(图 10 - 59)进行参数设置。

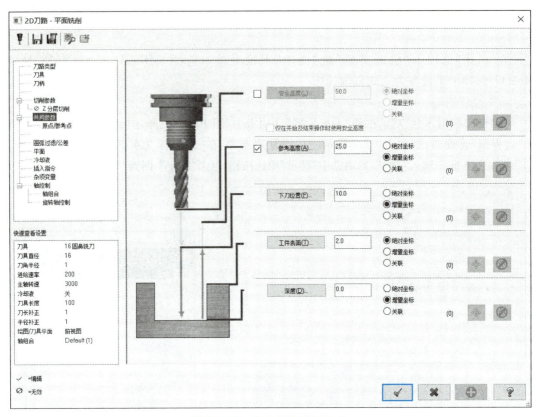

图 10 – 58 "共同参数"选项卡

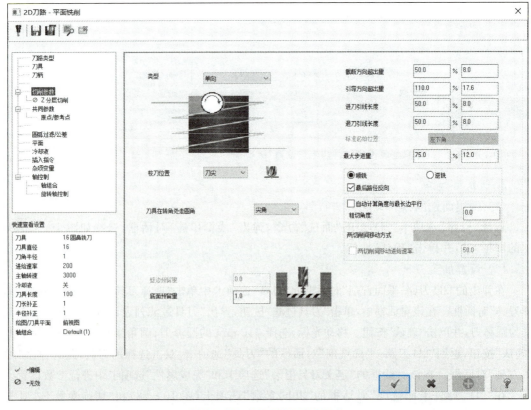

图 10 – 59 "切削参数"选项卡

在"2D 刀路-平面铣削"对话框的"平面"选项卡中进行参数设置,如图 10 - 60 所示。

图 10 - 60　"平面"选项卡

在"2D 刀路-平面铣削"对话框的"Z 分层切削"选项卡中进行参数设置。

在完成各项设置后,单击"确认"按钮,生成刀路。

4. 挖槽加工

(1) 调用挖槽加工命令

选择"刀路"选项卡"2D"组"挖槽"命令,弹出"线框串连"选项卡,选择图 10 - 55 所示的图形 C1、C2,并单击"确认"按钮。

• 微视频

挖槽加工

(2) 设置加工刀具

在弹出的"2D 刀路- 2D 挖槽"对话框的"刀具"选项卡中单击"选择刀库刀具"按钮,弹出"选择刀具"对话框。在该对话框中,单击"刀具过滤"按钮,弹出"刀具过滤列表设置"对话框,设置刀具为圆鼻刀,并单击"确认"按钮。移动光标,选择 $\phi 12$ mm 的圆鼻刀,圆角半径为 1 mm,并单击"确认"按钮。此时,返回"2D 刀路- 2D 挖槽"对话框的"刀具"选项卡,双击选择的刀具,弹出"编辑刀具"对话框。在该对话框的"定义刀具图形"选项卡和"完成属性"选项卡中进行参数设置。

在"2D 刀路- 2D 挖槽"对话框"切削参数"选项卡中进行参数设置,如图 10 - 61 所示。

在"2D 刀路- 2D 挖槽"对话框的"Z 分层切削"选项卡中进行参数设置,如图 10 - 62 所示。

在"2D 刀路- 2D 挖槽"对话框的"粗切"选项卡中进行参数设置,如图 10 - 63 所示。

在"2D 刀路- 2D 挖槽"对话框"进/退刀设置"选项卡中进行参数设置。

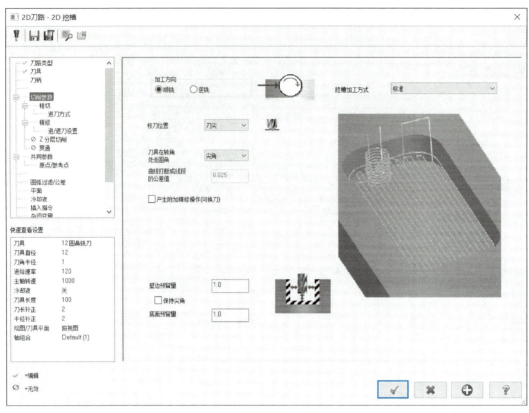

图 10－61　"切削参数"选项卡

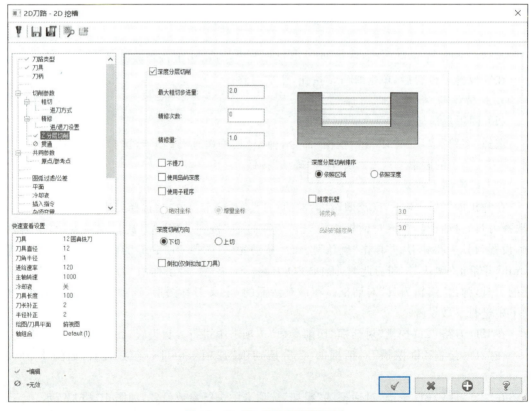

图 10－62　"Z 分层切削"选项卡

图 10 - 63　"粗切"选项卡

在各项设置完成后,单击"确认"按钮,生成刀路。

5. 外形铣削加工

(1) 调用外形铣削命令

选择"刀路"选项卡"2D"组"外形"命令,此时,弹出"线框串连"对话框,选择如图 10 - 55 所示的图形 C2,并单击"确认"按钮。

微视频

外形铣削

(2) 设置加工刀具

在弹出的"2D 刀路-外形铣削"对话框的"刀具"选项卡中单击"选择刀库刀具"按钮,弹出"选择刀具"对话框。在该对话框中,单击"刀具过滤"按钮,弹出"刀具过滤列表设置"对话框,设置刀具为端铣刀,并单击"确认"按钮。移动光标,选择 $\phi10$ mm 的端铣刀,并单击"确认"按钮。返回"2D 刀路-外形铣削"对话框的"刀具"选项卡,双击选择的刀具,弹出"编辑刀具"对话框。在该对话框的"定义刀具图形"选项卡和"完成属性"选项卡中的参数设置。

在"2D 刀路-外形铣削"对话框的"切削参数""Z 分层切削""进/退刀设置"选项卡中进行参数设置。

6. 钻孔加工

(1) 调用钻孔命令

选择"刀路"选项卡"2D"组"钻孔"命令,弹出"刀路孔定义"管理器,选择如图 10 - 55 所示的图形 C3 圆心,并单击"确认"按钮。

微视频

钻孔加工

(2) 设置加工刀具

在弹出的"2D 刀路-钻孔/全圆铣削 深孔钻-无啄孔"对话框的"刀具"选项卡中单击"选择刀库刀具"选项,弹出"选择刀具"对话框。在该对话框中,单击"刀具过滤"按钮,弹出"刀具过滤列表设置"对话框,设置刀具为钻头,并单击"确认"按钮。移动光标,选择 ϕ12 mm 钻头,并单击"确认"按钮。此时,返回"刀具"选项卡双击刀具,弹出"编辑刀具"对话框。在该对话框的"定义刀具图形"选项卡和"完成属性"选项卡中进行参数设置。

在"2D 刀路-钻孔/全圆铣 深孔钻-无啄孔"对话框的"共同参数"选项卡中进行参数设置,如图 10 - 64 所示。

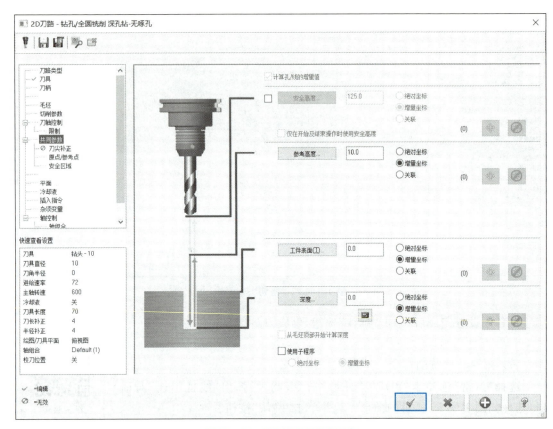

图 10 - 64 "共同参数"选项卡

在完成各项设置后,单击"确认"按钮,生成刀路。

7. 全圆铣削加工

(1) 调用全圆铣削命令

选择"刀路"选项卡"2D"组"全圆铣削"命令,弹出"刀路孔定义"对话框,选择图 10 - 55 所示的图形 C3 圆心,并单击"确认"按钮。

(2) 设置加工刀具

在弹出的"2D 刀路-全圆铣削"对话框的"刀具"选项卡中单击"选择刀库刀具"按钮,弹出"选择刀具"对话框。在该对话框中,单击"刀具过滤"按钮,弹出"刀具过滤列表设置"对话框,设置刀具为"平底刀",并单击"确认"按钮。移动光标,选择 ϕ8 mm 的平底刀,并单击"确认"按钮。此时,返回"刀具"选项卡,双击选择的刀具,此时弹出"编辑刀具"对话框。在该对话框的"定义刀具图形"选项卡和"完成属性"选项卡中进行参数设置。

在"2D 刀路-全圆铣削"对话框的"切削参数"选项卡中进行参数设置,如图 10 - 65 所示。

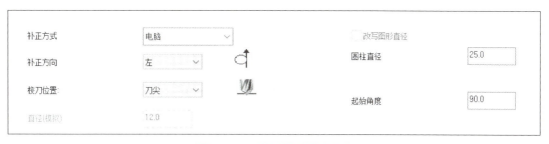

图 10 - 65　"切削参数"选项卡

在"2D 刀路-全圆铣削"对话框的"Z 分层切削"选项卡中进行参数设置,如图 10 - 66 所示。在"进刀方式"选项卡中进行参数设置,如图 10 - 67 所示。

图 10 - 66　"深度切削"对话框　　　　图 10 - 67　"进刀方式"选项卡

在完成各项设置后,单击"确认"按钮,生成刀路。

8. 实体加工模拟

当完成加工刀具路径设置后,可通过"刀路"管理器中的按钮,进行模拟显示。

9. 生成后处理程序

生成刀路,经过检验没有错误后,可以进行后处理操作。

　**思　考　题**

1. 简述铣床二维外形铣削加工刀具路径设置过程。
2. 简述铣床二维面铣削加工刀具路径设置过程。
3. 简述铣床二维挖槽铣削加工刀具路径设置过程。
4. 简述铣床二维钻孔加工刀具路径设置过程。
5. 简述铣床二维全圆铣削加工路径设置过程。
6. 简述铣床二维雕刻铣削加工路径设置过程。

7. 完成如图 10-68 所示的以下二维线框加工。

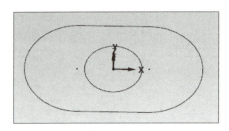

图 10-68　第 7 题配图

微视频

第 7 题解答

8. 完成如图 10-69 所示的零件加工。

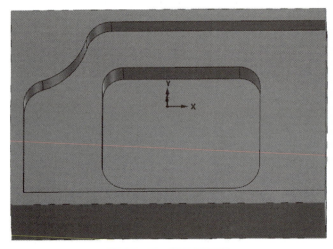

图 10-69　第 8 题配图

微视频

第 8 题解答

9. 完成如图 10-70 所示的零件加工。

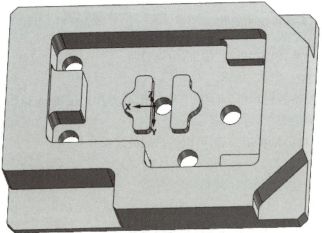

图 10-70　第 9 题配图

微视频

第 9 题解答

第 11 章　Mastercam 三维加工

Mastercam 系统的三维加工用来加工三维曲面、三维造型实体及其表面，它包括粗加工、精加工、多轴加工和线架加工。曲面加工系统生成的 NC 文件可供 3 轴加工机械使用。3 轴加工机械中用于加工的刀具始终垂直于刀具面。多轴加工模组和线架加工模组生成的 NC 文件可供 4 轴或 5 轴加工机械使用。4 轴加工机械中加工刀具除了在 X、Y、Z 轴方向平移外，刀具轴还可以在垂直某一设定的方向上旋转。5 轴加工机械的刀具轴则可以在任意方向上旋转。

大多数曲面加工都需要经过粗加工和精加工来完成，而粗加工必须在精加工之前。

11.1　三维加工的类型

三维加工包括曲面粗加工模组、曲面精加工模组、多轴加工模组和线框刀路加工模组等。

11.1.1　曲面粗加工模组

1. 曲面粗加工模组命令的调用方法

（1）右击"刀路"管理器空白处选择"铣床刀路"级联菜单中"曲面相切"的各命令，如图 11-1 所示。

微视频

曲面粗加工模组

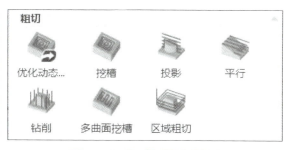

图 11-1　"曲面粗切"级联菜单　　　　图 11-2　"3D"组"粗切"类别

（2）选择"刀路"选项卡中"3D"组中"粗切"类别中各命令，如图 11-2 所示。

2. 曲面粗加工模组各命令的功能

曲面粗加工模组各命令的功能，见表 11-1。

表 11-1　曲面粗加工模组各命令的功能

序号	命　令	功　　　　　能
1	平行	产生相互平行的粗切削刀具路径，适合加工较为平坦的曲面
2	放射	生成放射状的粗加工刀具路径，适合加工圆形曲面

235

续　表

序号	命　令	功　　　　　能
3	投影	将已有的刀具路径或几何图形投影到选择的曲面上生成粗加工刀具路径,适合加工装饰品
4	流线	沿曲面流线方向生成粗加工刀具路径,适合加工曲面流线明显的曲面
5	等高	沿曲面外形等高线生成粗加工刀具路径,适合加工具有较大坡度的曲面
6	残料	对加工操作留下的残料区域,产生粗切削刀具路径,适合清除大刀加工不到的凹槽和拐角区域
7	挖槽	切削所有位于曲面与凹槽边界的材料,生成粗加工刀具路径,适合加工复杂形状的曲面
8	钻削	依曲面形态,在 Z 方向下降生成的粗加工刀具路径,主要用于快速清除预留量

11.1.2　曲面精加工模组

·微视频

曲面精加工
模组

1. 曲面精加工模组命令的调用方法

(1) 右击"刀路"管理器空白处,选择"铣床刀路"级联菜单"曲面精修"中的各命令,如图 11-3 所示。

(2) 选择"刀路"选项卡中"3D"组"精切"类别中各命令,如图 11-4 所示。

图 11-3　"曲面精修"级联菜单　　　图 11-4　"3D"组"精切"类别

2. 曲面精加工模组各命令的功能

曲面精加工模组各命令的功能,见表 11-2。

表 11-2　曲面精加工模组各命令的功能

序号	命　令	功　　　　　能
1	平行	产生相互平行的精切削刀具路径,适合加工较为平坦的曲面
2	平行陡斜面	生成用于以清除曲面斜坡上残留材料的精加工刀具路径

序号	命　令	功　　　　能
3	放射	生成放射状精加工刀具路径
4	投影	将已有的刀具路径或几何图形投影到选取曲面上,生成精加工刀具路径
5	流线	沿曲面流线方向生成精加工刀具路径
6	等高	沿曲面外形的等高线生成精加工刀具路径
7	浅滩	生成用于清除曲面浅面部分残留材料的精加工刀具路径。浅面积也由两斜坡角度决定
8	清角	生成用于清除曲面间的交角部分残留材料的精加工路径
9	残料	生成用于清除因使用较大直径刀具加工而残留的材料的精加工刀具路径
10	环绕	生成等距环绕工件曲面的精加工刀具路径
11	熔接	在两个混合边界区域产生精切削刀具路径

11.2　共　同　参　数

不同几何对象的加工刀路是由相应的加工模块的不同参数确定的,这些参数可分为共同参数和特定参数。各加工模块的共同参数中的刀具参数是基本相同的。另外,在曲面加工各模组中,曲面参数也基本相同。

11.2.1　刀具参数

各加工模组中的刀具参数设置都包含在对话框中的"刀具参数"选项卡中,如图 11 - 5 所示。各加工模组中该选项卡的内容基本相同,用于加工刀路的设置。

微视频

共同参数

（1）刀具显示框　显示目前可用的刀具、刀具的规格等,刀具的规格包括：刀具的编号、装配名称、刀具名称、刀柄名称、直径、刀角半径、长度、刀齿数、类型等。

（2）"选择刀库刀具"按钮　单击该按钮,弹出"选择刀具"对话框,用于选择刀具,选择的刀具将显示在刀具显示设置框中,供设置加工路径参数时选择使用。

（3）刀具规格栏　将在刀具显示框中,显示选择的刀具的规格,包括："刀具名称"文本框、"刀具编号"文本框、"刀座编号"文本框、"刀长补正"文本框、"直径补正"文本框、"刀具直径"文本框、"刀角半径"文本框等。

（4）"Coolant"（冷却液）按钮　单击该按钮,弹出"Coolant"对话框,用于设置加工时的冷却液。

（5）加工参数设置栏　用于设置加工时的参数,包括"主轴方向"下拉列表（包括"顺时针""逆时针"两个转动方向）、"进给速率"文本框、"下刀速率"文本框、"主轴转速"文本框、"提刀速率"文本框、"强制换刀"复选框和"快速提刀"复选框。

（6）"刀具过滤"按钮　单击"刀具过滤"按钮,弹出"刀具过滤列表设置"对话框,如图 11 - 6 所示。该对话框用于设置刀具过滤条件。

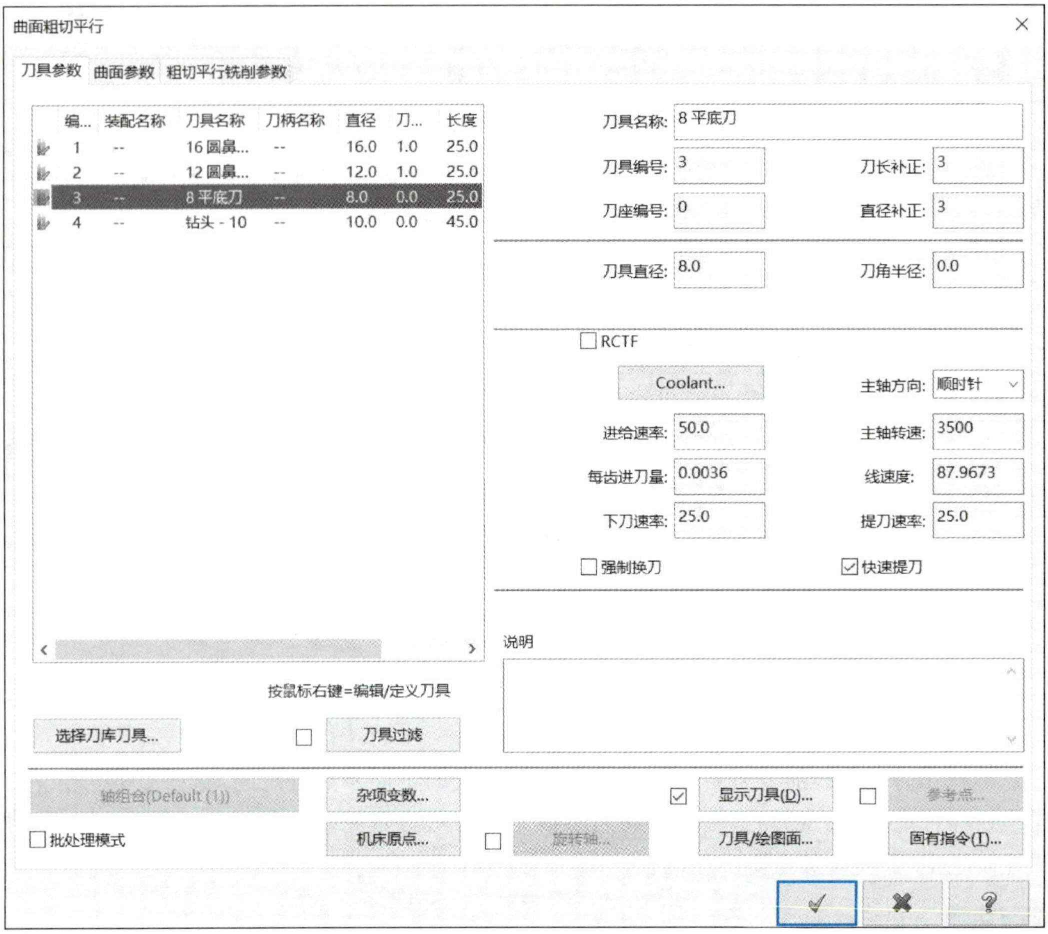

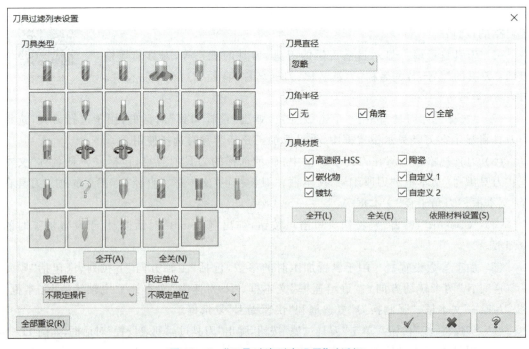

图 11 - 5 "刀具参数"选项卡

图 11 - 6 "刀具过滤列表设置"对话框

（7）"显示刀具"按钮　单击"显示刀具"按钮，弹出"刀具显示设置"对话框，如图 11 - 7 所示。该对话框用于设置刀具显示情况。

（8）"参考点"按钮　单击"参考点"按钮，弹出"参考点"对话框，如图 11 - 8 所示。该对话框用于设置刀具参考点位置。

（9）"旋转轴"按钮　单击"旋转轴"按钮，弹出"旋转轴"对话框，如图 11 - 9 所示。该对话框用于设置刀具旋转轴。

图 11 - 7　"刀具显示设置"对话框

图 11 - 8　"参考点"对话框

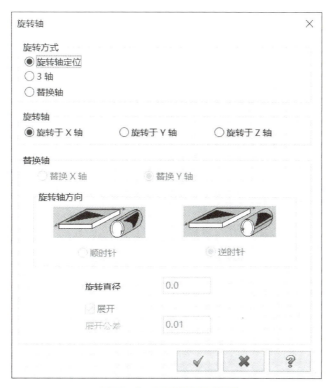

图 11 - 9　"旋转轴"对话框

（10）"刀具/绘图面"按钮　单击"刀具/绘图面"按钮，弹出"刀具面/绘图面设置"对话框，如图 11 - 10 所示。该对话框用于设置刀具面/绘图面。

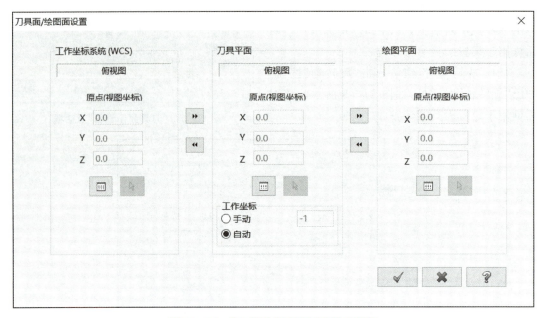

图 11 - 10　"刀具面/绘图面设置"对话框

（11）"固有指令"按钮　单击"固有指令"按钮，弹出"固有指令"对话框，如图 11 - 11 所示。该对话框用于设置刀具的插入指令。

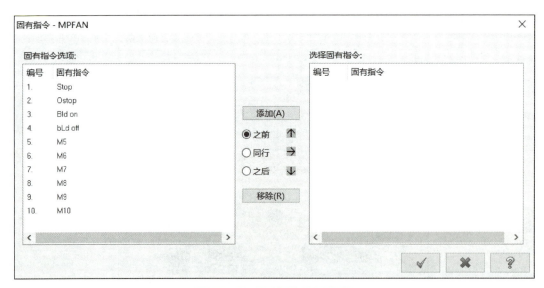

图 11 - 11　"固有指令"对话框

（12）"杂项变数"按钮　单击"杂项变数"按钮，弹出刀具的"杂项变数"对话框，如图 11 - 12 所示。该对话框用于设置刀具的其他变量。

11.2.2　曲面参数

每个曲面加工模组中，曲面参数的设置都包含在对话框中的"曲面参数"选项卡中，如图 11 - 13 所示，各加工模组中该选项卡的内容基本相同，用于设置刀路的曲面参数。

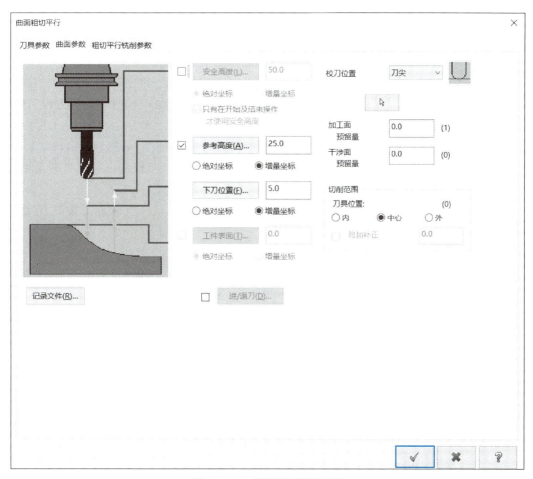

图 11－12　"杂项变数"对话框

图 11－13　"曲面参数"选项卡

1. Z 轴(高度)深度参数

定义 Z 轴方向的刀路参数有：安全高度、参考高度、下刀位置和工件表面等。

2. "进/退刀"按钮

单击"进/退刀"按钮,弹出"方向"对话框,如图 11－14 所示。该对话框用来添加和设置曲面加工时进刀和退刀的刀路。

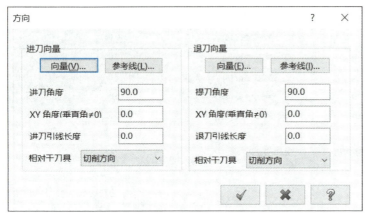

图 11－14 "方向"对话框

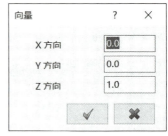

图 11－15 "向量"对话框

进刀刀路和退刀刀路参数含义相同,各参数及选项含义如下:

(1) 进刀/提刀角度　用于设置进刀/退刀刀路在 Z 方向的角度。

(2) XY 角度(垂直角≠0)　用于设置进刀/退刀刀路与水平方向间的角度。

(3) 进刀/退刀引线长度　用于设置进刀/退刀刀路引线长度。

(4) "相对于刀具"下拉列表框　设置进刀/退刀刀路的"XY 角度"定义方法。当选择"刀具平面 X 轴"选项时,"XY 角度"为与刀具平面＋X 轴的夹角;当选择"切削方向"选项时,"XY 角度"为与切削方向的夹角。

(5) "向量"按钮　单击该按钮,弹出线性刀具轴控制"向量"对话框,如图 11－15 所示。该对话框用于设置进刀/退刀刀路在 X、Y、Z 方向的 3 个向量来定义刀具的角度和长度。

(6) "参考线"按钮　单击该按钮,返回到绘图区,通过选取一条直线来定义进刀/退刀刀路的角度和长度。

3. "选择"按钮

单击"选择"按钮,弹出"刀路曲面选择"对话框,用于重新设置和修改加工曲面、干涉曲面和加工区域。

11.3　曲　面　粗　切

在"曲面粗切"级联菜单中,提供了不同加工方式来适应不同的工件和加工场合,在进行曲面加工时首先要选择加工类型,如图 11－16 所示,选择后,系统弹出"选择工件形状"对话框,如图 11－17 所示。

(1) "凸"单选按钮　切削方式采用单向加工,Z 方向采用双侧切削并且不允许作 Z 轴负向切削。

微视频

粗加工类型的
选择

图 11 - 16　"曲面粗切"加工类型的选择

（2）"凹"单选按钮　切削方式可以采用之字形切削方式，允许刀具上下多次进刀和退刀，并且 Z 轴正向和负向都作允许切削运动。

（3）"未定义"单选按钮　使用默认值，一般为上一次生成平行切削、铣削粗加工刀具路径的参数设置。

当完成"选择工件形状"对话框的设置后，系统提示"选择实体面、曲面或网格"，当完成选择并确认后，弹出"刀路曲面选择"对话框，如图 11 - 18 所示。该对话框用于设置和修改加工面、干涉面、切削范围和指定下刀点。加工面是指需要加工的曲面；干涉面是指不需要加工的曲面；切削范围是指在加工曲面的基础上再给出某个区域进行加工，针对某个结构进行加工，减少空走刀以提高加工效率。

选择工件形状　　　×

○凸

○凹

◉未定义

✓　　　✗

图 11 - 17　"选择工件形状"
对话框

完成"刀路曲面选取"设置后，弹出相应的曲面粗加工命令对话框，用于设置刀具加工路径。

11.3.1　平行加工

当选择"曲面粗切"的"平行"命令，并按系统提示完成操作后，系统弹出"曲面粗切平行"对话框。在该对话框中，选择"粗切平行铣削参数"选项卡，如图 11 - 19 所示。

（1）"整体公差"文本框　用来设置曲面刀路的加工精度误差。一般设置为 0.05～0.2。

（2）"切削方向"下拉列表　用来选择刀具在 XY 面的走刀方式，分为"双向"切削和"单向"切削两种。

（3）"最大切削间距"文本框　用来设置同一层两相邻切削路径的最大进刀量（即行进刀量），该值必须小于刀具的直径。这两个值设置得越大，生成的刀路越少，加工结果越粗糙。

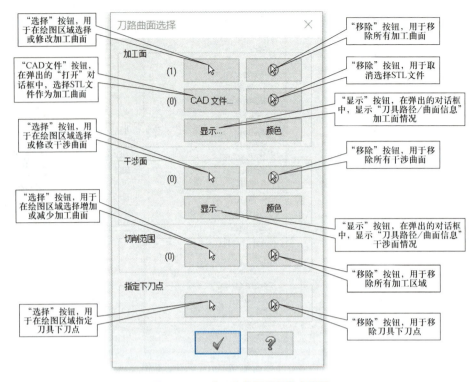

图 11 - 18　"刀路曲面选取"对话框

图 11 - 19　"粗切平行铣削参数"选项卡

（4）"Z 最大步进量"文本框　用来设置两相邻切削路径层间的最大 Z 方向距离（即层进刀量）。

（5）"加工角度"文本框　用来设置加工角度，加工角度是指刀具路径与刀具面 X 轴的夹角。

（6）"下刀控制"栏

①"切削路径允许多次切入"单选按钮　允许沿曲面刀具路径连续地下刀和提刀，多用于加工多重凹凸工件的表面；

②"单侧切削"单选按钮　只允许单侧下刀或退刀；

③"双侧切削"单选按钮　允许在双侧下刀或退刀。

（7）"定义下刀点"复选框　设置刀路的起点，选中该复选框，在设置完各参数后，系统提示指定刀路的起始点，以距选取点最近的角度为刀路的起始点。

（8）"允许沿面下降切削（−Z）"复选框　允许刀具沿曲面下降（−Z）切削；

（9）"允许沿面上升切削"（+Z）复选框　允许刀具沿曲面上升（+Z）切削。

（10）"整体公差"按钮　单击该按钮，系统弹出"圆弧过滤公差"对话框，如图 11 - 20 所示。

图 11 - 20　"圆弧过滤公差"对话框

该对话框用于优化刀路的公差设置。过滤比例用来调节过滤公差和切削公差在总公差中的比例，一般设置为 2∶1。若关闭过滤比例，总公差将等于切削公差，过滤公差不存在。过滤公差可以简化刀路，当刀具路径的一点到另一条直线（或圆弧）的距离小于或等于设定的过滤公差值时，系统将认定两条刀路重复，只保留一条刀路，这种走刀方式称为过滤。

(11)"切削深度"按钮　单击"切削深度"按钮,弹出"切削深度设置"对话框,如图 11－21 所示。该对话框用来设置粗加工切削深度。有"绝对坐标"和"增量坐标"两种方式。

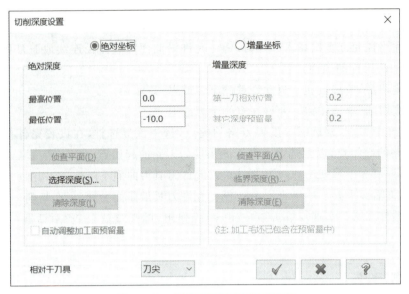

图 11－21　"切削深度设置"对话框

①"绝对坐标"单选按钮　选中该单选按钮时,在"绝对深度"栏中进行相关参数的设置。"最高位置"文本框:用来设置刀具在切削工件时,上升的最高点;"最低位置"文本框:用来设置刀具在切削工件时,下降的最低点;"侦查平面"按钮:只有在挖槽粗切、等高粗切、残料粗切、等高精修时才可用;"清除深度"按钮:可以清除选择的绝对深度或相对深度值;"选择深度"按钮:可以选择最小加工深度和最大加工深度及临界深度;"自动调整加工面预留量"复选框:当选中该复选框时,曲面加工时曲面预留量为曲面参数中曲面预留量栏内输入的预留量,否则,系统将忽略曲面预留量,仅使用设置的深度值。

②"增量坐标"单选按钮　选中该单选按钮时,系统根据曲面切削深度和设置的参数,自动计算出刀具路径最大和最小的深度,在"增量深度"栏中进行相关参数的设置。"第一刀相对位置"文本框:用来设置系统在自动计算刀具最小深度时,刀具的最低点与顶部切削边界的距离,如果为正值,下移设置的值至较低位置,若为负值则移到较高的位置;"其他深度预留量"文本框:用于设置刀具深度与其他切削边界的距离,正值表示刀具沿 Z 轴下移,负值表示刀具上移;"临界深度"按钮。单击该按钮后,返回到绘图区,选择刀具路径的深度,仅在挖槽粗加工、等高外形粗加工和等高外形精加工时才可选用。

③"相对于刀具"下拉列表　用来设置切削深度是相对于刀具的刀尖还是刀具的中心。

(12)"间隙设置"按钮　单击"间隙设置"按钮,弹出"刀路间隙设置"对话框,如图 11－22 所示。该对话框用来设置不同间隙的刀具运动方式。

①"允许的间隙大小"栏　用来设置允许的间隙。"距离"文本框:用来直接输入间隙距离;"步进量"文本框:用来输入允许间隙与进刀量的百分比。

②"移动小于允许间隙时,不提刀"栏　用于设置当移动量小于允许间隙时刀具移动的形式,此时不提刀。位移为刀具每一次切削时在构图面上的移动量。在下拉列表框中,选择刀具的移动形式,包括:"不提刀",刀具从一个曲面刀路的终点直接移到另一曲面刀具路径

的起点;"打断",刀具从一个曲面刀路的终点沿 Z 方向移动(或沿 X/Y 方向移动),再接着沿 X/Y 方向移动(或沿 Z 方向移动)到另一个曲面刀具路径的起点;"平滑",用于高速加工,即刀路以平滑方式越过间隙;"沿着曲面",刀具从一个曲面刀路的终点沿曲面外形移到另一个曲面刀路的起点处。"检查间隙移动过切情形"复选框:选中该复选框时,当出现圆凿切削时,在移动量小于允许间隙时系统自动校准刀具路径;"间隙移动使用下刀及提刀速率"复选框:用于间隙移位时,使用下刀提刀速度。

③ "移动大于允许间隙时,提刀至安全高度"栏移动量大于允许间隙时提刀。选中"检查提刀时的过切情形"复选框,当出现圆凿切削时,在移动量大于允许间隙时系统自动校准刀具提刀的运动。

④ "切削排序最佳化"复选框　选中该复选框时,刀具停留在某一处直到其余操作完成。

⑤ "在加工过的区域下刀(用于单向平行铣)"复选框　在单向平行铣时,选中该复选框,允许从加工过的区域下刀。

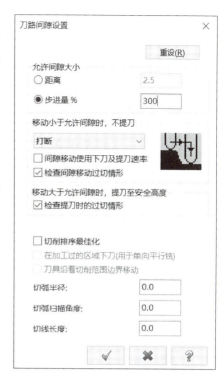

图 11 - 22　"刀路间隙设置"对话框

⑥ "刀具沿着切削范围边界移动"复选框　允许刀具以一定间隙沿边界切削,刀具在 XY 方向移动,以确保刀具的中心在边界上。

⑦ "切弧半径"文本框　用于输入边界处刀路延伸切弧的半径。

⑧ "切弧扫描角度"文本框　用于输入边界处刀路延伸切弧的角度。

⑨ "切线长度"文本框　用于输入边界处刀路延伸切线的长度。

(13) "最大切削间距"按钮　单击"最大切削间距"按钮,弹出"最大切削间距"对话框,如图 11 - 23 所示。

图 11 - 23　"最大切削间距"对话框

图 11 - 24　"高级设置"对话框

在该对话框中,"最大步进量"文本框、"平面残脊高度"文本框和"45 度残脊高度"文本框用于设置最大切削间距(最大步进量)。最大切削间距的设置是指铣刀在刀具平面上的步进距离,最大步进距离越小,铣削精度越高,但是产生刀具路径时间越长,生成的 NC 程序也就越多,加工时间也就越长。

(14)"高级设置"按钮 单击"高级设置"按钮,弹出"高级设置"对话框,如图 11－24 所示。该对话框中可以完成边界设置。

11.3.2 投影加工

微视频

投影粗切

投影加工方式将存在的刀路或几何图形投影到曲面上,生成粗切刀路,其专用的粗加工参数设置在"曲面粗切投影"对话框的"投影粗切参数"选项卡中,如图 11－25 所示。

图 11－25 "投影粗切参数"选项卡

该选项卡主要是指定用于投影的对象。可用于投影的对象包括:NCI(已有的刀具路径)、已有的一组曲线和已有的一组点。若选择用 NCI 文件进行投影,则需要在"原始操作"列表框中,选取 NCI 文件;若选择用曲线或点进行投影,在关闭该对话框后还需要选取用于投影的一组曲线或点。

11.3.3 流线加工

流线加工方式可以顺差曲面流线方向生成粗切削路径,其专用的粗切参数设置在"曲面粗切流线"对话框的"曲面流线粗切参数"选项卡中,如图 11－26 所示。

图 11-26　"曲面流线粗切参数"选项卡

（1）"切削控制"栏　用于设置控制刀具纵深移动的有关参数（即层进刀量）。"距离"复选框及文本框：选中该复选框后，可在文本框中直接输入层进刀量；"整体公差"按钮及文本框：文本框用于设置刀路与曲面误差，以计算出进刀量，单击"整体公差"（Total tolerance）按钮，弹出"圆弧过滤公差"对话框，用于优化刀路；"执行过切检查"复选框：当出现圆凿切削时，系统自动调整曲面流线加工刀具路径。

流线粗切

（2）"截断方向控制"栏　用于设置控制刀具截面方向移动的有关参数（即行进刀量）。"距离"单选按钮及文本框：选中该按钮后，可在文本框中直接输入行进刀量；"残脊高度"单选按钮及文本框：选中该按钮后，在文本框中输入残脊高度，由系统自动计算出行进刀量。残脊高度是指使用非平底铣刀进行切削加工后，在两条相邻切削路径之间，因为刀形而留下未切削的凸起区域的高度。

11.3.4　等高加工

等高加工方式可以围绕曲面外形生成逐层梯状粗切刀路，其专用的粗切参数设置在"曲面粗切等高"对话框的"等高粗切参数"选项卡中，如图 11-27 所示。

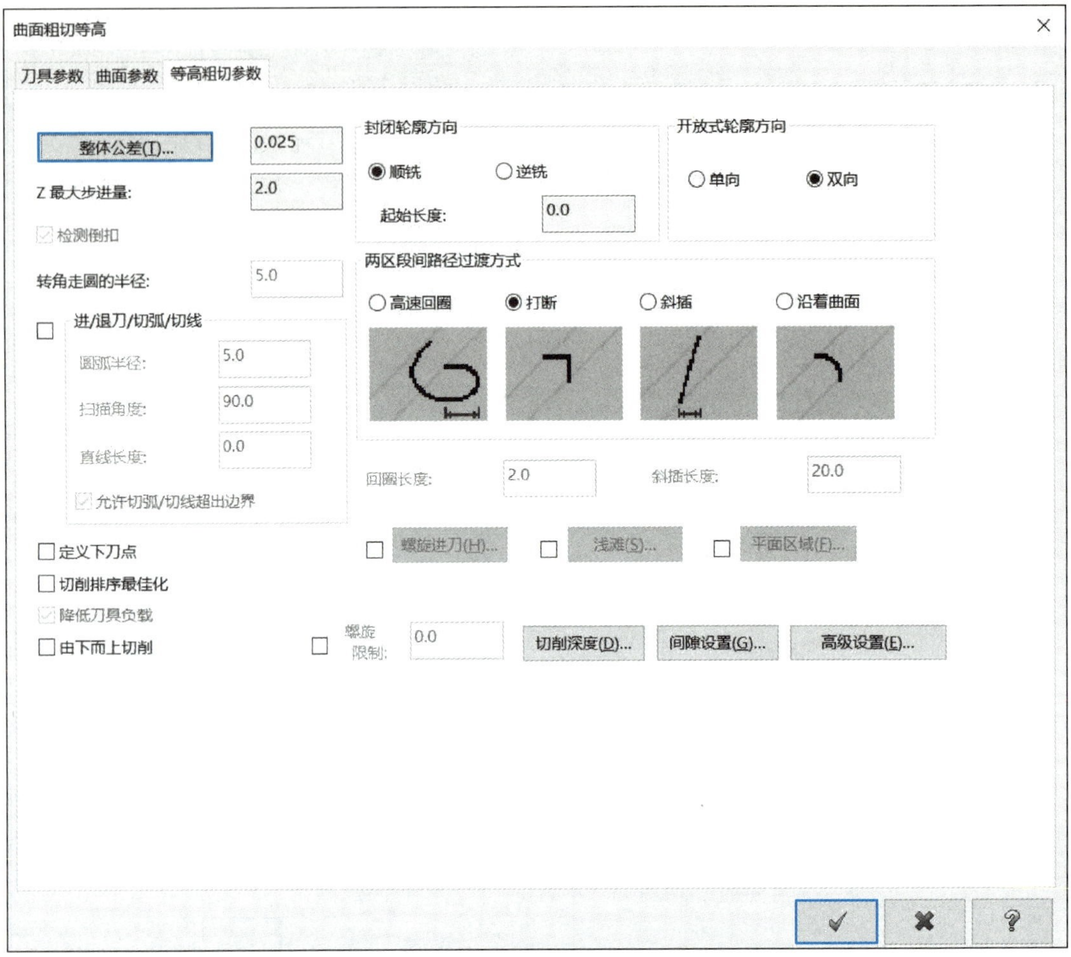

曲面粗切等高 ✕

刀具参数　曲面参数　等高粗切参数

整体公差(T)... 　0.025

Z 最大步进量: 　2.0

☑ 检测倒扣

转角走圆的半径: 　5.0

□ 进/退刀/切弧/切线

　圆弧半径: 　5.0

　扫描角度: 　90.0

　直线长度: 　0.0

　☑ 允许切弧/切线超出边界

□ 定义下刀点

□ 切削排序最佳化

☑ 降低刀具负载

□ 由下而上切削

封闭轮廓方向

◉ 顺铣　　○ 逆铣

起始长度: 　0.0

开放式轮廓方向

○ 单向　　◉ 双向

两区段间路径过渡方式

○ 高速回圈　　◉ 打断　　○ 斜插　　○ 沿着曲面

回圈长度: 　2.0　　斜插长度: 　20.0

□ 螺旋进刀(H)...　　□ 浅滩(S)...　　□ 平面区域(F)...

□ 螺旋限制: 　0.0　　切削深度(D)...　　间隙设置(G)...　　高级设置(E)...

✔　✖　？

图 11 - 27　"等高粗切参数"选项卡

对于封闭曲面外形,其铣削方式可设置为"顺铣"或"逆铣"。当设置为"逆铣"时,刀具旋转方向与刀具移动方向相反;反之,则相同。对于开放曲面外形,其铣削方式可设置为"单向"或"双向"。当刀具的移动量小于允许间隙时,可以在"两区段间路径过渡方式"栏中选择不同的刀具移动方式。

● 微视频

等高粗切

11.3.5　残料加工

残料加工方式可以对前面加工操作留下的残料区域生成粗切刀路,其专用的粗切参数设置在"曲面残料粗切"对话框的"残料加工参数"和"剩余毛坯参数"选项卡中,如图 11 - 28、图 11 - 29 所示。

"残料加工参数"选项卡中的参数设置与等高加工参数设置基本相同。

"剩余毛坯参数"选项卡中的参数介绍如下:

(1)"计算毛坯依照"栏

① "所有先前的操作"　对前面所有的加工操作进行残料计算,下拉菜单中包括"单一刀路群组""单一机床群组"和"所有群组"选项。

● 微视频

残料加工

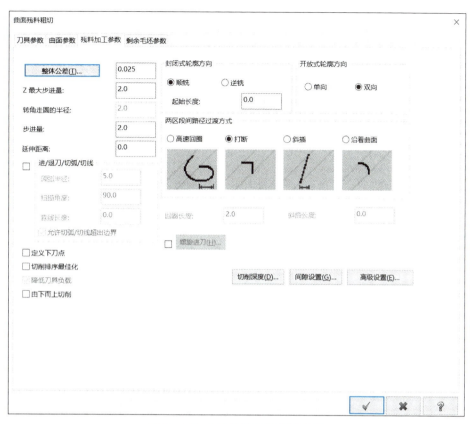

图 11 - 28　"残料加工参数"选项卡

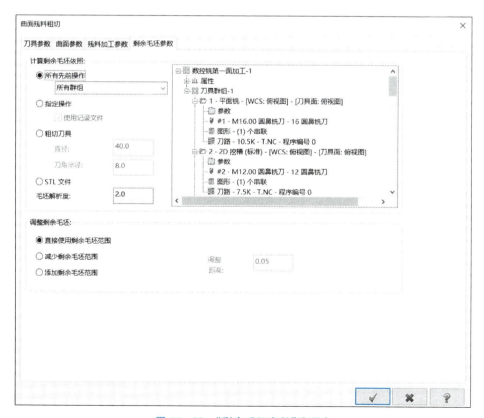

图 11 - 29　"剩余毛坯参数"选项卡

②"指定操作"单选按钮　可以选择右侧加工操作栏中的某个加工操作进行残料计算，此时，"使用记录文件"复选按钮可用。

③"粗切刀具"单选按钮　可以在"直径"文本框中，输入刀具直径；在"刀角半径"文本框中，输入刀角半径，系统将针对符合上述刀具参数的加工操作进行残料计算。

④"STL 文件"　系统对 STL 文件进行残料计算。

⑤"毛坯解析度"文本框　输入的数值将影响残料加工的质量和速度，较小的数值能产生更好的残料加工质量，较大的数值能加快残料加工速度。

(2)"调整剩余毛坯"栏

①"直接使用剩余毛坯范围"单选按钮　残料的去除由系统自动计算。

②"减少剩余毛坯范围"单选按钮　将忽略符合在"调整的距离"文本框中输入残料的距离数值。

③"增加剩余毛坯范围"单选按钮　铣削符合在"调整的距离"文本框中输入残料的距离数值。

11.3.6 挖槽加工

挖槽加工可以依照曲面形状，于 Z 方向下降生成逐层梯田状粗切刀路，其专用的粗切参数设置在"曲面粗切挖槽"对话框的"粗切参数"和"挖槽参数"选项卡中，如图 11-30、图 11-31 所示。

● 微视频

曲面粗切挖槽 ●

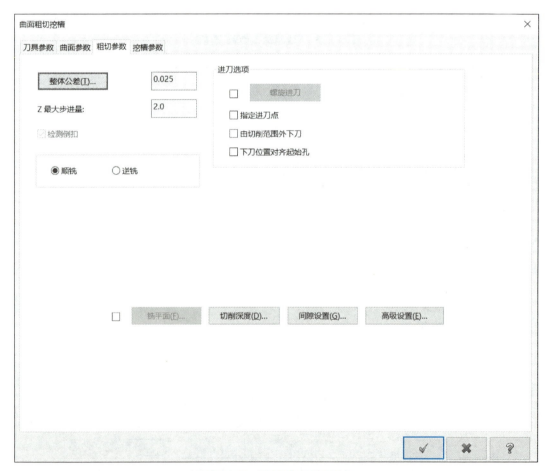

图 11-30　"粗切参数"选项卡

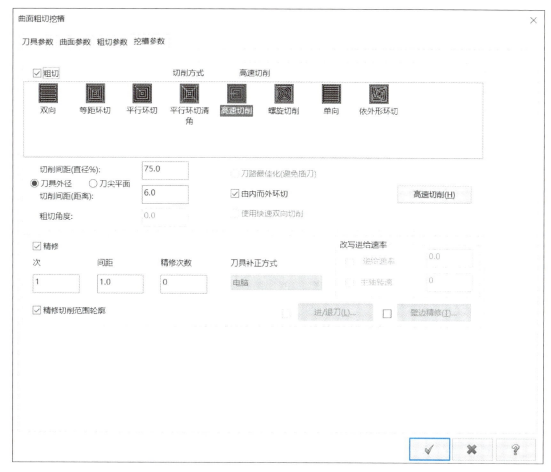

图 11-31　"挖槽参数"选项卡

其中,"挖槽参数"选项卡中的参数设置与挖槽加工参数设置基本相同。

"粗切参数"选项卡中的参数介绍如下:

(1)"螺旋进刀"复选框和按钮　选择该复选框,将采用"螺旋/斜插进刀"方式;单击该按钮,弹出"螺旋/斜插下刀设置"对话框,如图 11-32、图 11-33 所示。该对话框用于设置螺旋/斜插进刀参数。

(2)"指定进刀点"复选框　系统以选择加工曲面前选择的点作为切入点。

(3)"由切削范围外下刀"复选框　系统从挖槽边界外下刀。

(4)"下刀位置对齐起始孔"复选框　系统从起始孔下刀。

11.4　曲　面　精　修

11.4.1　平行加工

平行加工可以生成平行精修刀路,其专用的精修参数设置在"曲面精修平行"对话框的"平行精修铣削参数"选项卡中,如图 11-34 所示。

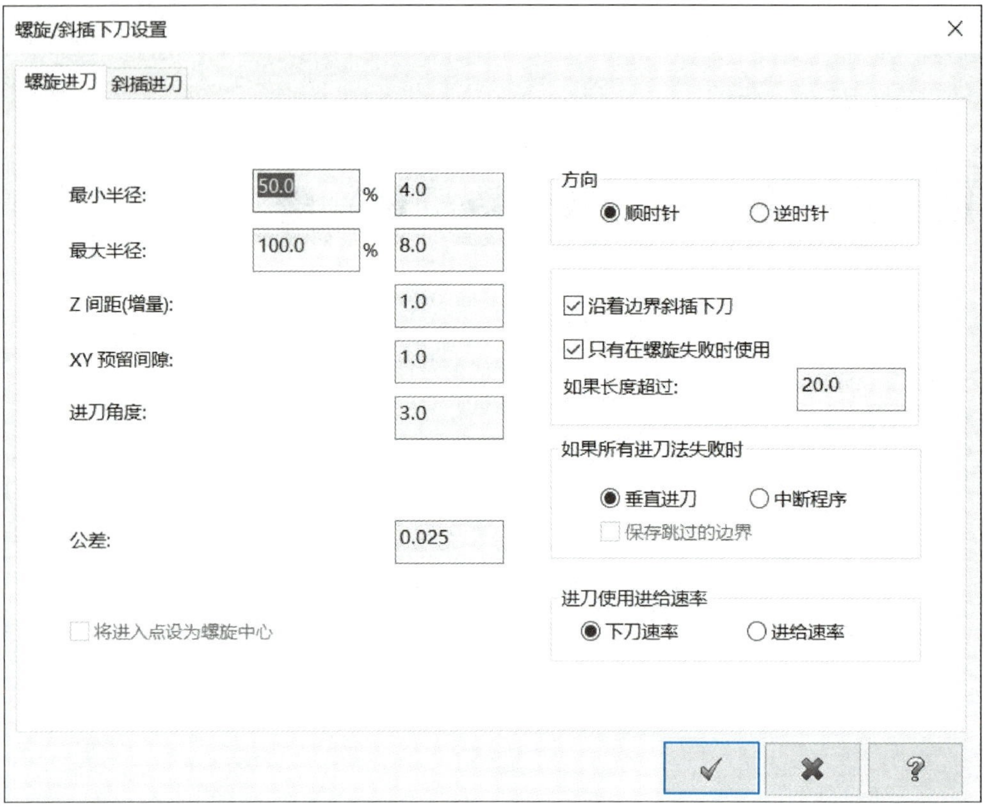

图 11-32 "螺旋进刀"选项卡

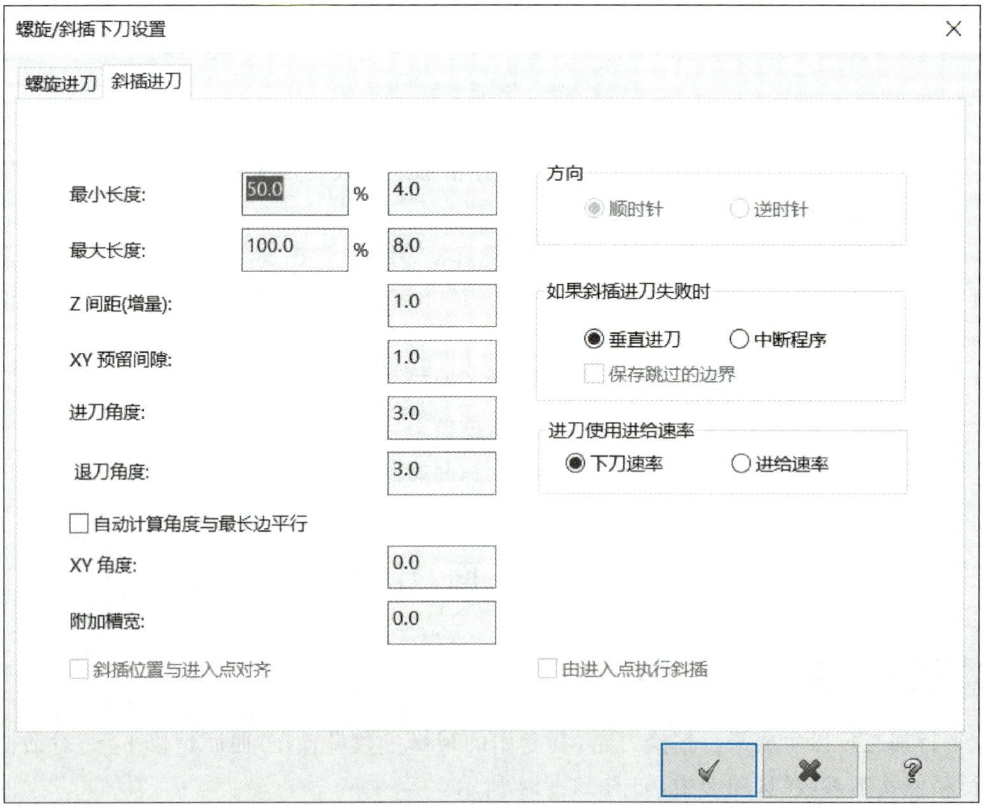

图 11-33 "斜插进刀"选项卡

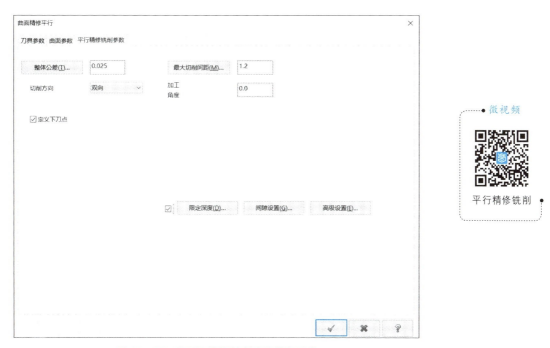

图 11 - 34　"平行精修铣削参数"选项卡

11.4.2　平行陡斜面加工

平行陡斜面加工主要针对较陡斜面上的残料生成精修刀路,其专用的精修参数设置在"曲面精修平行式陡斜面"对话框的"陡斜面精修参数"选项卡中,如图 11 - 35 所示。该加工方式一般与其他精修加工方式配合使用。

图 11 - 35　"陡斜面精修参数"选项卡

（1）"从倾斜角度"文本框　用来输入需要进行陡斜面精加工的曲面最小的斜坡度。

（2）"到倾斜角度"文本框　用来输入需要进行陡斜面精加工的曲面的最大斜坡度。系统仅对坡度在最小斜坡度和最大斜坡度之间的曲面进行陡斜面精加工。

（3）"切削延伸量"文本框　用来输入切削方向的延伸量。

11.4.3　投影加工

投影加工将存在的刀路或几何图形投影到曲面上，生成精修刀路，其专用的精修参数设置在"曲面精修投影"对话框的"投影精修参数"选项卡中，如图 11 - 36 所示。

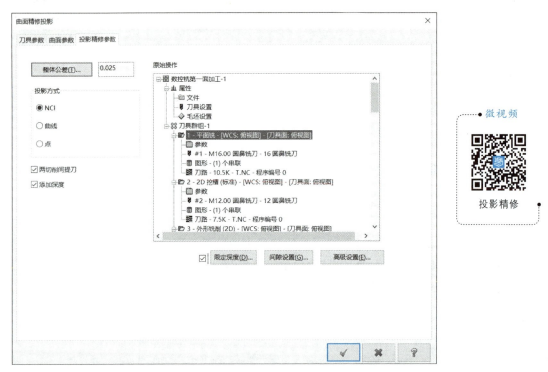

图 11 - 36　"投影精修参数"选项卡

11.4.4　流线加工

流线加工可以顺着曲面流线方向生成精修刀路，其专用的精修参数设置在"曲面精修流线"对话框的"曲面流线精修参数"选项卡中，如图 11 - 37 所示。

11.4.5　等高加工

等高加工可以围绕曲面外形生成逐层梯田状精修刀路，其专用的精修参数设置在"曲面精修等高"对话框的"等高精修参数"选项卡中，如图 11 - 38 所示。

11.4.6　浅滩加工

浅滩加工可以对坡度小的曲面生成精修刀路，其专用的精修参数设置在"曲面精修浅滩"对话框的"浅滩精修参数"选项卡中，如图 11 - 39 所示。

（1）"从倾斜角度"文本框　用于计算浅滩的起始角度，角度越小越能加工曲面的平坦部位。

曲面精修流线　　　　　　　　　　　　　　　　　　　　　　　　×

刀具参数　曲面参数　曲面流线精修参数

切削控制
　距离　　　　　　　2.0

　整体公差(T)...　　0.025

　☑ 执行过切检查

截断方向控制
　距离　　　　　　　2.0

　⊙ 隆滩高度　　　　0.5

切削方向　　　双向　　　▽

　☐ 只有单行

☑ 带状切削
解析度(刀具直径%)　50.0

　　　　☑ 限定深度(D)...　　间隙设置(G)...　　高级设置(E)...

● 微视频

流线精修 ●

图 11 - 37　"曲面流线精修参数"选项卡

曲面精修等高　　　　　　　　　　　　　　　　　　　　　　　　×

刀具参数　曲面参数　等高精修参数

　整体公差(T)...　　0.025

Z 最大步进量：　　　2.0

　检测倒扣

转角走圆的半径：　　2.0

☑ 进/退刀/切弧/切线

　圆弧半径：　　5.0

　扫描角度：　　90.0

　直线长度：　　0.0

☑ 允许切弧/切线超出边界

☐ 定义下刀点
☐ 切削排序最佳化
　降低刀具负载
☐ 由下而上切削

封闭轮廓方向
⊙ 顺铣　　　○ 逆铣

起始长度：　　　0.0

开放式轮廓方向
⊙ 单向　　　○ 双向

两区段间路径过渡方式
○ 高速回圈　⊙ 打断　　○ 斜插　　○ 沿着曲面

圆滑长度　　2.0　　　斜插长度　　10.0

☑ 螺旋进刀(H)...　　☑ 浅滩(S)...　　☑ 平面区域(F)...

螺旋
限制：☑　0.0　　切削深度(D)...　　间隙设置(G)...　　高级设置(E)...

● 微视频

等高精修 ●

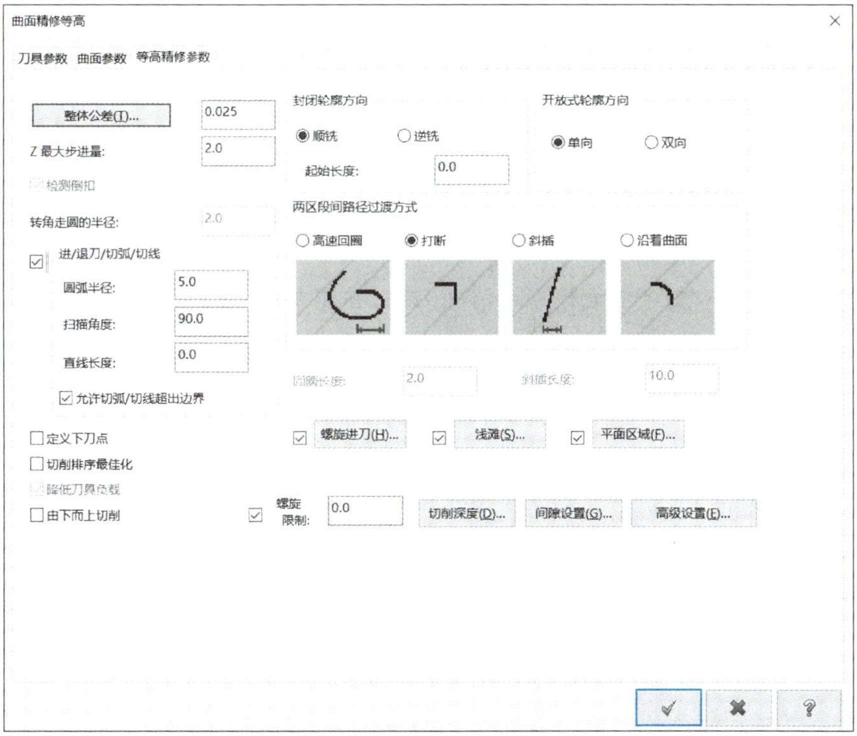

图 11 - 38　"等高精修参数"选项卡

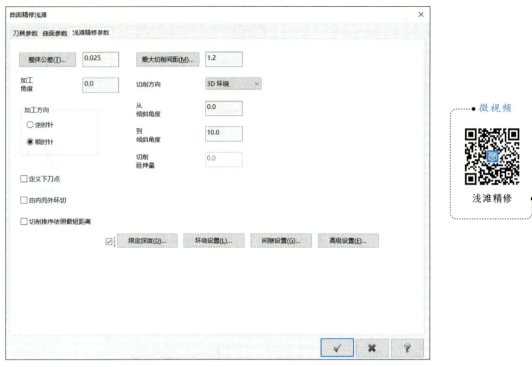

图 11 - 39 "浅滩精修参数"选项卡

（2）"到倾斜角度"文本框　用于计算浅滩的终止角度,角度越大越能加工曲面的陡坡部位。

11.4.7 清角加工

清角加工可以在曲面交角处生成精修刀路,其专用的精修参数设置在"曲面精修清角"对话框的"清角精修参数"选项卡中,如图 11 - 40 所示。

（1）"无"单选按钮　选中该单选按钮,只走一次交线清角刀具路径。

（2）"单侧加工次数"单选按钮及文本框　选中该单选按钮后,在其文本框中,可以输入清角刀路的平行切削次数,以增加清角的切削范围,此时需要在"步进量"文本框中,输入每次的步进量。

（3）"无限制"单选按钮　对整个曲面模型走清角刀路,并需要在"步进量"文本框中输入步进量。

11.4.8 残料加工

残料加工可以清除因前面加工刀具直径较大而残留的材料,其专用的精修参数设置在"曲面精修残料清角"对话框的"残料清角精修参数"和"残料清角材料参数"选项卡中,如图 11 - 41、图 11 - 42 所示。

在"曲面精修残料清角"对话框的"残料清角材料参数"选项卡中:

（1）"粗切刀具直径"文本框　输入粗切采用的刀具直径,以便于系统计算余留的残料。

（2）"粗切刀角半径"文本框　输入粗切刀具的倒角半径。

（3）"重叠距离"文本框　输入残料精加工的延伸量,以增加残料加工范围。

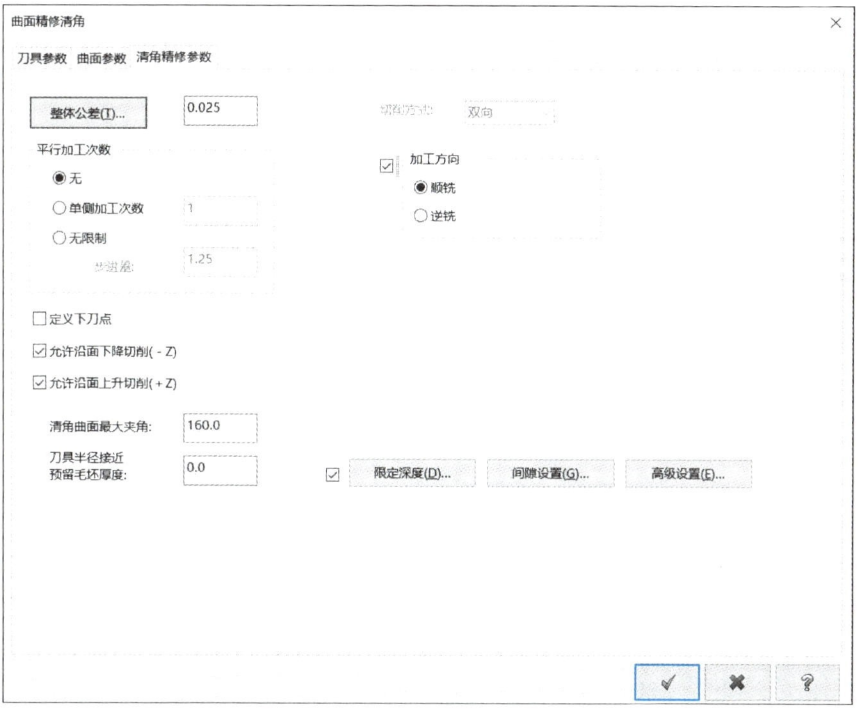

图 11 - 40　"清角精修参数"选项卡

图 11 - 41　"残料清角精修参数"选项卡

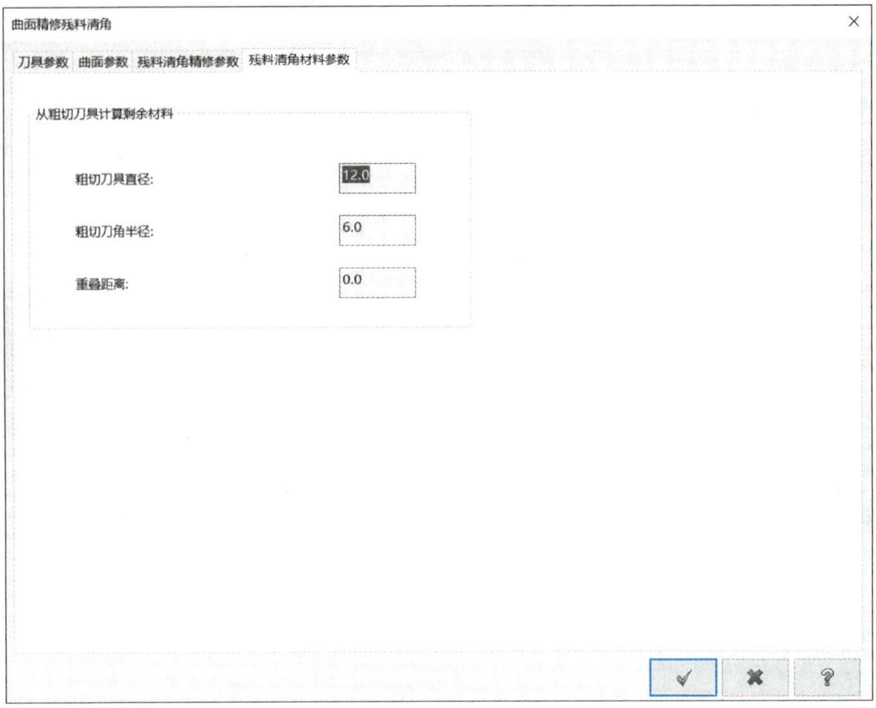

图 11－42　"残料清角材料参数"选项卡

11.4.9　环绕加工

环绕加工可以生成以等距离环绕加工曲面的精修刀路,其专用的精修参数设置在"曲面精修环绕等距"对话框的"环绕等距精修参数"选项卡中,如图 11－43 所示。

● 微视频

环绕等距精修 ●

图 11－43　"环绕等距精修参数"选项卡

(1)"最大切削间距"文本框　输入环绕等距的步进值。

(2)"斜线角度"文本框　输入环绕等距的角度。

(3)"定义下刀点"复选框　环绕等距精修采用选择的切入点。

(4)"由内而外环切"复选框　环绕等距精修从内圈往外圈加工。

(5)"切削排序依照最短距离"复选框　将优化环绕等距精修切削路径。

(6)"限定深度"复选框及按钮　选中该复选框后,单击按钮,将弹出"限定深度"对话框,如图 11-44 所示。该对话框用于设置环绕等距精修的深度。

图 11-44　"限定深度"对话框

11.4.10　熔接加工

熔接加工是在两个混合边界区域生成精修刀路,一般以点对点连接的方式沿曲面的表面生成刀具轨迹,其专用的精修参数设置在"曲面精修熔接"对话框的"熔接精修参数"选项卡中,如图 11-45 所示。

图 11-45　"熔接精修参数"选项卡

在"熔接精修参数"选项卡中,单击"熔接设置"按钮,弹出"引导方向熔接设置"对话框,如图 11-46 所示。该对话框用于设置曲面精修的引导方向熔接。

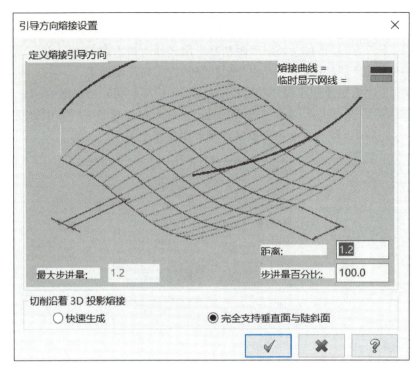

图 11 - 46 "引导方向熔接设置"对话框

11.5 线 框 刀 路

进行线框刀路加工时,启动某一线框刀路命令后,系统弹出"线框串连"对话框,当完成操作确认后,系统弹出所选命令对应的加工刀具设置对话框。对话框中包括共有的刀具参数和命令特有的设置参数。

11.5.1 直纹加工

生成直纹加工刀路的方法与绘制直纹曲面的方法基本相同,即将两个或两个以上的截面外形以直线熔接的方式生成一个直纹曲面加工刀具路径。其专用的线框刀路加工参数设置在"直纹"对话框的"直纹加工参数"选项卡中,如图 11 - 47 所示。

11.5.2 旋转加工

生成旋转加工刀路的方法与绘制旋转曲面方法基本相同。系统首先在当前构图面中计算出刀路,然后转换到刀具面。其专用的线框刀路加工参数设置在"旋转"对话框的"旋转加工参数"选项卡中,如图 11 - 48 所示。

11.5.3 2D 扫描加工

生成 2D 扫描加工刀路的方法与绘制一个截面外形/一个引导路径的扫描方法基本相同。其专用的线框刀路构加工参数设置在"2D 扫描"对话框的"2D 扫描参数"选项卡中,如图 11 - 49 所示。

图 11‑47　"直纹加工参数"选项卡

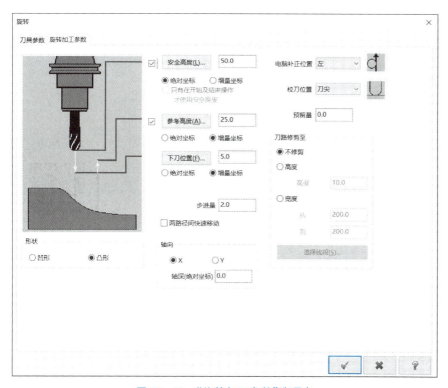

微视频

旋转加工

图 11‑48　"旋转加工参数"选项卡

图 11 - 49 "2D 扫描参数"选项卡

11.5.4 3D 扫描加工

生成 3D 扫描加工刀路的方法与绘制一个截面外形/两个引导路径的或绘制两个截面外形/一个导引路径的扫描曲面方法基本相同。其专用的线框刀路加工参数设置在"3D 扫描"对话框的"3D 扫描加工参数"选项卡中,如图 11 - 50 所示。

图 11 - 50 "3D 扫描加工参数"选项卡

11.5.5　昆氏加工

生成昆氏加工刀路的方法与手动绘制昆氏曲面的方法基本相同。其专用的线框刀路加工参数设置在"昆氏加工"对话框的"昆氏加工参数"选项卡中,如图 11-51 所示。

图 11-51　"昆氏加工参数"选项卡

11.5.6　举升加工

生成举升加工刀路的方法与绘制举升曲面的方法基本相同。其专用的线框刀路加工参数设置在"举升加工"对话框的"举升参数"选项卡中,如图 11-52 所示。

图 11-52　"举升参数"选项卡

思 考 题

1. 三维加工包括哪些类型? 有哪些共同参数?

2. 在曲面粗加工模组中有哪几种加工模组? 各模组的功能和特点是什么?

3. 在曲面精加工模组中有哪几种加工模组? 各模组的功能和特点是什么?

4. 在线架构加工模组中有哪几种加工模组? 各模组的功能和特点是什么?

5. 完成如图 11 – 53 所示零件的粗精加工。

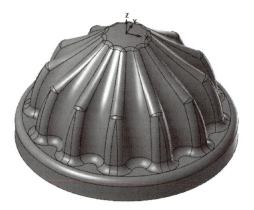

微视频

第 5 题解答

图 11 – 53　第 5 题配图

6. 完成如图 11 – 54 所示零件的粗加工、半精加工、精加工。

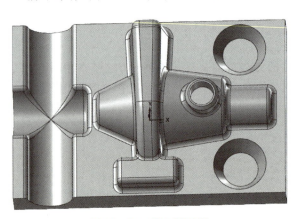

微视频

第 6 题解答

图 11 – 54　第 6 题配图

第 12 章　Mastercam 多轴加工

除 3 轴加工之外，系统还提供了 4 轴、5 轴加工，以适应加工产品中大量使用自由曲面的状况。5 轴加工总是垂直于加工面，这样加工出来的产品可以达到很高的质量、精度，满足复杂的工艺要求，而且有些复杂的零件用 3 轴设备是不能加工出来的，必须使用高于 3 轴的加工方法。

命令的调用方法：

（1）右击"刀路"管理器空白处，选择"铣床刀路"级联菜单中"多轴加工"的各命令。

（2）选择"刀路"选项卡中"多轴加工"组各命令。图 12-1 为选择"曲线"命令后，弹出的"多轴刀路-曲线"对话框。

多轴加工概述

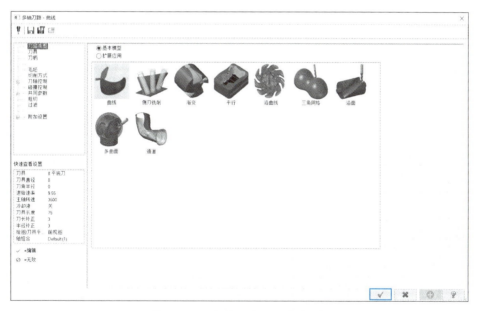

图 12-1　"多轴刀路-曲线"对话框

在多轴加工中，刀路类型有基本模型和扩展应用。

①"基本模型"刀路类型包括：曲线、侧刃铣削、平行、沿曲线、渐变、沿面、多曲线、通道、三角网格等。

②"扩展应用"刀路类型包括：沿边、旋转、投影、粗切、去除毛刺、通道专家、叶片专家、高级旋转等。

12.1　沿曲线加工

单击"刀路"选项卡"多轴加工"组中"沿曲线"命令，弹出"多轴刀路-沿曲线"对话框，如

图 12 - 2 所示。该对话框用于设置加工刀具路径切削方式。

五轴流线加工 •

该对话框的左上侧是刀路选项卡的选择框,以树状结构排列刀路参数设置选项,包括:刀路类型、刀具、刀柄、切削方式(包括处理曲面边界参数、曲面品质高级选项)、刀轴控制(包括倾斜相对于切削方向高级选项)、碰撞控制(包括刀具间隙)、连接方式(包括提刀距离、默认引入/引出、安全高度)、粗切、其它操作、附加设置(包括平面、冷却液、固有指令、杂项变数、轴组合)等。

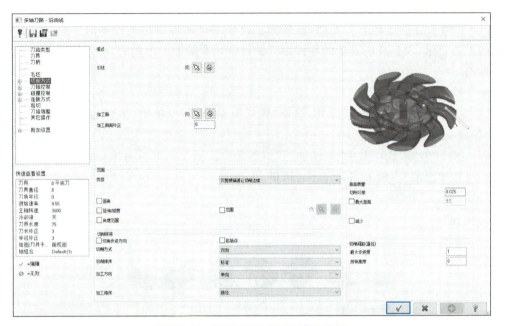

图 12 - 2 "多轴刀路-沿曲线"对话框

1. "刀轴控制"选项卡

在刀路选项卡的选择框中,选择"刀轴控制"选项,如图 12 - 3 所示。该选项卡用于设置

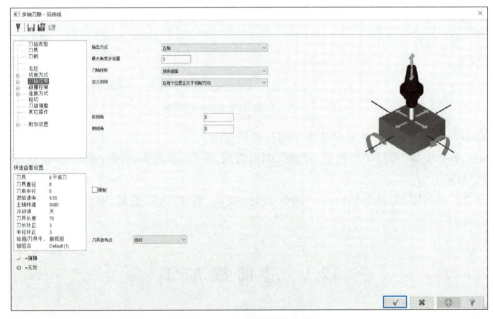

图 12 - 3 "刀轴控制"选项卡

刀具轴向控制。

2."碰撞控制"选项卡

在刀路选项卡的选择框中,选择"碰撞控制"选项,如图 12 - 4 所示。该选项卡用于设置刀具碰撞控制。

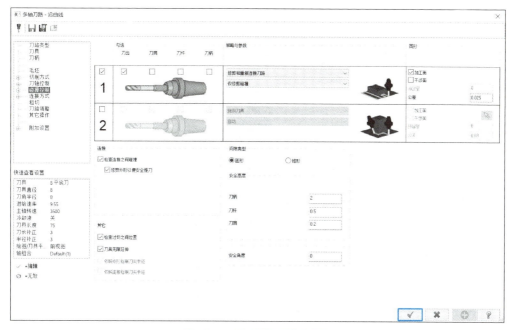

图 12 - 4 "碰撞控制"选项卡

3."连接方式"选项卡

在刀路选项卡的选择框中,选择"连接方式"选项,如图 12 - 5 所示。该选项卡用于设置刀具进/退刀参数。

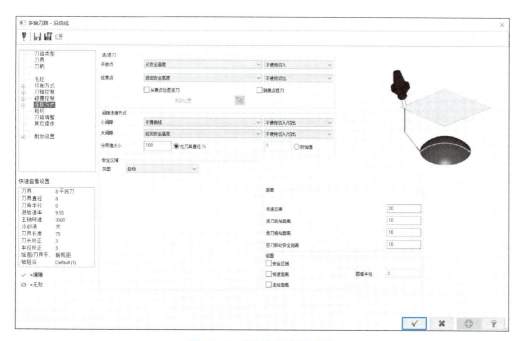

图 12 - 5 "连接方式"选项卡

4."默认切入/切出"选项卡

在刀路选项卡的选择框中,选择"连接方式"展开菜单中的"默认切入/切出"选项,如图 12-6 所示。该选项卡用于设置刀路的切入/切出参数。

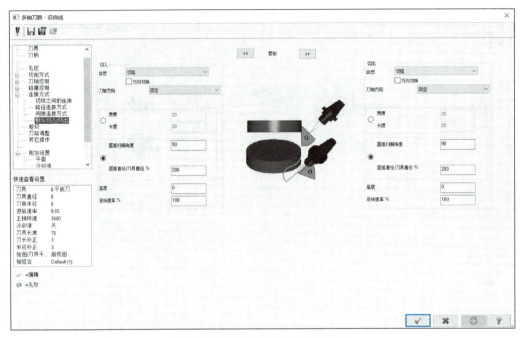

图 12-6 "默认引入/引出"选项卡

5."平面"选项卡

在刀路选项卡的选择框中,选择"附加设置"展开菜单中的"平面"选项,如图 12-7 所示。该选项卡用于设置刀路设置的机床定义。

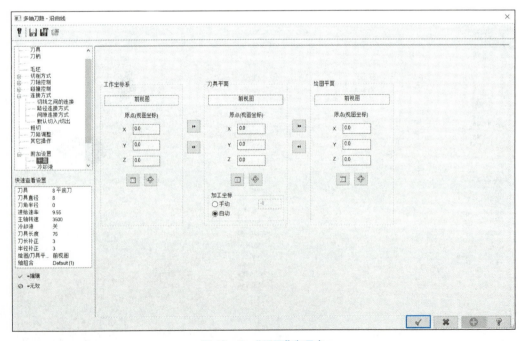

图 12-7 "平面"选项卡

12.2　侧刃铣削加工

● 微视频

侧刃铣削加工 ●

单击"刀路"选项卡"多轴加工"组中的"侧刃铣削"命令,弹出"多轴刀路-侧刃铣削"对话框,如图 12-8 所示,该对话框用于设置切削曲面和引导曲线。

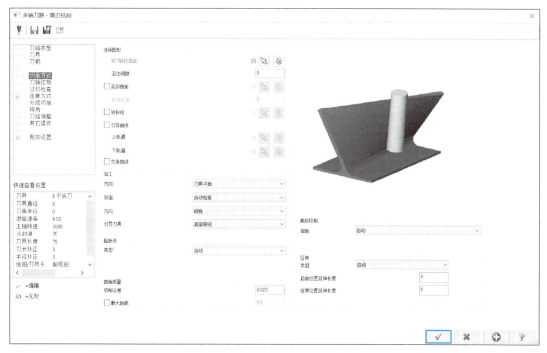

图 12-8　"多轴刀路-侧刃铣削"对话框

该对话框的左上侧是刀路选项卡的选择框,以树状结构排列刀路参数设置选项,包括:刀路类型、刀具、刀柄、切削方式、刀轴控制、过切检查、连接方式、分层切削、转角、刀路调整、其它操作、附加设置等。

1.　"刀轴控制"选项卡

在刀路选项卡的选择框中,选择"刀轴控制"选项,如图 12-9 所示,该选项卡用于设置刀轴控制方式。

2.　"过切检查"选项卡

在刀路选项卡的选择框中,选择"过切检查"选项,如图 12-10 所示。该选项卡用于过切检查方式的设置。

3.　"共同参数"

在刀具路径选项卡的选择框中,选择共同"共同参数"选项卡,如图 12-11 所示。该选项卡用于设置刀具路径的共同参数。

4.　"默认切入/切出"选项卡

在刀路选项卡的选择框中,选择"连接方式"展开菜单中的"默认切入/切出"选项,如图 12-12 所示。该选项卡用于设置刀路的切入/切出参数。

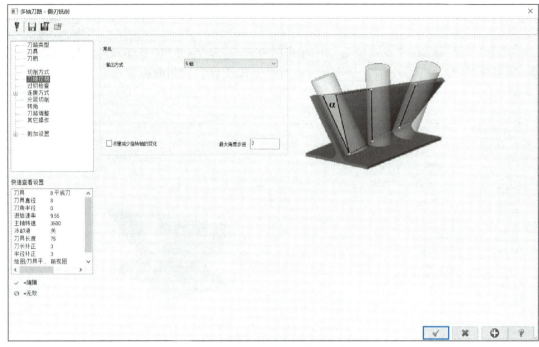

图 12 - 9 "刀轴控制"选项卡

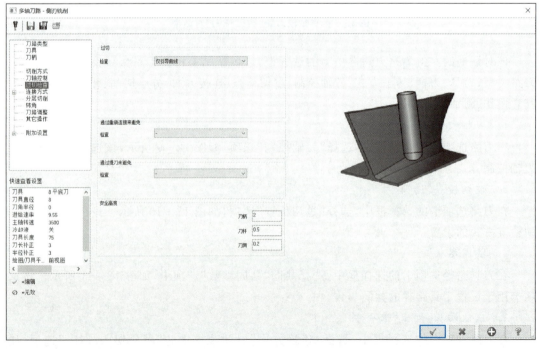

图 12 - 10 "过切检查"选项卡

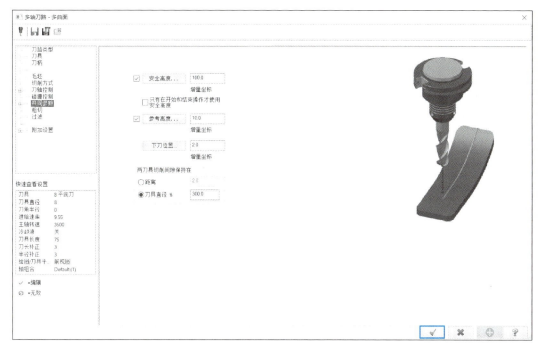

图 12 - 11　"共同参数"选项卡

图 12 - 12　"默认切入/切出"选项卡

12.3　转换到五轴加工

单击"刀路"选项卡"工具"组中"转换到五轴"命令,弹出"多轴刀路-转换到五轴"对话框,如图 12 - 13 所示。该对话框用于转换到五轴加工刀具

微视频

转换到五轴
加工

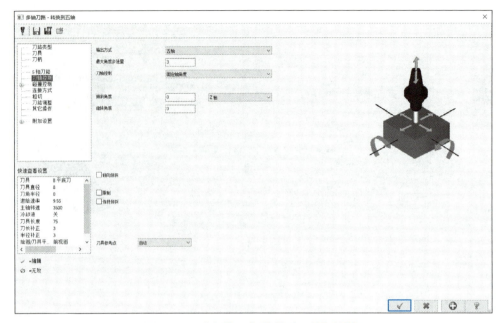

图 12－13 "多轴刀路-转换到五轴"对话框

路径刀轴控制的设置。

　　该对话框的左上侧是刀具路径选项卡的选择框,以树状结构排列刀具路径参数设置选项,包括:刀路类型、刀具、刀柄、5 轴刀路、刀轴控制、碰撞控制(包括刀具间隙)、连接方式(包括提刀距离、默认引入/引出、安全高度)、粗切、刀路调整、其他操作、附加设置(包括平面、冷却液、固有指令、杂项变数、轴组合)等。

1."5 轴刀路"选项卡

　　在刀路选项卡的选择框中,选择"5 轴刀路"选项,如图 12－14 所示。该选项卡用于五轴刀具参数的设置。

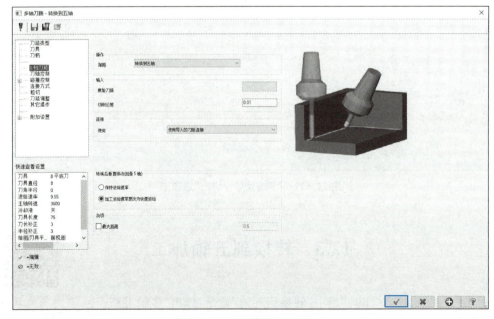

图 12－14 "5 轴刀路"选项卡

2."碰撞控制"选项卡

在刀路选项卡的选择框中,选择"碰撞控制"选项,如图 12-15 所示。该选项卡用于碰撞干涉面的设置。

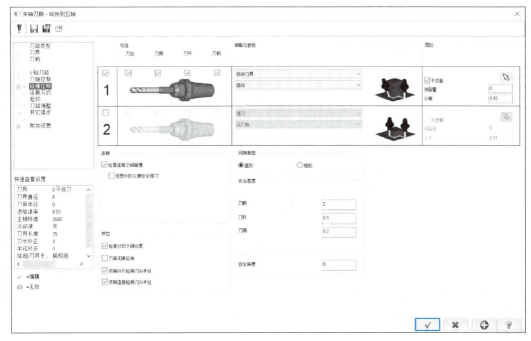

图 12-15　"碰撞控制"选项卡

3."其它操作"选项卡

在刀路选项卡的选择框中,选择"其它操作"选项,如图 12-16 所示。该选项卡用于刀路附加参数的设置。

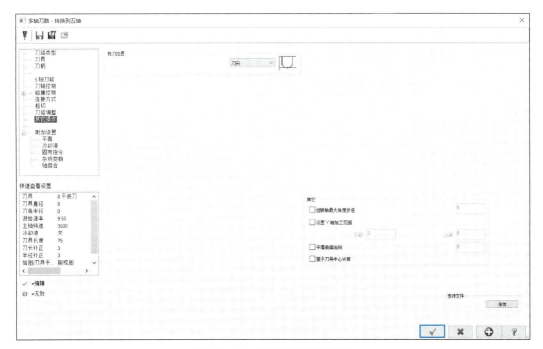

图 12-16　"其它操作"选项卡

思 考 题

1.多轴加工包括哪些刀具加工路径类型？各包括哪些具体加工应用情况？

2.多轴加工需设置哪些共同参数？

3.分别举例说明,各刀具加工路径类型中具体加工应用情况的加工刀具路径设置过程。

4.用 5 轴旋转生成如图 12 - 17 所示工件的多轴刀路。

• 微 视 频

第 4 题解答

图 12 - 17　第 4、第 5 题配图

• 微 视 频

第 5 题解答

5.用 5 轴沿面生成如图 12 - 17 所示工件的多轴刀路。

6.用 5 轴侧铣完成如图 12 - 18 所示工件的侧斜面加工。

• 微 视 频

第 6 题解答

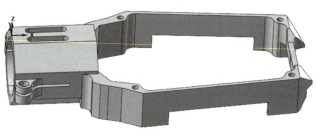

图 12 - 18　第 6 题配图

参考文献

［1］史翠兰.CAD/CAM 技术与应用［M］.北京：电子工业出版社，2009.

［2］蔡汉明，陈清奎.机械 CAD/CAM 技术［M］.北京：机械工业出版社，2009.

［3］赵国增.机械 CAD/CAM［M］.北京：机械工业出版社，2007.

［4］王隆太，朱灯林，戴国洪，等.机械 CAD/CAM 技术［M］.3 版.北京：机械工业出版社，2010.

［5］赵国增.CAD/CAM 实训——Mastercam X2 软件应用［M］.2 版.北京：高等教育出版社，2008.

［6］鹿山文化.Mastercam X6 从入门到精通［M］.北京：机械工业出版社，2012.

［7］詹友刚.MasterCAM X6 数控编程教程［M］.北京：机械工业出版社，2013.

［8］曹智梅.MasterCAM X6 应用教程［M］.北京：化学工业出版社，2013.

［9］刘正平.Mastercam X6 案例教程［M］.西安：西安电子科技大学出版社，2013.

［10］北京兆迪科技有限公司.Mastercam X6 宝典［M］.北京：机械工业出版社，2013.